高等职业教育"互联网+"土建系列教材

工程造价专业

建筑识图与构造

主　编　赵盈盈　李国蓉　孟　杰

JIANZHU SHITU YU GOUZAO

南京大学出版社

图书在版编目(CIP)数据

建筑识图与构造 / 赵盈盈，李国蓉，孟杰主编. —
南京：南京大学出版社，2021.6
ISBN 978-7-305-24553-4

Ⅰ.①建…　Ⅱ.①赵…②李…③孟…　Ⅲ.①建筑制
图—识图—高等职业教育—教材②建筑构造—高等职业教
育—教材　Ⅳ.①TU2

中国版本图书馆 CIP 数据核字(2021)第 108579 号

出版发行　南京大学出版社
社　　　址　南京市汉口路 22 号　　　　邮　　编　210093
出 版 人　金鑫荣
书　　　名　建筑识图与构造
主　　编　赵盈盈　李国蓉　孟　杰
责任编辑　朱彦霖　　　　　　　　编辑热线　025-83597482
照　　　排　南京开卷文化传媒有限公司
印　　　刷　常州市武进第三印刷有限公司
开　　　本　787×1092　1/16　印张 14.75　插页印张 2.5　字数 478 千
版　　　次　2021 年 6 月第 1 版　2021 年 6 月第 1 次印刷
ISBN　978-7-305-24553-4
定　　　价　49.80 元

网　　　址:http://www.njupco.com
官方微博:http://weibo.com/njupco
微信服务号:njutumu
销售咨询热线:(025)83594756

高等职业教育"互联网＋"工程造价专业系列教材

编委会

主　任　沈士德（江苏建筑职业技术学院）

副主任　郭起剑（江苏建筑职业技术学院）

　　　　曹留峰（江苏工程职业技术学院）

委　员　（按姓氏笔画排序）

　　　　刘如兵（泰州职业技术学院）

　　　　吴书安（扬州市职业大学）

　　　　张　军（扬州工业职业技术学院）

　　　　张晓东（江苏城市职业学院）

　　　　肖明和（济南工程职业技术学院）

　　　　陈　炜（无锡城市职业技术学院）

　　　　陈克森（山东水利职业学院）

　　　　胥民尧（盐城工业职业技术学院）

　　　　魏　静（江苏建筑职业技术学院）

　　　　魏建军（常州工程职业技术学院）

前　言

《建筑识图与构造》课程属于土木建筑大类专业的基础课程，因此本书适用于高等职业院校建筑工程技术、工程造价、工程监理、工程管理等土建类专业。本书以现行的标准、规范以及全国高等职业教育工程管理类专业教育指导委员会制定的人才培养方案为依据，从高等职业教育的特点和培养高技能人才的实际出发，围绕着提高各建筑类专业人才的建筑识图能力这一目标，阐述了建筑制图基本知识、建筑形体的投影、民用建筑房屋构造及建筑施工图识图四个部分的内容。通过对本书内容的学习，可以更加深入认识民用建筑房屋构造，提升建筑施工图识读能力，为后续专业课程的学习打下坚实的基础。

本书编写过程中将教学内容融入四个项目，每个项目又细分为若干个任务，在完成任务的同时，掌握了课程知识点，符合"行为导向"项目化教学的特点；本书提供了二维码，读者可以扫描二维码以获取丰富的教学资源，如现场图片、学习视频等，符合"互联网＋"立体化教材的特点；本书所参考的标准和规范均是最新的，基于国家颁布的标准和规范进行知识点的阐述，读者能真正体会土建人应具备的精益求精和工匠精神；本书项目 4 建筑施工图识读的讲解中融入了 BIM 三维模型，更加便于空间想象能力弱的初学者对二维图纸的理解；本书配有职教云平台的在线课程，配套的 PPT、教学视频、习题库、测验等，有助于对知识点的掌握；本书重在提升建筑施工图识图能力，响应了教育部推进的"1＋X"（识图）职业能力证书制度。

本书由江苏建筑职业技术学院赵盈盈、李国蓉、孟杰主编，项目 1 建筑制图基本知识、项目 2 建筑形体的投影、任务 3.1、任务 3.2、任务 3.3 以及项目 4 建筑施工图识读由赵盈盈编写；任务 3.4 掌握楼地层构造和任务 3.5 掌握楼梯构造由李国蓉的编写；任务 3.6 掌握屋顶构造及任务 3.7 掌握门窗构造由孟杰编写。本书在编写过程中，编者参阅和引用了一些公开出版图书和资料，在此对有关作者表示衷心感谢。由于编者的水平有限，书中难免会有疏漏和不妥之处，恳请各位读者批评指正，请将您的宝贵意见发至邮箱 84227098@qq.com。

编　者

2021 年 6 月

目 录

项目 1　建筑制图基本知识

在整个工程项目的实施过程中,建筑工程图纸是工程人员进行技术交流的语言,也是工程项目各个参与方的工作基本依据。为了方便工程人员之间的沟通,在绘制建筑工程图纸时,必须按照国家标准中的规定进行绘制,才能保证工程图纸中信息的表达方式一致,进而提高工程人员的识图效率,使工程人员正确快速地获取建筑工程图纸上的信息,顺利完成相应的技术任务。

学习内容

任务 1.1　熟悉建筑制图标准中对于制图的相关规定;
任务 1.2　熟悉图样画法;
任务 1.3　熟悉绘图工具和仪器的使用方法。

学习目标

1. 掌握建筑制图标准中的基本规定,并能够正确应用;
2. 熟悉常见建筑图例及图样简化画法;
3. 了解绘图工具仪器的使用方法。

GB/T 50001—2017

房屋建筑制图统一标准

任务 1.1　熟悉建筑制图标准中对于制图的相关规定

在识读工程图纸之前,需熟悉我国现行建筑制图标准中对于制图的相关规定,例如线型、尺寸标注、符号、图例等,这对图纸的识读有很大帮助。

与建筑制图有关的标准基本上都是由我国住房和城乡建设部发布的,主要是包括《房屋建筑制图统一标准》(GB/T 50001—2017)、《总图制图标准》(GB/T 50103—2010)、《建筑制图标准》(GB/T 50104—2010)、《建筑结构制图标准》(GB/T 50105—2010)、《建筑给水排水制图标准》(GB/T 50106—2010)、《暖通空调制图标准》(GB/T 50114—2010)。其中,《房屋建筑制图统一标准》(GB/T 50001—2017)与本书的房屋建筑工程图纸最为相关,故以该标准为参考,展开本项目的学习,下文将其简称为《制图标准》。

一、图纸的幅面、图框、标题栏及会签栏

为了保证制图质量,提高制图效率,使图纸达到图面清晰、简明,符合施工、审查、存档等方面的要求,制图标准对图纸的幅面、图框及标题栏、会签栏等内容作出了统一规定。

1. 图纸幅面

图纸幅面是指图纸宽度与长度组成的图面,如表 1.1.1 所示,通俗的解释就是图纸的大小。可根据工程实际情况选择合适的图纸幅面,但应符合表 1.1.1 中对幅面及图框尺寸的规定。一般来说,图纸目录及表格可采用 A4 幅面,除此之外,每个专业所有的图纸,不宜使用多于两种幅面。如果表 1.1.1 中的图纸幅面因尺寸偏小不满足实际工程图纸的绘制时,A0～A3 幅面长边尺寸可适当加长,加长后的尺寸应符合表 1.1.2 的规定,但图纸的短边尺寸不应加长。

表 1.1.1　幅面及图框尺寸(mm)

尺寸代号 ＼ 幅面代号	A0	A1	A2	A3	A4
$b \times l$	841×1 189	594×841	420×594	297×420	210×297
c	10			5	
a	25				

注:表中 b 为幅面短边尺寸,l 为幅面长边尺寸,c 为图框线与幅面线间宽度,a 为图框线与装订边间宽度。

表 1.1.2　图纸长边加长尺寸(mm)

幅面代号	长边尺寸	长边加长后尺寸
A0	1 189	1 486、1 635、1 783、1 932、2 080、2 230、2 378
A1	841	1 051、1 261、1 471、1 682、1 892、2 102
A2	594	743、891、1 041、1 189、1 338、1 486、1 635、1 783、1 932、2 080
A3	420	630、841、1 051、1 261、1 471、1 682、1 892

实际上,表 1.1.1 中五种规格的幅面尺寸之间存在一定的关系,可以简单概括为:A0＝2A1＝4A2＝8A3＝16A4,如图 1.1.1 所示。对于每一种规格的幅面尺寸虽然不必牢记于心,但是当看到某一规格图幅的图纸时,均应能快速辨别,就像看到 A4 图纸般熟悉。

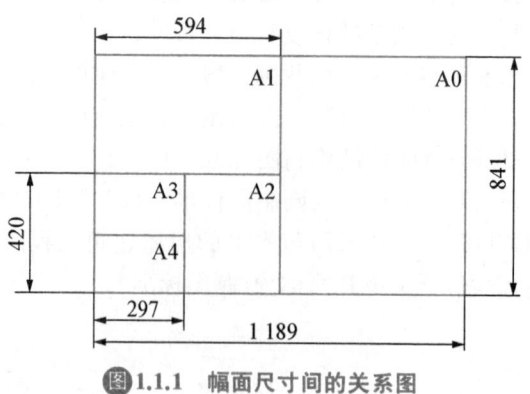

图 1.1.1　幅面尺寸间的关系图

以短边 b 作为垂直边的图纸称为横式,如图 1.1.2(a)所示;以短边 b 作为水平边的图纸称为立式,如图 1.1.2(b)所示。一般 A0～A3 图纸宜横式使用,必要时也可立式使用,A4 图纸一般采用立式。制图标准中给出了三种"A0～A3 横式幅面"及三种"A0～A4 立式幅面"，而图 1.1.2 中仅代表性地给出两种，详见制图标准。图 1.1.2 中用粗实线绘制的矩形框称为图框，代表着图纸的绘图界限。

图纸基本术语介绍

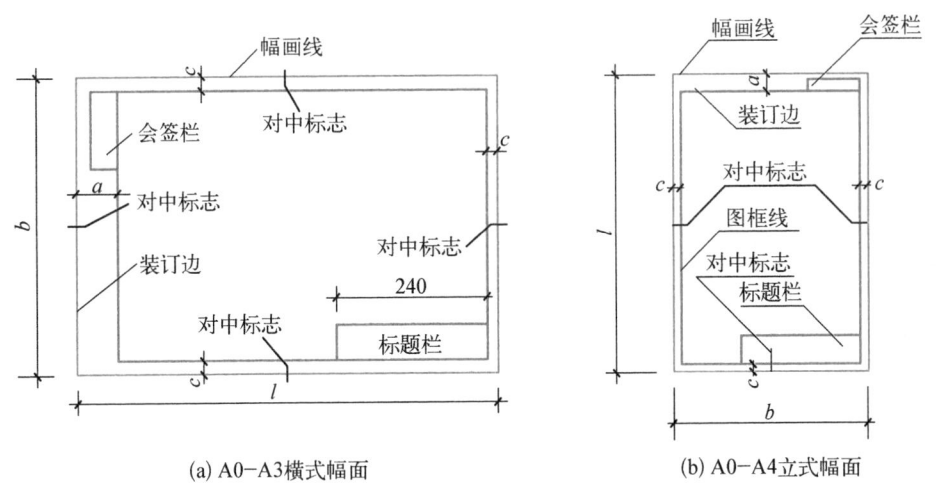

(a) A0–A3横式幅面　　　　　　　(b) A0–A4立式幅面

图 1.1.2　图纸布置形式

2. 标题栏与会签栏

标题栏用来填写工程名称、设计单位、图名、图纸编号等内容，如图 1.1.3 所示，标题栏一般绘制在图框线内侧，当中的文字方向代表看图方向，标题栏可根据工程需要选择确定其尺寸、格式、分区。制图标准中给出了四种标题栏的布局形式，详见制图标准。

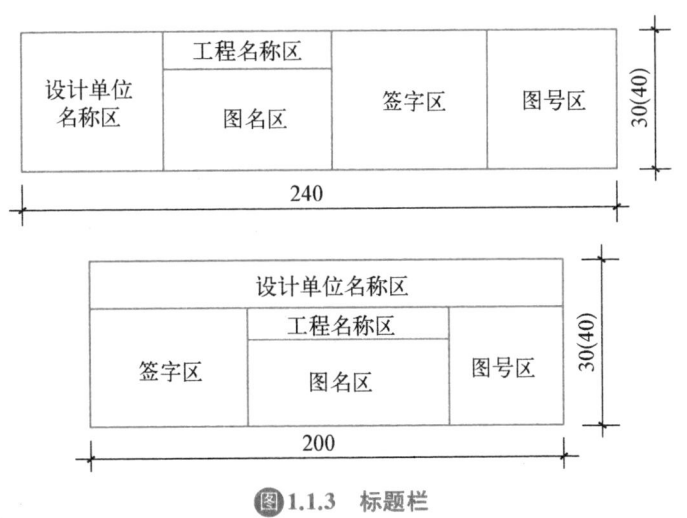

图 1.1.3　标题栏

涉外工程的标题栏内，各项主要内容的中文下方应附有译文，设计单位的上方或左方，应加"中华人民共和国"字样。由两个设计单位合作设计同一个工程时，在设计单位名称区可依次列出设计单位的名称。

会签栏应按图 1.1.4 的格式绘制，绘制在图框外侧，栏内应填写会签人员所代表的专业、姓名、日期,不需会签的图纸可不设会签栏。签字区应包含实名列和签名列。

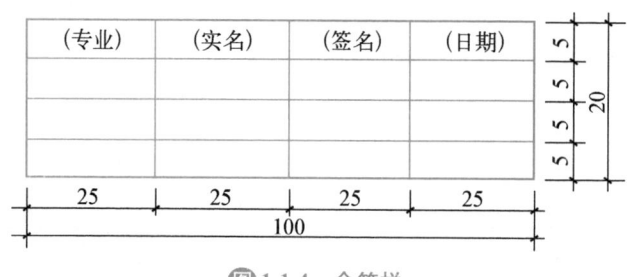

图 1.1.4　会签栏

3. 实际图纸案例

实际图纸的绘制应该遵循上述幅面线、图框线、标题栏及会签栏的相关规定,如下图 1.1.5 所示的某办公楼图纸。该图纸最外侧用细实线绘制幅面线,而用粗实线绘制图框线,图框线与幅面线间宽度 c 为 25 mm,图框线与装订边间宽度 a 为 5 mm,幅面短边尺寸 b 为 297 mm,幅面长边尺寸 l 为 420 mm,可见该图纸为 A3 幅面,且以短边 b 作为垂直边,所以属于横式幅面。该图纸右下角绘制了标题栏,注明了工程名称、图纸内容以及图别及图号等内容,并且留有设计人员的签字区。因该图纸无需会签,故未绘制会签栏。

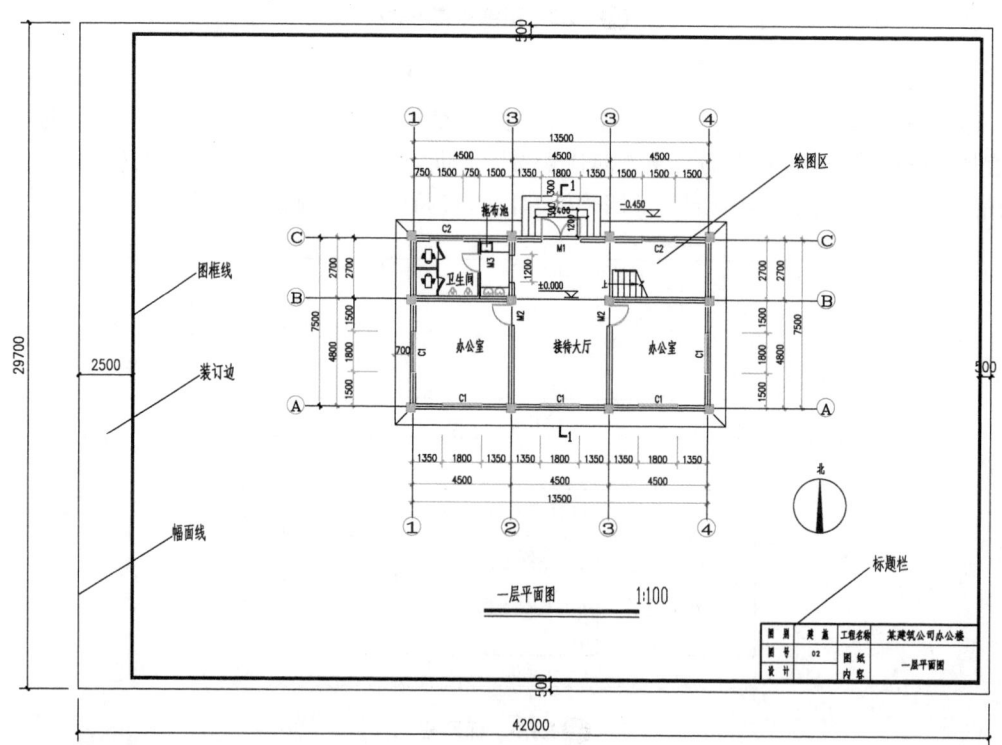

图 1.1.5　某办公楼一层平面图

4. 图纸编排顺序

按照国标规定,工程图纸应按专业顺序编排。一般应为图纸目录、总图、建筑专业施工图、结构专业施工图以及安装专业施工图,而安装专业施工图又包括给水排水施工图、暖通空调施工图、电气施工图等分专业。各专业的图纸,应按图纸内容的主次关系、逻辑关系,有序排列。本书在识图部分主要介绍建筑专业施工图纸的识读,对于结构专业及安装专业的施工图纸识读请参考其他相关教材。

二、图纸中图线的线宽、线型及图线画法

工程图纸中的内容都是用图线表达的,为了使图纸上的内容主次分明、清晰易懂,在绘制工程图时,通常采用不同线型和线宽来表示不同的意义和用途。

1. 线宽

制图标准中对图线宽度的规定见表 1.1.3。图线的线宽宜从 1.4 mm、1.0 mm、0.7 mm、0.5 mm、0.35 mm、0.25 mm、0.18 mm、0.13 mm 中选取,绘图时先选定基本线宽 b 作为某一线型的粗实线,再选用表 1.1.3 中的线宽组。图线的基本线宽 b 宜按照图纸比例及图样的复杂程度从 1.4 mm、0.7 mm、1.0 mm 及 0.5 mm 中选取,一般来说,较复杂的图样选择较细的基本线宽 b,如 0.5 mm、0.7 mm;较简单的图样选择较粗的基本线宽 b,如 1.0 mm、1.4 mm。选定粗实线 b 后,在相应线宽组中选择中粗线为 $0.7b$,中线 $0.5b$,细线为 $0.25b$。

表 1.1.3　线宽组(mm)

线宽比	线宽组			
b	1.4	1.0	0.7	0.5
$0.7b$	1.0	0.7	0.5	0.35
$0.5b$	0.7	0.5	0.35	0.25
$0.25b$	0.35	0.25	0.18	0.13

同一张图纸内,相同比例的各图样,应选用相同的线宽组,用某一线宽组中不同粗细的图线来区分所表达内容的主次,用较粗图线表达主要内容,较细图线表达次要内容。需要缩微的图纸,不宜采用 0.18 mm 及更细的线宽。

图纸的图框线、图幅线及标题栏的图线可选用表 1.1.4 所示的线宽,可见图框线一定是用粗实线绘制的。

表 1.1.4　图框线和标题栏的线宽(mm)

幅面代号	图框线	标题栏外框线、对中标志	标题栏分格线及幅面线
A0、A1	b	$0.5b$	$0.25b$
A2、A3、A4	b	$0.7b$	$0.35b$

2. 线型

在建筑工程图样中图线的线型有实线、虚线、单点长画线、双点长画线、折断线、波浪线等六种类型。除折断线和波浪线外,其他四种线型根据粗细(线宽)不同分别分为粗、中粗、中、细四种。

建筑工程图中的图线线型、线宽及用途如表 1.1.5 所示。

表 1.1.5　线　型

名　称		线　型	线宽	一般用途
实线	粗	———————	b	主要可见轮廓线
	中粗	———————	$0.7b$	可见轮廓线
	中	———————	$0.5b$	可见轮廓线、尺寸线、变更云线
	细	———————	$0.25b$	图例填充线、家具线
虚线	粗	– – – – –	b	见各有关专业制图标准
	中粗	– – – – –	$0.7b$	不可见轮廓线
	中	– – – – –	$0.5b$	不可见轮廓线、图例线
	细	– – – – –	$0.25b$	图例填充线、家具线
单点长画线	粗	—·—·—·—	b	见各有关专业制图标准
	中	—·—·—·—	$0.5b$	见各有关专业制图标准
	细	—·—·—·—	$0.25b$	中心线、对称线、轴线等
双点长画线	粗	—··—··—	b	见各有关专业制图标准
	中	—··—··—	$0.5b$	见各有关专业制图标准
	细	—··—··—	$0.25b$	假想轮廓线、成型前原始轮廓线
折断线	细	——⌐⌐——	$0.25b$	断开界线
波浪线	细	∿∿∿	$0.25b$	断开界线

可见，在建筑工程图样中，六种线型均有各自特有的用途。其中，实线用途最为广泛，常用于绘制可见轮廓线，虚线常用于绘制不可见轮廓线，图样中定位轴线、对称线及中心线常用单点长画线绘制，而折断线常用于表达断开界限。

3. 实际图纸案例

在建筑工程图样中，采用不同线型和不同粗细的图线来表示不同的意义和用途。如图 1.1.6 所示，某墙根节点详图中，从线宽的角度看，用粗实线（b）表达墙身轮廓线、散水轮廓线及地面线等，用中实线（$0.5b$）表达墙体装饰线、一层地面装饰线等，用细实线（$0.25b$）表达标高符号线和土壤、砖墙等图例线；从线型的角度看，实线用来表达可见轮廓线，单点长画线用来表达定位轴线，折断线用来表达墙身上端和下端的断开界限。不同线型和不同粗细的图线使图上的内容主次分明、清晰易看。

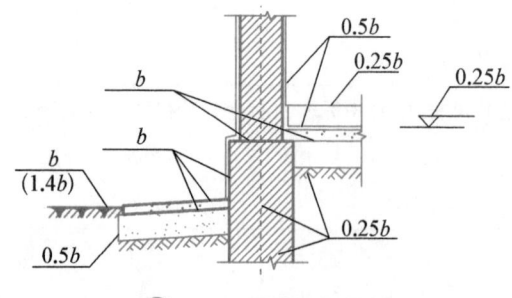

图 1.1.6　某墙根节点详图

4. 图线画法

图线和线宽确定后，在绘图过程中应注意以下几点：

（1）相互平行的图例线，其净间隙或线中间隙不宜小于 0.2 mm。

（2）虚线、单点长画线或双点长画线的线段长度和间隔，宜各自相等。

（3）单点长画线或双点长画线，当在较小图形中绘制有困难时，可用实线代替。

（4）单点长画线或双点长画线的两端，不应是点。点画线与点画线交接或点画线与其他图线交接时，应是线段交接，如图 1.1.7(a)所示。

（5）虚线与虚线交接或虚线与其他图线交接时，应是线段交接，如图 1.1.7(b)所示。虚线为实线的延长线时，不得与实线连接，如图 1.1.7(c)所示。

（6）图线与文字、数字或符号重叠时，应首先保证文字的清晰。

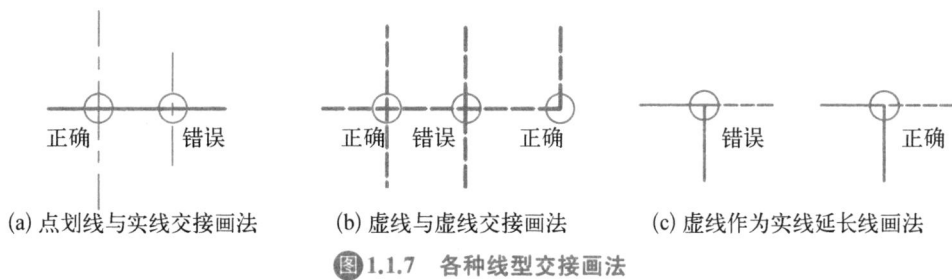

(a) 点划线与实线交接画法　　　(b) 虚线与虚线交接画法　　　(c) 虚线作为实线延长线画法

图 1.1.7　各种线型交接画法

三、图纸中的字体

为了方便工程人员快速识图，图纸上所需书写的文字、数字、符号等，均应符合现行国家标准《技术制图 字体》(GB/T 14691—1993)的有关规定，做到笔画清晰、书写端正、排列整齐；标点符号应清楚明确。

1. 汉字

图样及说明中的汉字宜优先采用矢量字体，因为它具备字体实际尺寸可以任意缩放而不变形、变色的优点，矢量字体有许多种类，其中 True Type 字体便是 Windows 常用的字体，图样及说明中的汉字宜优先选用 True Type 的长仿宋字体。长仿宋字体的汉字，其字高应从 3.5、5.7、10、14、20 mm 系列中选用，汉字的宽度与高度的关系，应符合表 1.1.6 的规定。

表 1.1.6　长仿宋体字高宽关系

字　高	20	14	10	7	5	3.5
字　宽	14	10	7	5	3.5	2.5

大标题、图册封面、地形图等的汉字，也可书写成其他字体，但应易于辨认，但同一图纸中汉字种类不宜超过两种。汉字的简化书写应该符合国家有关汉字简化方案的规定。

写好长仿宋体字的基本要领为横平竖直、起落分明、布局均匀、笔锋满格，如图 1.1.8 所示。

（1）横平竖直　横笔基本要平，可稍微向上倾斜一点。竖笔要直。笔画要刚劲有力。

（2）起落分明　横、竖的起笔和收笔，撇的起笔，钩的转角等，都要顿一下笔，形成小勾。

（3）布局均匀　字形基本对称的应保持其对称；有一竖笔居中的应保持该笔竖立而居中；有三四横竖笔画的要大致平行等距；左右要组合紧凑，尽量少留空白。

（4）笔锋满格　用好笔锋，做到笔锋无处不到。

要写好长仿宋体字，正确的方法是按字体大小，先用铅笔淡淡地打好字格，多描摹和临摹、多看、多写，持之以恒，自然熟能生巧。

图 1.1.8　长仿宋字体示例

2. 拉丁字母和数字

图样及说明中的字母及数字宜优先选用 True Type 的 Roman 字型,拉丁字母及阿拉伯数字均可按需要写成直体字或斜体字,斜体字斜度应是从字的底线逆时针向上倾斜 75°,斜体字的宽度和高度应与相应的直体字相同。小写字母的高度约为大写字母的 7/10。字母和数字的字高不应小于 2.5 mm,如图 1.1.9 所示。

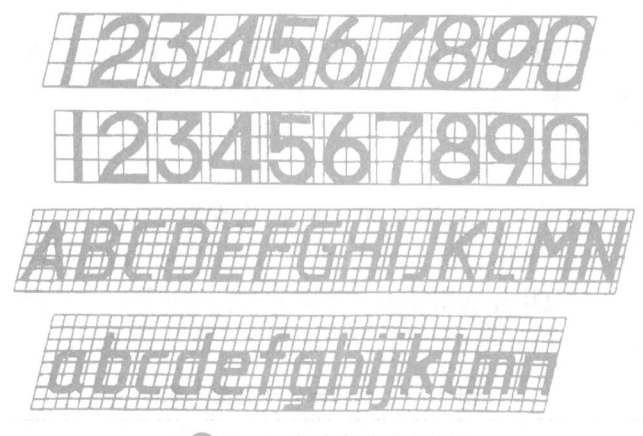

图 1.1.9　数字与字母示例

数量的数值注写,应采用正体阿拉伯数字,当注写的数字小于 1 时,应写出个位的"0",小数点应采用圆点。各种计量单位凡是前面有量值的,均应采用国家颁布的单位符号注写,单位符号应采用正体字母。

四、图纸的绘图比例

图样的比例是指图形与实物相对应的线性尺寸之比。绘图所选用的比例是根据图样的用途和被绘对象的复杂程度从表 1.1.7 中选用,并应优先选用表中的常用比例。

表 1.1.7　绘图所用比例

常用比例	1：1,1：2,1：5,1：10,1：20,1：30,1：50,1：100,1：150,1：200,1：500,1：1000,1：2 000
可用比例	1：3,1：4,1：6,1：15,1：25,1：30,1：40,1：60,1：80,1：250,1：300,1：400,1：600,1：5 000,1：10 000,1：20 000,1：50 000,1：100 000,1：200 000

比例的符号应为"："，应以阿拉伯数字表示。一般情况下，一个图样应选用一个比例。根据专业制图的需要，同一图样也可选用两种比例。比例宜注写在图名的右侧，与字的基准线齐平，比例的字高应比图名的字高小一号或二号，如图1.1.10所示，该标准层建筑平面图的绘图比例为1：100。

图 **1.1.10**　比例注写示例
（某平面图局部）

比例的大小是指比值的大小。比值为1的比例称为原值比例（1：1），是指图纸所画物体与实物一样大；比值大于1的比例称为放大比例，例如2：1；比值小于1的比例称为缩小比例，例如1：5。建筑图样中常用的比例是缩小比例，同一表达对象，选用比例越大，所绘图样就越详细，如同一建筑，用1：50的比例绘制的图样比用比例1：100绘制的图样更详细。标注尺寸时，无论选用放大或缩小比例，都必须标注构件的实际尺寸，例如图1.1.10中11轴与13轴之间的轴距标注为3 600 mm，已是实际尺寸，读图时无须再根据比例1：100进行换算。

五、熟悉图纸中常用的符号

1. 剖切符号

国际上有剖切符号的通用表示方法，鉴于我国有国内通用的表达方法，所以国际通用表达方法在此不再叙述，若有需要，可参考标准图集进行了解。本书主要讲解我国常用的表达方法。

常见符号及
简化画法

（1）剖面的剖切符号

建（构）筑物剖面图的剖切符号宜注在±0.000标高的平面图上或首层平面图上。剖面的剖切符号应由剖切位置线及剖视方向线组成，均应以粗实线绘制，如图1.1.11所示。

剖面的剖切符号应符合下列规定：

① 剖切位置线的长度宜为6～10 mm；剖视方向线应垂直于剖切位置线，长度应短于剖切位置线，宜为4～6 mm，如图1.1.11所示。绘制时，剖视的剖切符号不应与其他图线相接触。

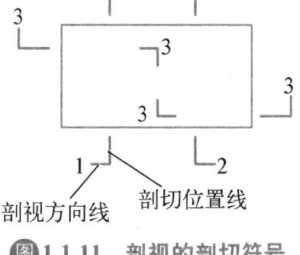

图 **1.1.11**　剖视的剖切符号

② 剖面剖切符号的编号宜采用阿拉伯数字，按顺序由左至右、由下至上连续编排，并应注写在剖视方向线的端部，由图1.1.11中编号可知有三个剖切符号。

③ 需要转折的剖切位置线，应在转角的外侧加注与该符号相同的编号，图1.1.11中编号为3的剖切符号即为转折的。

（2）断面的剖切符号

断面的剖切符号只用剖切位置线表示，并应以粗实线绘制，如图1.1.12所示。

断面的剖切符号应符合下列规定：

① 断面的剖切符号的剖切位置线长度宜为6～10 mm。

② 断面剖切符号的编号宜采用阿拉伯数字，按顺序连续编排，并应注写在剖切位置线的一侧；编号所在的一侧应为该断面的剖视方向，如图1.1.12所示。

③ 当与被剖切图样不在同一张图内，应在剖切位置线另一侧

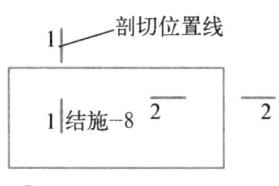

图 **1.1.12**　断面剖切符号

注明其所在图纸的编号,如图1.1.12中的"结施－8"。

　　一般情况下,每一个剖切符号均有一个剖面图与之对应,如下图1.1.13所示,左图一层平面图中编号为1的剖切符号对应着右图1－1剖面图,而且剖切符号决定了1－1剖面图的剖切位置和剖视方向,对剖面图的识读至关重要,所以一定要充分理解剖切符号的含义。同理,断面的剖切符号对断面图的识图关系密切。剖面图与断面图的区别和联系项目2中有所介绍。

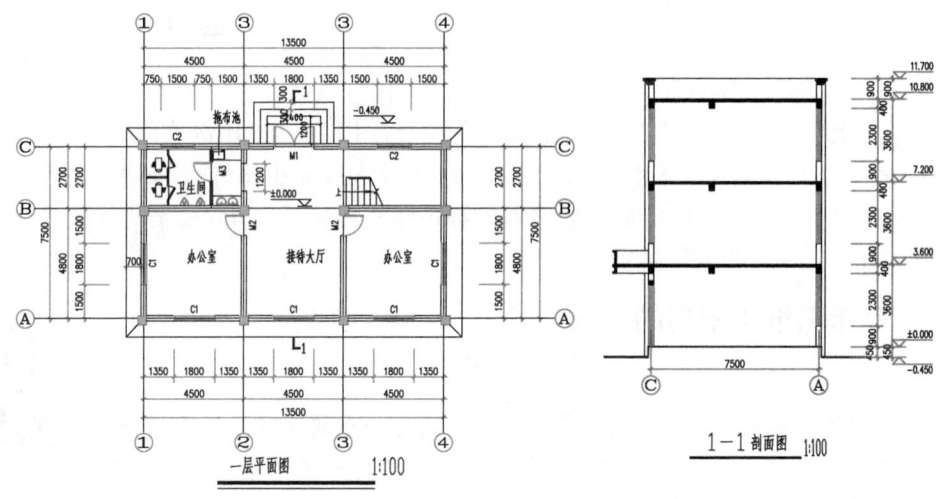

图1.1.13　剖切符号与剖面图的关系

2. 索引符号与详图符号

(1) 索引符号

　　图样中的某一局部或构件,如需用较大比例绘制详图进行详细表达时,应以索引符号索引。索引符号是由直径为8～10 mm的圆和水平直径组成,圆及水平直径均应以细实线(0.25b)绘制,如图1.1.14(a)所示。索引符号应按下列规定编写:

　　① 索引出的详图,如与被索引的图样同在一张图纸内,应在索引符号的上半圆中用阿拉伯数字注明该详图的编号,并在下半圆中画一段水平细实线,如图1.1.14(b)所示,表示:索引出的详图编号为5,在本张图纸上。

　　② 索引出的详图,如与被索引的详图不在同一张图纸内,应在索引符号的上半圆中用阿拉伯数字注明该详图的编号,在索引符号的下半圆中用阿拉伯数字注明该详图所在图纸的编号,如图1.1.14(c)所示,表示:索引出的详图编号为5,在编号为2的图纸上。

　　③ 索引出的详图,如采用标准图,应在索引符号水平直径的延长线上加注该标准图册的编号,如图1.1.14(d)所示,表示:索引出的详图在标准图集J103中编号为2的图纸上,详图编号为5。

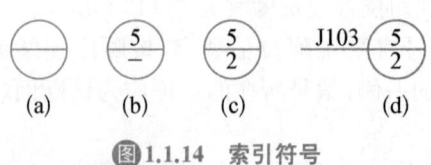

图1.1.14　索引符号

④ 当要索引出剖视详图时,应在被剖切的部位绘制剖切位置线,并以引出线引出索引符号,引出线所在一侧应为剖视方向,索引符号的编号规定与①～③一致,如下图 1.1.15 所示。图 1.1.16 是某学院服务楼项目一层平面图的局部,从中可以看到一个带有剖切位置线的索引符号,引出线在剖切位置线的右侧,表明了剖视方向为"向右",从索引符号的编号可知:索引出的详图(墙身大样图)在 JS13 图纸中,编号为 1。

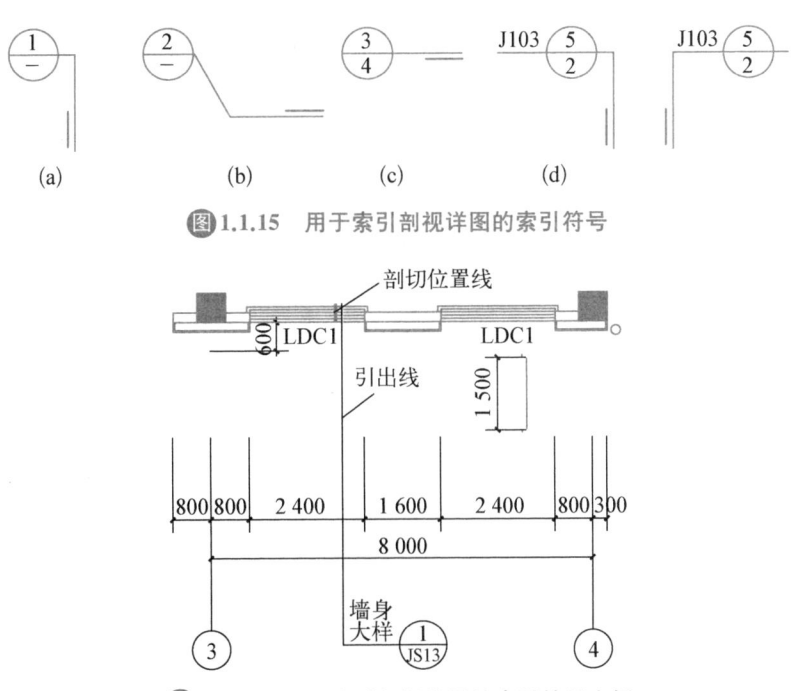

图1.1.15 用于索引剖视详图的索引符号

图1.1.16 用于索引剖视详图的索引符号实例

(2)详图符号

详图符号用来表示详图的位置和编号,应用粗实线绘制直径为 14 mm 的圆。当详图与被索引的图样同在一张图纸内时,在详图符号内用阿拉伯数字注明详图的编号即可,如图 1.1.17(a)所示,表示:详图的编号为 5,与被索引的图样在同一张图纸上;当详图与被索引的图样不在同一张图纸内时,应用细实线在详图符号内画一水平直径,在上半圆中注明详图编号,在下半圆中注明被索引的图纸的编号,如图 1.1.17(b)所示,表示:详图编号为 5,被索引的图样在编号为 3 的图纸上。

图1.1.17 详图符号

3. 对称符号

对称图形绘图时可只画对称图形的一半,并用细实线和点画线画出对称符号,如图 1.1.18所示。对称符号中平行线的长度宜为 6～10 mm,间距为 2～3 mm,对称线垂直平分于两对平行线,两端超出平行线约 2～3 mm,对称线的线型为单点长画线。

图 1.1.19 所示为某物体的平、立、剖面图,因该物体存在左右对称的特点,所以在其 1-1 剖面图中用到了对称符号,对称符号左面绘制物体的立面图,右面绘制物体的剖面图,相当于用一个图形表达了该物体的立面及剖面两个图形的信息,更加简便。

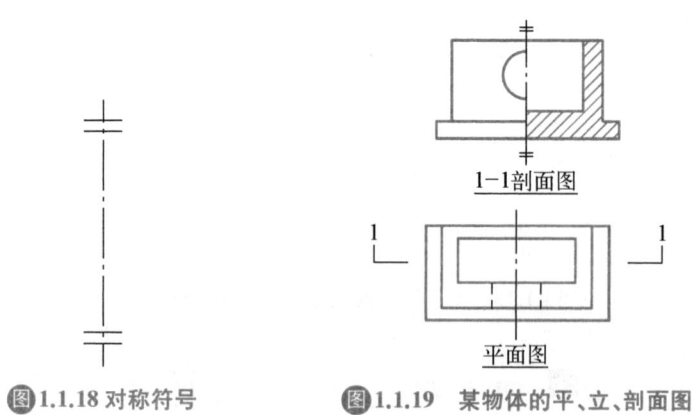

图 1.1.18 对称符号　　　　**图 1.1.19 某物体的平、立、剖面图**

4. 指北针

指北针的形状如图 1.1.20 所示,圆的直径为 24 mm,用细实线绘制,指针尾部的宽度为 3 mm,指针头部应注明"北"或"N"字样。指北针一般绘制在工程的一层平面图中,其作用就是明确项目的方位,指北针指出了"北"向,再根据"上北下南,左西右东"的原则判断其他三个方位。例如图 1.1.21 所示的某办公楼一层平面图中,有指北针可知,该办公楼唯一的出入口朝"北",而两个办公室和接待大厅朝"南",位于图中西南方位的办公室外墙有两个窗户 C1,其中朝"南"一个,朝"西"一个。

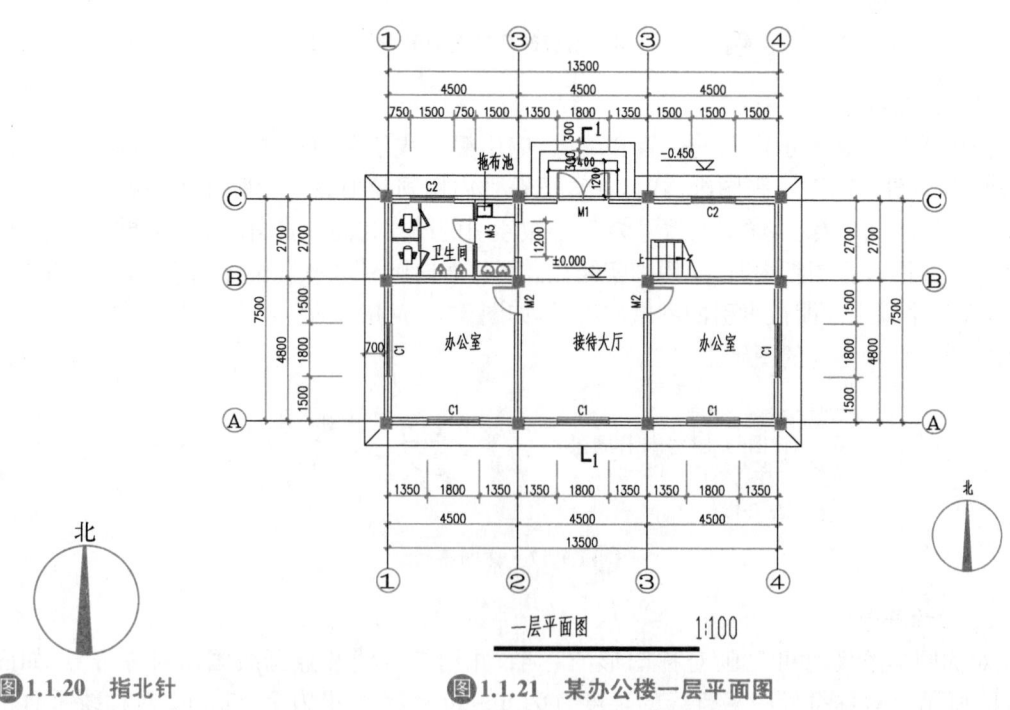

图 1.1.20 指北针　　　　**图 1.1.21 某办公楼一层平面图**

5. 风玫瑰图

风玫瑰图是根据某一地区多年统计的各方向平均吹风次数的百分数值,按一定比例绘制而成,一般用 8~16 个方位表示,风玫瑰图一般绘制在建筑总平面图中,常常与指北针结合绘制,此时,指北针采用相互垂直的线段,线段的两端应超出风玫瑰轮廓线 2 mm~3 mm,垂点是风玫瑰中心,箭头所指的方向为北向,便可表明建筑物的朝向,如图 1.1.22 所示。

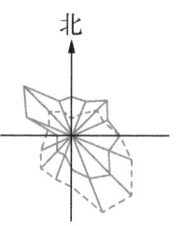

图 1.1.22 风玫瑰图示例

在风玫瑰图中,风的吹向是从外向内(中心),实线($0.5b$)表示全年风向频率,虚线($0.5b$)表示夏季风向频率。由风玫瑰图可以得到工程所在地的全年和夏季(7 月、8 月、9 月)的主导风向,图 1.1.22 所表明的全年主导风向为西北风,夏季的主导风向为东南风。因为风力对设计和施工都有很大的影响,所以风玫瑰图对工程设计及工程施工均有重要的参考价值。

6. 连接符号

连接符号应以折断线表示需连接的部位。两部位相距过远时,折断线两端靠图样一侧应标注大写拉丁字母表示连接编号。两个被连接的图样应用相同的字母编号,连接符号常常用于构件过长,而绘制位置不够时,将构件分成几个部分绘制,如图 1.1.23 所示。

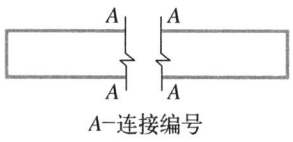

A—连接编号

图 1.1.23 连接符号

7. 引出线

引出线应以细实线绘制,宜采用水平方向的直线、与水平方向成 30°、45°、60°、90°的直线、或经上述角度再折为水平线。文字说明宜注写在水平线的上方,也可注写在水平线的端部,如图 1.1.24(a)、(b)所示。索引详图的引出线,应与水平直径线相连接,如图 1.1.24(c)所示。

同时引出几个相同部分的引出线,宜互相平行,如图 1.1.25(a)所示,也可画成集中于一点的放射线,1.1.25(b)所示。

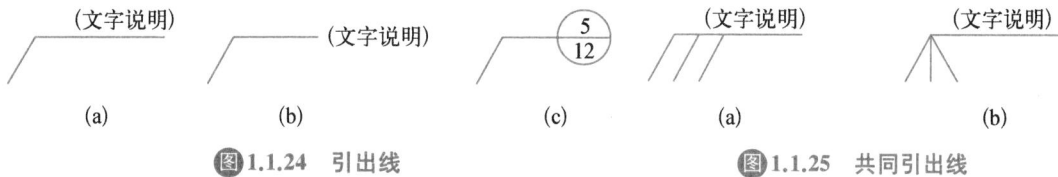

(a)　　　　(b)　　　　(c)　　　　(a)　　　　(b)

图 1.1.24 引出线　　　　图 1.1.25 共同引出线

多层构造引出线,应通过被引出的各层。文字说明宜注写在水平线的上方,或注写在水平线的端部,说明的顺序应由上至下,并应与被说明的层次相互一致,如图 1.1.26(a)所示。如层次为横向排序,则由上至下的说明,如层次为纵向排序,顺序应与从左至右的层次相互一致,如图 1.1.26(b)所示。

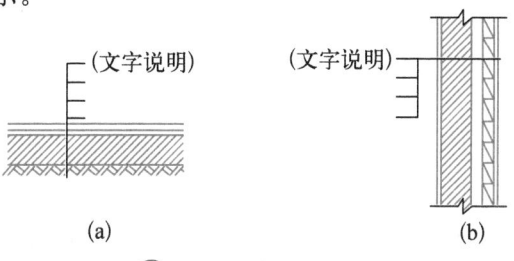

(a)　　　　(b)

图 1.1.26 多层引出线

六、定位轴线的编号及其相关要求

为了便于施工时定位放线，以及查阅图纸中相关的内容，在绘制建筑图样时通常将墙、

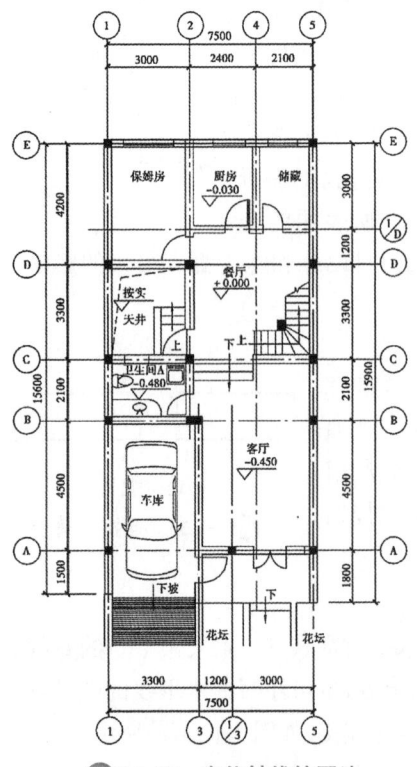

图 1.1.27　定位轴线的画法

柱等承重构件的中心线作为定位轴线。定位轴线应用细单点长画线（0.25b）绘制并编号，编号应注写在轴线端部的圆内。圆应用细实线绘制，直径为 8～10 mm，定位轴线圆的圆心应在定位轴线的延长线上或延长线的折线上，如图 1.1.27 所示。

平面图上定位轴线的编号，宜标注在图样的下方与左侧，或在图样的四面标注。横向编号应用阿拉伯数字，从左至右顺序编写，竖向编号应用大写英文字母，从下至上顺序编写。例如图 1.1.27 中，横向定位轴线的编号从左至右为 1 至 5，竖向定位轴线从下至上为 A 至 E。为了避免与数字混淆，竖向编号不得用英文字母 I、O 和 Z。

图 1.1.27 中编号为 1/3 以及 1/D 的轴线称为附加轴线，附加定位轴线位于两根轴线之间，其编号以分数形式表示，以分母表示前一根轴线的编号，分子表示附加轴线的编号，例如 1/3 表示：3 号定位轴线后面的第 1 条附加定位轴线。值得注意的是，一个工程项目的所有专业图纸中均采用统一的一套定位轴线，不得在某张图纸中对定位轴线重新编号。

除了附加定位轴线，在实际项目图纸中，还会存在一个详图适用于多个定位轴线的情况，表达方法如下图 1.1.28 所示，（a）适用于通用详图的定位轴线的情况，只绘圆圈，不注编号；（b）适用于详图用于两根定位轴线的情况；（c）适用于详图用于三根或以上定位轴线且轴号不连续的情况；（d）适用于详图用于三根或以上轴号连续的定位轴线的情况。图 1.1.29 是某办公楼项目的女儿墙大样图，因为轴线并未编号，所以说明该大样图适用于屋顶上所有的女儿墙，而不仅仅是某个轴线上的女儿墙。

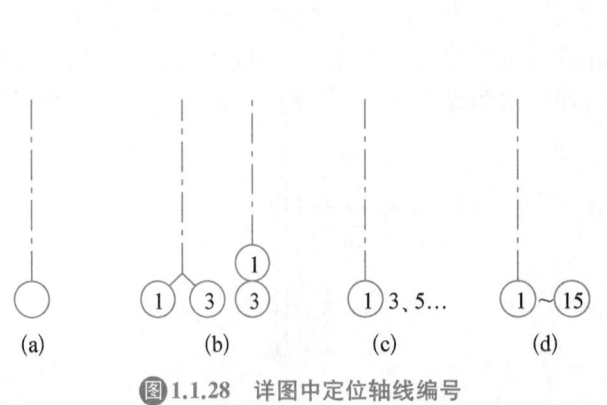

图 1.1.28　详图中定位轴线编号

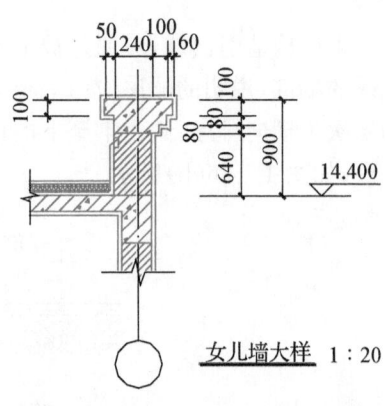

图 1.1.29　某项目女儿墙大样图

七、尺寸标注、坡度标注及标高标注

图样除了需要画出建筑物及其各部分的形状外，还必须准确、详尽和清晰地标注出构件尺寸，以确定构件大小，作为施工和预算时的重要依据。

1. 尺寸标注的四个要素

尺寸标注由尺寸界线、尺寸线、尺寸起止符号和尺寸数字四个要素组成，如图 1.1.30 所示。

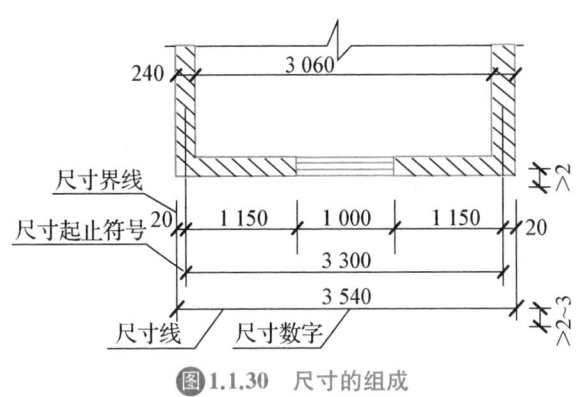

图 1.1.30　尺寸的组成

（1）尺寸界线　尺寸界线应用细实线绘制，一般应与被注长度垂直，其一端应离开图样轮廓线不小于 2 mm，另一端宜超出尺寸线 2～3 mm。图样轮廓线可用作尺寸界线。

（2）尺寸线　尺寸线应用细实线绘制，并应与被注长度平行，且应垂直于尺寸界限。

（3）尺寸起止符号　尺寸起止符号一般用中粗斜短线绘制，其倾斜方向应与尺寸界线成顺时针 45°角，长度宜为 2～3 mm。

（4）尺寸数字　图样上的尺寸，应以尺寸数字为准，不得从图上直接量取，尺寸数字单位，除标高及总平面以米为单位外，其他均以毫米为单位。

2. 尺寸标注其他规定

（1）尺寸线及所标的尺寸数字应尽量标注在图形的轮廓线以外，当必须标注在图形的轮廓线以内时，在尺寸数字的图线应断开，以避免尺寸数字与图线混淆，如图 1.1.31 所示。

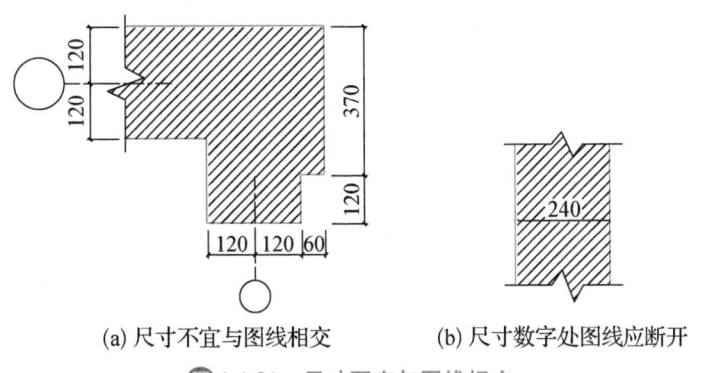

(a) 尺寸不宜与图线相交　　　　(b) 尺寸数字处图线应断开

图 1.1.31　尺寸不宜与图线相交

（2）尺寸数字一般注写在靠近尺寸线的上方中部，如没有足够的注写位置，最外边的尺寸数字可注写在尺寸界线的外侧,中间相邻的尺寸数字可错开注写;必要时也可以用引出线引出后再标注。同一张图之内的尺寸数字大小应一致,如图 1.1.32 所示。

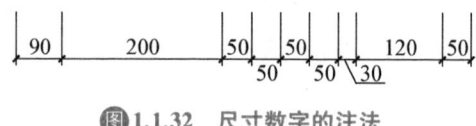

图 1.1.32 尺寸数字的注法

当尺寸线不在水平位置时,尺寸数字应按照图 1.1.33 的规定方向注写。

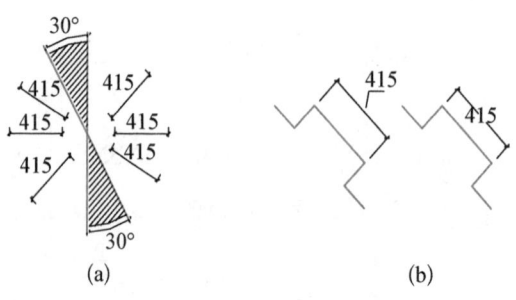

(a)   (b)

图 1.1.33 尺寸数字的注写方向

(3) 互相平行的尺寸线应从被注图样轮廓线由里向外整齐排列,小尺寸在里,大尺寸在外。小尺寸距离图样轮廓线不小于 10 mm,平行排列的尺寸线间距约为 7～10 mm。尺寸线应单独绘制,图样本身的任何图线都不得用作尺寸线。在建筑工程图纸上通常由外向内标注三道尺寸即总尺寸、轴线尺寸、分尺寸,如图 1.1.34 所示。

(4) 总尺寸的尺寸界限应靠近所指部位,中间分尺寸的尺寸界限可稍短,但长度应相等,如图 1.1.34 所示。

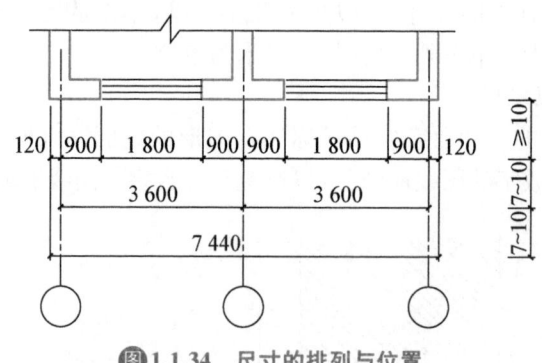

图 1.1.34 尺寸的排列与位置

3. 半径、直径、球的尺寸标注

半圆或小于半圆的圆弧,应标注半径。如图 1.1.35 所示。标注半径的尺寸线,应一端从圆心开始,另一端画箭头指向圆弧,半径数字前应加注半径符号“R”。较小圆弧的半径,可按图 1.1.35(a)的形式标注;较大圆弧的半径,可按图 1.1.35(b)的形式标注。

圆及大于半圆的圆弧应标注直径,如图 1.1.36 所示。标注圆的直径尺寸时,直径数字前应加直径符号“ϕ”。在圆内标注的尺寸线应通过圆心,两端画箭头指至圆弧。较小圆的直径尺寸,可标注在圆外,如图 1.1.36 所示。

角度的尺寸线应以圆弧表示。该圆弧的圆心应是该角的顶点,角的两条边为尺寸界线。起止符号应以箭头表示,如没有足够位置画箭头,可用圆点代替,角度数字应按水平方向注写,如图 1.1.37 所示。

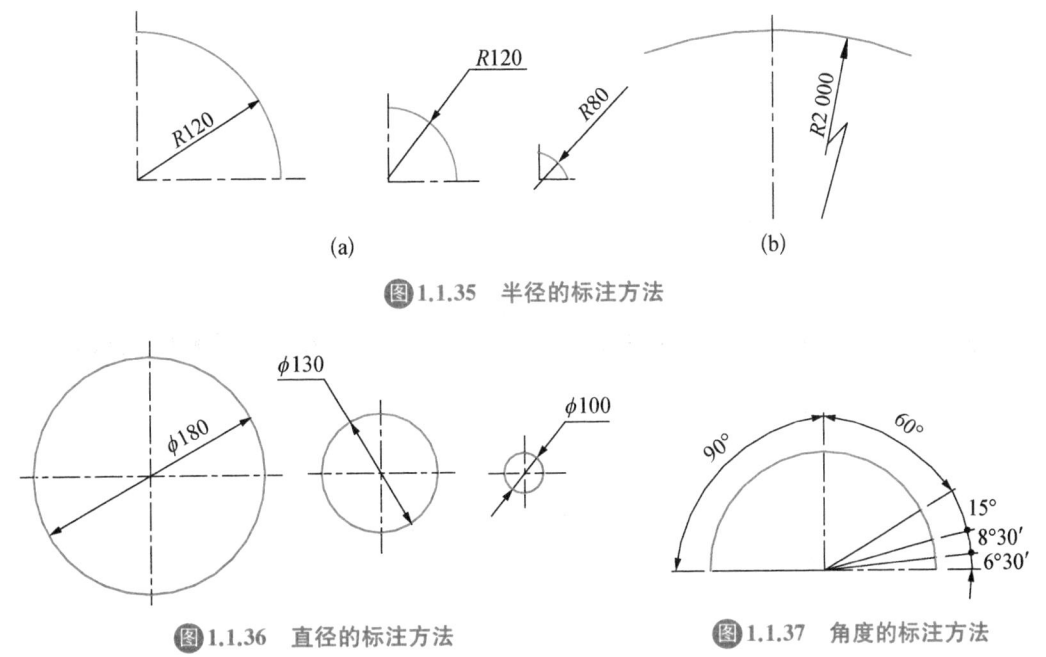

图 1.1.35　半径的标注方法

图 1.1.36　直径的标注方法　　　　　　图 1.1.37　角度的标注方法

标注球的半径尺寸时,应在尺寸数字前加注符号"SR",标注球的直径尺寸时,应在尺寸数字前加注符号"SA",注写方法与圆弧半径及圆直径的尺寸标注方法相同。

4. 坡度的标注

建筑图样中也常常需要标注坡度,比如:屋顶排水、散水、坡道等等均需标注坡度。坡度数字下,应加注坡度符号,坡度符号用单面箭头,一般应指向下坡方向,如图 1.1.38 所示。其注法可用百分比表示,如图 1.1.38(a)中的 2%;也可用比例表示,如图 1.1.38(b)中的 1∶2;还可用直角三角形的形式表示,如图 1.1.38(c)中的屋顶坡度。

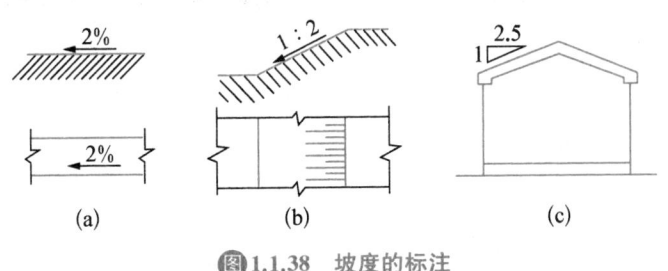

图 1.1.38　坡度的标注

5. 尺寸的简化标注

有时受图纸幅面尺寸的限制,或者为了使图样尺寸标注简单明了,可以将尺寸进行简化标注,但必须符合以下规定:

(1) 连续排列的等长尺寸

连续排列的等长尺寸,可用"等长尺寸×个数＝总长"的形式标注,如图 1.1.39 所示,

200×5 表示 5 个 200 的等长尺寸。

（2）相同要素尺寸

构配件内的构造要素（如孔、槽等）如相同，可仅标注其中一个要素的尺寸，并标出个数，如图 1.1.40 所示，$6\phi30$ 表示 6 个直径为 30 的孔。

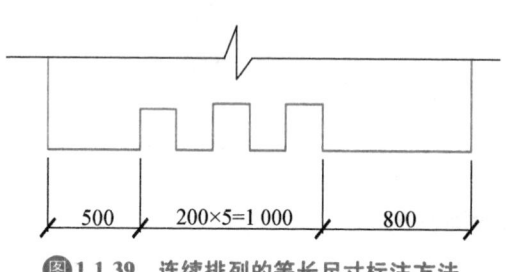

图 1.1.39　连续排列的等长尺寸标注方法　　　　图 1.1.40　相同要素尺寸标注方法

（3）相似构件尺寸标注

两个构配件，如个别尺寸数字不同，可在同一图样中将其中一个构配件的不同尺寸数字注写在括号内，该构配件的名称也应注写在相应的括号内，如图 1.1.41 所示。

数个构配件，如仅某些尺寸不同，这些有变化的尺寸数字，可用拉丁字母注写在同一图样中，另列表格写明其具体尺寸，如图 1.1.42 所示。

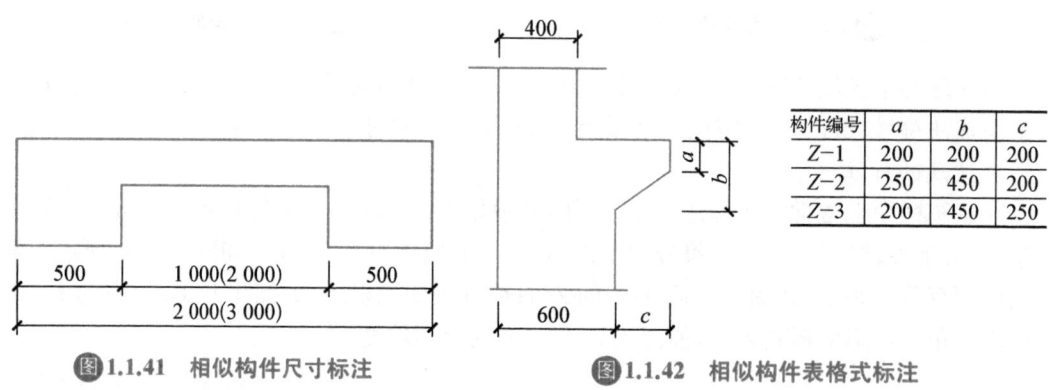

构件编号	a	b	c
$Z{-}1$	200	200	200
$Z{-}2$	250	450	200
$Z{-}3$	200	450	250

图 1.1.41　相似构件尺寸标注　　　　　　图 1.1.42　相似构件表格式标注

（4）单线图尺寸

杆件或管线的长度，在单线图（桁架简图、钢筋简图、管线简图）上，可直接将尺寸数字沿杆件或管线的一侧注写，如图 1.1.43 所示。

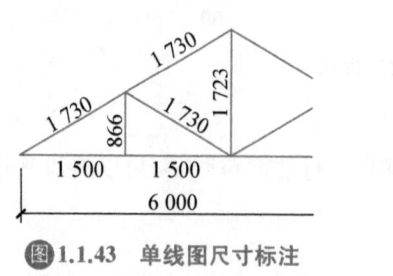

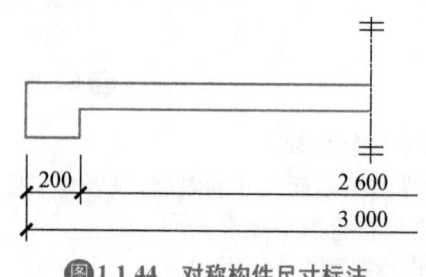

图 1.1.43　单线图尺寸标注　　　　　　　图 1.1.44　对称构件尺寸标注

（5）对称构件尺寸

对称构配件采用对称省略画法时，该对称构配件的尺寸线应略超过对称符号，仅在尺寸线的一端画尺寸起止符号，尺寸数字应按整体全尺寸注写，其注写位置宜与对称符号对齐，如图 1.1.44 所示。

6. 标高

标高符号应以用细实线绘制的直角等腰三角形表示，如图 1.1.45(a)所示，如标注位置不够，也可按图 1.1.45(b)所示形式绘制。总平面图室外地坪标高符号，宜用涂黑的三角形表示，如图 1.1.45(c)所示。

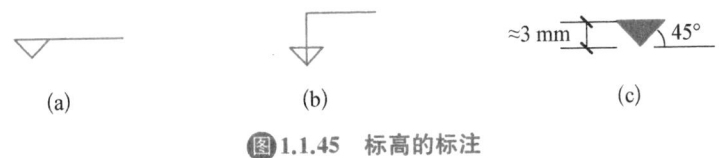

图 1.1.45　标高的标注

标高符号的尖端应指至被注高度的位置。尖端一般应向下，也可向上。标高数字应注写在标高符号的上侧或下侧，如图 1.1.46 所示。在图样的同一位置需表示几个不同标高时，标高数字可按图 1.1.47 所示的形式注写。

图 1.1.46　同一位置注写几个标高数字　　　　**图 1.1.47 标高的指向**

标高数字应以米为单位，注写到小数点以后第 3 位。在总平面图中，可注写到小数字点以后第 2 位。零点标高应注写成 ±0.000，正数标高不注"＋"，负数标高应注"－"，例如 3.000、－0.600。

在线题库

扫码自测

自测题

一、实操题

请将教材图 1.1.13 中一层平面图画在 A3 图纸上。

1. 能力目标

掌握建筑制图标准和相关规范是识读建筑图基础和前提。学生熟练掌握建筑制图标准的基本规定及绘图工具的使用方法之后，能正确应用建筑制图标准和绘图工具进行简单图纸的手绘。

2. 任务要求

（1）学生分组

每个班级分成若干组(6～7 人/组)，每组选出组长负责本组成员该实操题的完成的情况。小组成员之间应相互帮助和配合，但每个组员必须独自完成绘制任务。

（2）资料准备

所需资料包括:A3 图纸、铅笔、画图板、丁字尺、橡皮等

（3）所有线型、图例及文字注写均需遵守《房屋建筑制图统一标准》(GB/T 50001—2017)的相关规定。

任务 1.2 熟悉图样画法

一、常用建筑材料的图例

当建筑物或建筑材料被剖切时，通常在图样中的断面轮廓线内，画出建筑材料图例，表 1.2.1 中列出的是常用的建筑材料图例，熟悉常用建筑材料的图例，利于识读被剖切图样的材料。表中未列出的材料图例请参考制图标准。

表 1.2.1　常用建筑材料图例

序号	名称	图例	说明
1	自然土壤		细斜线为 45°（以下均相同）
2	夯实土壤		
3	砂、灰图粉刷		粉刷的点较稀
4	砂砾石三合土		
5	普通砖		砌体断面较窄时可涂红
6	耐火砖		包括耐酸砖
7	空心砖		包括多孔砖
8	饰面砖		包括地砖、瓷砖、马赛克、人造大理石
9	毛石		
10	天然石材		包括砌体、贴面
11	混凝土		断面狭窄时可涂黑
12	钢筋混凝土		
13	多孔材料		包括珍珠岩，泡沫混凝土、泡沫塑料
14	纤维材料		各种麻丝、石棉、纤维板
15	松散材料		包括木屑、稻壳

续　表

序号	名称	图例	说明
16	木材		木材横断面、左图为简化画法
17	胶合板		层次另注明
18	石膏板		
19	玻璃		包括各种玻璃
20	橡胶		
21	塑料		包括各种塑料及有机玻璃
22	金属		断面狭小时可涂黑
23	防水材料		上图用于多层或比例较大时
24	网状材料		包括金属、塑料网

二、常用建筑图样简化画法

为了节省绘图时间或由于绘图位置不够,《房屋建筑制图统一标准》(GB/T 50001—2017)允许在必要时采用简化画法,但是必须符合以下规定:

1. 对称图形的简化画法

构配件的对称图形,可以对称中心线为界,只画出该图形的一半,并画上对称符号。对称符号用两条平行细实线绘制,平行线的长度宜为 6~10 mm、间距宜为 2~3 mm,平行线在对称线两侧的长度应相等,两端的对称符号到图形的距离也应相等,如图 1.2.1(a)所示。如果图形不仅左右对称,而且上下也对称,还可进一步简化只画出该图形的 1/4,如图 1.2.1(b)所示。

对称的形体需画剖面图或断面图时,也可以对称符号为界,一半画外形图,一半画剖面图或断面图,如图 1.2.2 所示。

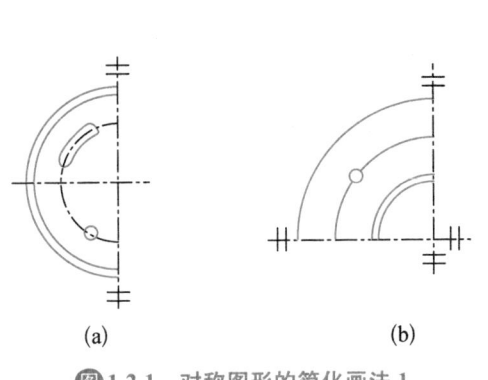

(a)　　　　　　　　(b)

图 1.2.1　对称图形的简化画法 1

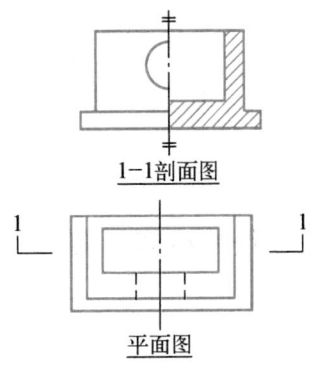

1—1剖面图

平面图

图 1.2.2　对称图形的简化画法 2

2. 较长构件的简化画法

较长的构件,如沿长度方向的形状相同或按一定规律变化,可断开省略绘制,断开处应以折断线表示,如图 1.2.3 所示。应注意:当在用折断省略画法所画出的图样上标注尺寸时,其长度尺寸数值应标注构件的全长。

3. 构件的分部画法

绘制同一个构件,如绘制位置不够,可分成几个部分绘制,并应以连接符号表示相连。连接符号用折断线表示需连接的部位,并以折断线两端靠图样一侧用大写拉丁字母表示连接编号,两个被连接的图样,必须用相同字母编号,如图 1.2.4 所示。

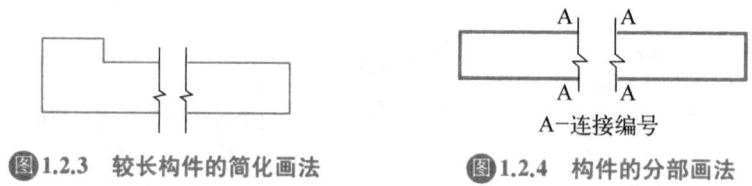

图 **1.2.3** 较长构件的简化画法　　图 **1.2.4** 构件的分部画法

4. 构件局部不同的简化画法

当两个构配件仅部分不相同时,则可在完整地画出一个后,另一个只画不相同部分,但应在两个构配件的相同部分与不同部分的分界处,分别绘制连接符号。两个连接符号应对准在同一线上,如图 1.2.5 所示。

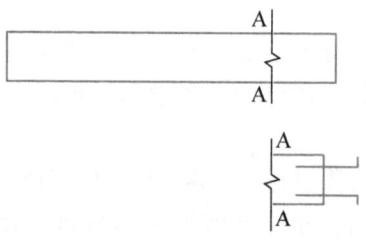

图 **1.2.5** 构件局部不同的简化画法

任务 1.3　熟悉绘图工具的使用方法

绘图工具的使用

上文介绍了《房屋建筑制图统一标准》(GB/T 50001—2017)中对制图的一些基本规定,图纸设计人员需按照制图标准中的规定进行制图工作。为了保证制图质量,提高制图速度,必须了解各种制图工具、仪器的性能,并熟练掌握它们的正确使用方法。绘图工具包括传统绘图工具仪器以及计算机绘图工具。

一、传统的绘图工具

传统的绘图工具包括:图板、丁字尺、三角板、圆规、分规、图纸、铅笔、建筑模板、擦线板等。

1. 图板

图板是绘图板的简称,用胶合板制作,四周镶以较硬的木质边框。作用是固定图纸,并为绘制提供平整的工作面。所以要求板面平整光滑，有一定的弹性，由于丁字尺在边框上滑行，边框应平直。如图 1.3.1 所示。图板是木制品，用后应妥善保存，既不能曝晒，也不能在潮湿的环境中存放。

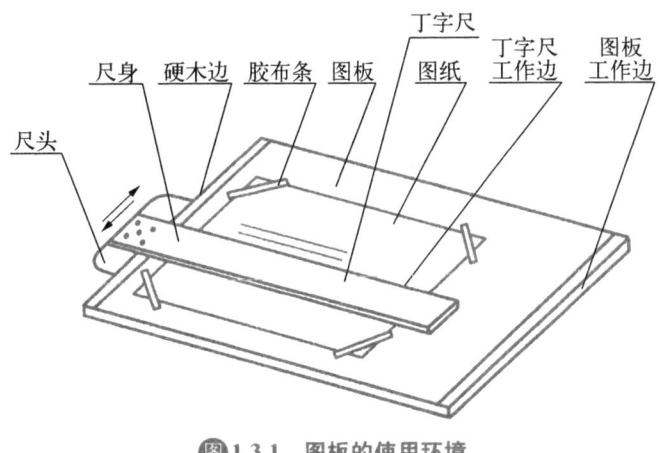

图1.3.1　图板的使用环境

因为图纸的幅面有多种规格，所以图板也有各种不同大小规格。如 A0(90 cm×120 cm)、A1(90 cm×60 cm)、A2(60 cm×45 cm)，在学习中多用 A1 号或 A2 号板，并与丁字尺配合适用，丁字尺靠在图板的左边框上下移动。

2. 丁字尺

丁字尺由尺头和尺身两部分组成，主要用来画水平线，也可以配合三角板画竖直线及斜线，如图 1.3.2 所示。使用时左手握尺头，使尺头内侧紧靠图板的左侧边，右手执笔，沿丁字尺的工作边自左至右即可画出水平线。丁字尺的使用如图 1.3.3 所示。丁字尺的工作边必须保持平直光滑，不用时最好挂起来，以防止变形。

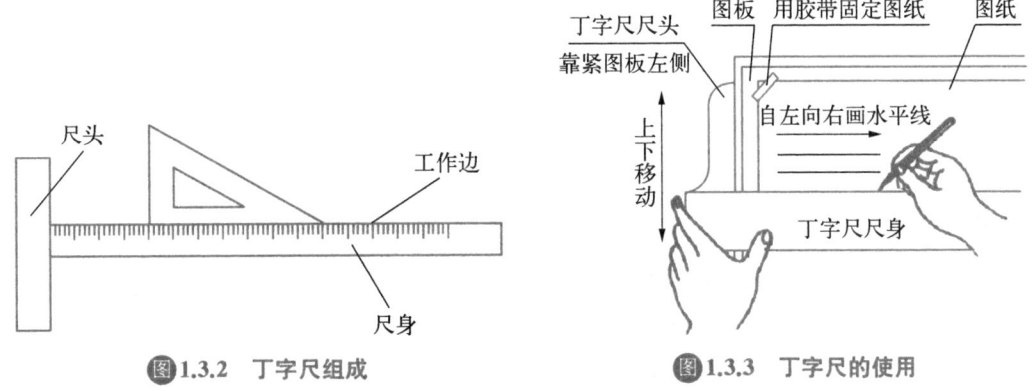

图1.3.2　丁字尺组成　　　　**图1.3.3　丁字尺的使用**

3. 三角板

三角板一般用透明的有机玻璃制成，上有刻度。三角板与丁字尺配合使用画铅垂线及15°、30°、45°、60°、75°的倾斜线和它们的平行线，也可以用两块三角板配合，画任意倾斜直线的平行线或垂直线，丁字尺与三角板配合使用见图 1.3.4。

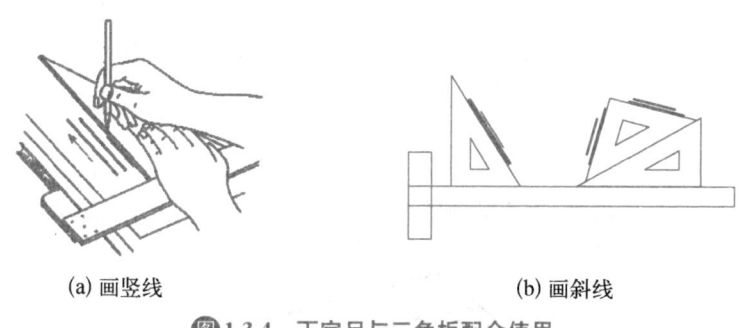

(a) 画竖线　　　　　　　　　　　　(b) 画斜线

图 1.3.4　丁字尺与三角板配合使用

4. 圆规、分规

圆规是画圆及圆弧的仪器。在使用前应先调整针脚,使针尖稍长于铅芯,调整后再取好半径,以右手拇指和食指捏住圆规旋柄,左手食指协助将针尖对准圆心,钢针和插脚均垂直于纸面。作图时圆规应向前倾斜,从右下角开始画圆,如果圆的半径较大,可加延伸杆,如图 1.3.5 所示。

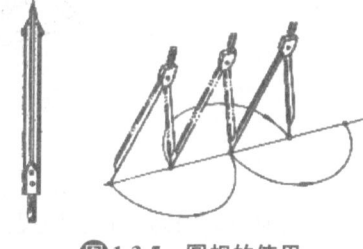

图 1.3.5　圆规的使用

分规是用来等分和量取线段的,分规两端的针尖在并拢后应能对齐,如图 1.3.6 所示。

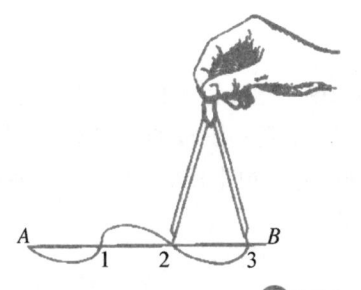

图 1.3.6　分规的用法

5. 比例尺

为了方便绘制不同比例的图样,可使用比例尺来绘图。常用的比例尺是三棱比例尺,上有六种刻度,如图 1.3.7 所示。画图时可按所需比例,用尺上标注的刻度直接量取,不需要换算。但所画图样如正好是比例尺上刻度的 10 倍或 1/10,则可换算使用比例尺。

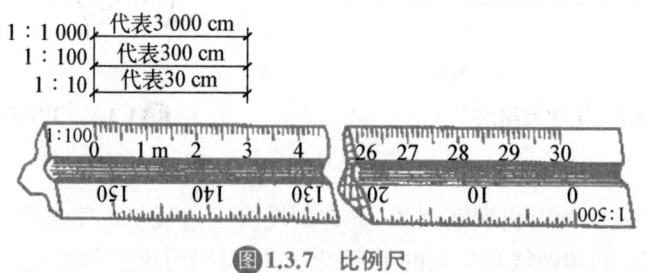

图 1.3.7　比例尺

6. 图纸

图纸有绘图纸和描图纸两种。绘图纸要求质地紧密强韧、纸面洁白、尘埃度小。有优良的耐擦性、耐磨性、耐折性。适于铅笔、墨汁笔等书写。描图纸是描绘图样用的,描绘的图样即为复制蓝图的底图,半透明状纸,呈灰白色,外观似磨砂玻璃。

图纸应根据需要,按国家标准规定裁成一定的大小。裁图纸时边缘要整齐,各边应相互垂直。

7. 绘图铅笔

绘图铅笔是画底稿、描深图线用的。绘图铅笔的铅芯有各种不同的硬度,分别用 B、2B、…(数字越大铅芯越软)及 H、2H、…6H(数字越大铅芯越硬)的标志来表示,而常见的HB 铅笔软硬较适中。常用"H"画底稿,用"HB"描中粗线,用"B"描粗实线。削铅笔时注意保留有标号的一端,使笔芯露出 6—8 mm,如图 1.3.8(a)所示。用来画粗线的笔尖要削磨成扁铲形,如图 1.3.8(c)所示,其他笔尖磨成圆锥形,如图 1.3.8(b)所示。画线时,持笔要自然,用力要均匀,才能保证要求图线又黑、又亮、粗细均匀、清晰、光滑。

8. 其他制图用品

其他制图用品包括:擦图片、建筑模板、曲线板、绘图橡皮、透明胶带、小刀、砂纸等,都是制图中不可缺少的用品。建筑模板如图 1.3.9 所示,便于绘制工程图样中的常用图例;擦线板如图 1.3.10 所示,是修改图线用的,用来擦去错误的线,而保护邻近的线。曲线板如图 1.3.11 所示,便于绘制各种弧度的曲线。

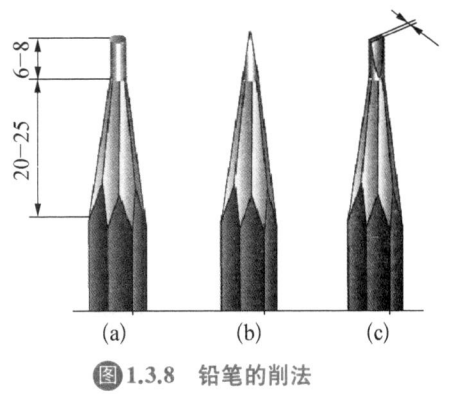

图 **1.3.8** 铅笔的削法

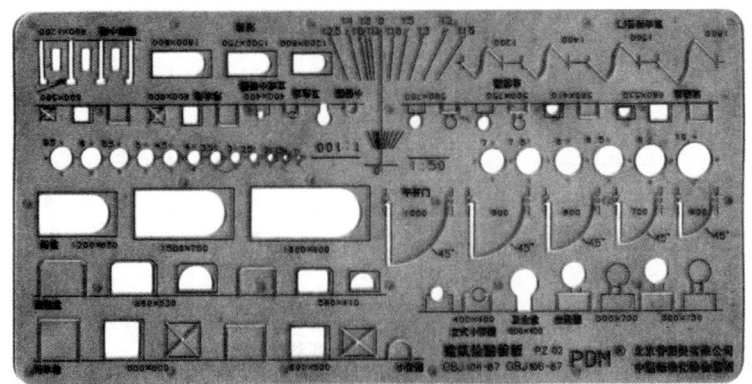

图 **1.3.9** 建筑模板

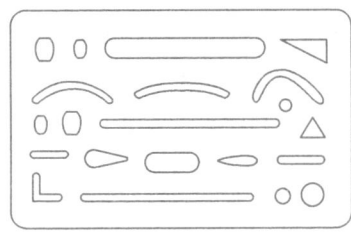

图 **1.3.10** 擦图片

图 **1.3.11** 曲线板

二、手工绘图步骤和方法

为了保证绘图的质量,提高绘图的速度,除正确使用绘图仪器工具、严格遵守国家制图标准外,还应注意科学的绘图步骤和方法,绘图一般按以下步骤进行。

1. 准备工作

（1）收集阅读有关的文件资料,对所绘图样的内容及要求进行了解。

（2）准备好必要的工具、仪器、用品,放置在合理的位置。

（3）将图纸用胶带纸固定在图板上,位置适当,如图 1.3.12 所示。绘图过程中,注意保持图纸清洁。

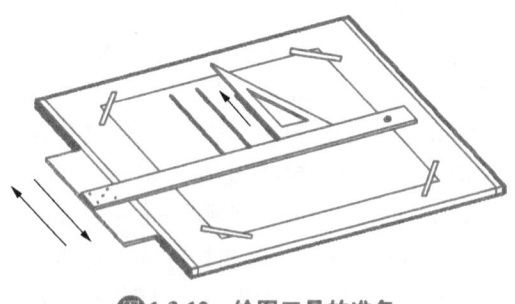

图 1.3.12 绘图工具的准备

2. 画底稿

画底稿一般要经过以下步骤,如图 1.3.13 所示。

（1）按制图标准的要求,先画图框线及标题栏。

（2）根据图样的大小、数量及复杂程度选择比例,安排好图位,定好图形的中心线。

（3）画图形的主要轮廓线,再由大到小,由整体到局部,直到画出所有的轮廓。

（4）画尺寸线,尺寸界线,以及其他符号等。

（5）最后仔细检查,擦去多余的底稿线。

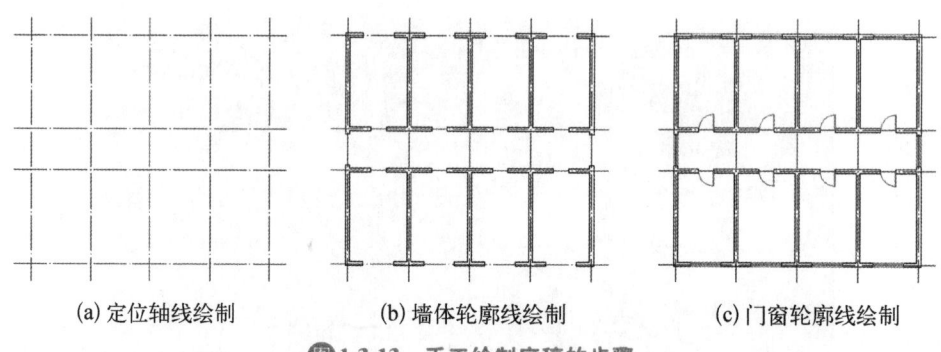

(a) 定位轴线绘制　　　　(b) 墙体轮廓线绘制　　　　(c) 门窗轮廓线绘制

图 1.3.13 手工绘制底稿的步骤

3. 用铅笔加深图线

铅笔加深要做到粗细分明,符合国家标准的规定,宽度为 b 和 $0.5b$ 的图线常用 B 或 HB 铅笔加深;宽度为 $0.25b$ 的图线常用削尖的 H 或 2 H 铅笔适当用力加深,如图 1.3.14 所示。在加深圆弧时,圆规的铅芯应该比加深直线的铅笔芯软一号。具体加深时的规定如下:

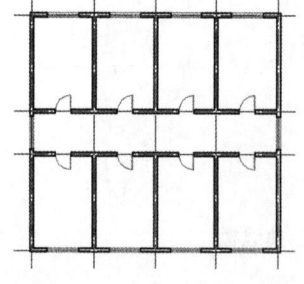

图 1.3.14 加深底稿图线

（1）当直线与曲线相连时,先画曲线后画直线。加深同类图线,其粗细和深浅要保持一致。加深同类线型时,要按照水平线从上到下、垂直线从左到右的顺序一次完成,而且用力要均匀。

（2）各类线型加深的顺序是:中心线,细实线,虚线,粗实线。

（3）标注尺寸时，应先画尺寸界线、尺寸线和尺寸起止符号，再注写尺寸数字。要保持尺寸数字的清晰和正确。

（4）检查、清理全图，确定没有错误后，加深图框线，标题栏及表格，并填写有关内容及说明，完成全部绘图。

（5）加深完毕后，必须认真复核，如发现错误，则应立即改正。最后，由制图者签字。

三、计算机绘图工具

计算机绘图是应用绘图软件实现图形显示、辅助设计与绘图的一项技术。图形输入设备有键盘、鼠标、数字化仪、扫描仪、数码相机；输出设备有显示器、打印机、绘图机等。

目前应用型软件 AutoCAD 是 Autodesk 公司推出的最具代表性的工程绘图软件。在经历多次升级和研制后，其绘图功能十分强大。其工作界面完善友好，便于掌握，且可以灵活设置，提供的数字交换功能，用户可以十分方便地在 AutoCAD 和 Windows 其他应用软件之间进行文件数据的共享和交换，三维作图功能强大，可以作出形象逼真的渲染图。因此 AutoCAD 能更大程度地为设计人员提供支持，在众多的设计领域中发挥不可替代的作用，共操作界面如图 1.3.15 所示。AutoCAD 软件的具体操作本书不再叙述。

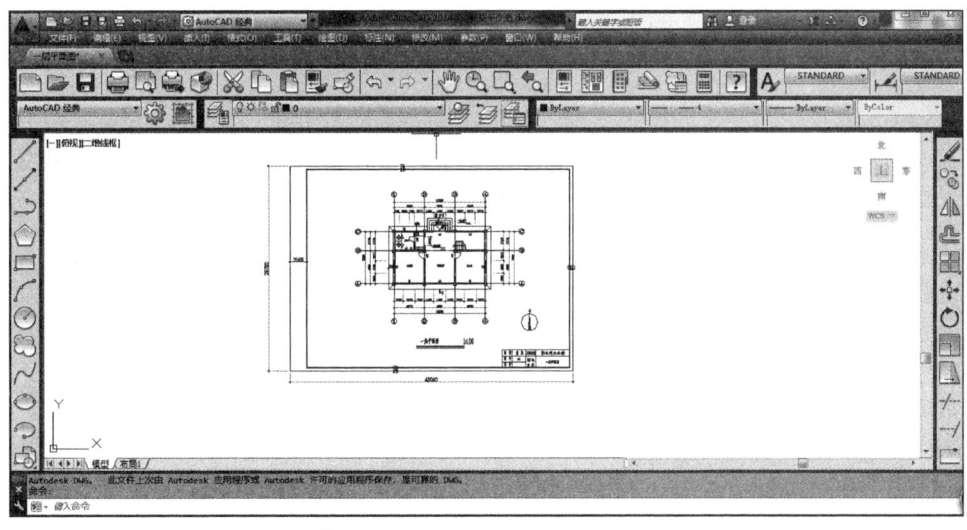

图 1.3.15　AutoCAD 软件绘图界面

另外一种软件是在应用软件的基础之上开发研制的专业绘图软件，这类软件除了更方便各专业设计外，大多数把各专业的标准构配件、常用件用参数化设计成标准构配件库、常用件库，能极大地提高绘图的效率。国内常用的建筑软件有天正建筑、PKPM、Revit 等，该类软件所具备的参数化设计及三维可视化特性极大程度地适应了国家推进的 BIM 技术在建筑行业内的应用。很多院校均开设了 BIM 相关软件的教学（例如建模技术等），至少在专业课教学中融入了 BIM 软件，有兴趣的同学也可以在课外深入了解，尤其是 Revit 软件的使用方法。

小　结

建筑施工图是遵循《房屋建筑制图统一标准》(GB/T 50001—2017)进行绘制的,所以熟悉该标准中的制图规定,是进行识图的基础。本项目主要阐述了建筑制图标准中对于制图的相关规定、图样画法及绘图工具和仪器的使用方法。为后面建筑施工图的识读打下基础。

自测题

一、实操题

请将教材图 1.1.5 中一层平面图绘制在 A3 图纸上。

1. 能力目标

掌握建筑制图标准和相关规范是识读建筑图基础和前提。学生熟练掌握建筑制图标准的基本规定及绘图工具的使用方法之后,能正确应用建筑制图标准和绘图工具进行简单图纸的手绘。

2. 任务要求

(1) 学生分组

每个班级分成若干组(6—7 人/组),每组选出组长负责本组成员该实操题的完成的情况。小组成员之间应相互帮助和配合,但每个组员必须独自完成绘制任务。

(2) 资料准备

所需资料包括:A3 图纸,铅笔,画图板,丁字尺,橡皮等

(3) 所有线型、图例及文字注写均需遵守《房屋建筑制图统一标准》(GB/T 50001—2017)的相关规定。

项目 2　建筑形体的投影

建筑工程图纸实际上是按照一定的投影规律投影得到的建筑图样，所以建筑形体的投影相关知识的学习可以提高识读和绘制建筑工程图的能力，同时，可以使空间想象能力得以锻炼。本项目主要介绍投影的基础知识，以及三面投影体系下点、线、面、体的投影特征。

学习内容

任务 2.1　熟悉投影的基础知识；
任务 2.2　掌握三面投影体系的形成；
任务 2.3　掌握点、线、面、体的投影特征；
任务 2.4　掌握断面图和剖面图的识读方法。

学习目标

1. 能够掌握投影的分类及工程中常用的投影图；
2. 能够掌握三面投影体系的形成及绘图原则；
3. 能作出空间点、直线、平面、体的三视图，具有较强的绘图能力；
4. 能读懂建筑形体的三面投影图，具有较强的空间想象能力；
5. 能够理解断图与剖面图的区别，能看懂简单构件的断面或剖面视图。

任务 2.1　熟悉投影的基础知识

投影法及分类

一、熟悉投影的概念和分类

1. 投影的概念

众所周知，我们周围的三维空间的物体都有长度、宽度和高度。若在只有二维空间的图纸上，要准确全面地表达出物体的形状和大小就必须用投影的方法。换句话说，把空间形体表示在平面上，是以投影法为基础的。

如图 2.1.1（a）所示，在光线（如阳光）的照射下，物体将在地面

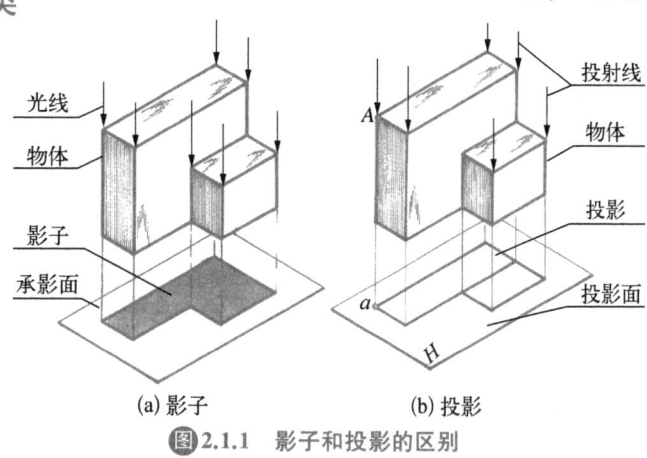

(a) 影子　　　　　(b) 投影

图 2.1.1　影子和投影的区别

上投下一个多边形的影子,这个影子反映物体的外部轮廓和大小。而投影法正是源于日常生活中光的投射成影这个物理现象。如图 2.1.1(b)所示,假设光源发出的光线可穿透物体,将各顶点及各棱线投落在平面 H 上,则这些点和线的影子将组成一个能够反映出物体形状的图形,这个图形称为物体的投影。

影子和投影的关系可概括如下:假定光线可以穿透物体(物体的面是透明的,而物体的轮廓线是不透的),并规定在影子当中,光线直接照射到的轮廓线画成实线,光线间接照射到的轮廓线画成虚线,则经过抽象后的"影子"称为投影,如图 2.1.2(a)所示。这种对形体作出投影,在投影面上产生图像的方法,称为投影法。工程上常用这种投影法来绘制图样。

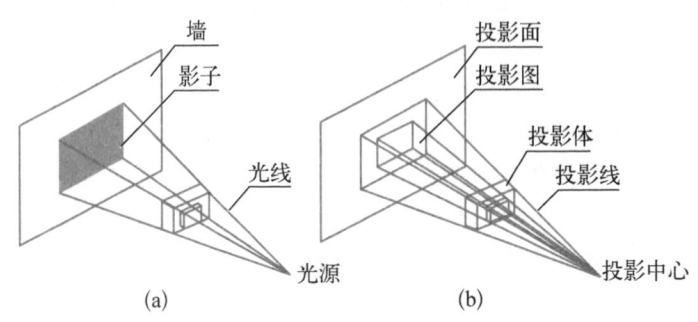

图2.1.2 影子和投影的关系

由投影的概念可知,要产生投影必须具备三个条件:投射线、投影面和投影体,这三个条件又称为投影三要素。如图 2.1.3 所示,光源是投影中心,连接投影中心与物体上点的直线称为投射线。投影所在的平面 H 称为投影面。空间的几何形体称为投影体。通过某个点的投射线与投影面 H 相交,所得交点称为该点在平面 H 上的投影。由某直线上无数个点的投影便可得到该直线的投影,由某几何形体的所有轮廓线的投影便可得到该几何体的投影。

2. 投影的分类

根据投影中心所发出投射线的情况,一般来说,可以将投影分为中心投影和平行投影两大类。

(1) 中心投影

当投影中心 S 至投影面 H 的距离有限远时,将发出呈放射状的投影线(所有投射线相交于 S 点),这些相交的投射线照射物体所形成的投影称为中心投影,如图 2.1.3 所示。

(2) 平行投影

当投影中心 S 至投影面 H 的距离无限远时,可理解为所发出的投射线是相互平行的,这些相互平行的投射线照射物体所形成的投影称为平行投影,如图 2.1.4 所示。

根据投射线与投影面夹角的不同,平行投影法又分为正投影法及斜投影法两种:

在平行投影中,投射线垂直于投影面时所形成的投影称为正投影(直角投影)。作出正投影的方法称为正投影法(直角投影法),如图 2.1.4(a)所示,正投影法是工程上最常用的一种投影方法。

在平行投影中,投射线倾斜于投影面时所形成的投影,称为斜投影。斜投影法常用来绘制工程中的辅助图样,如图 2.1.4(b)所示。

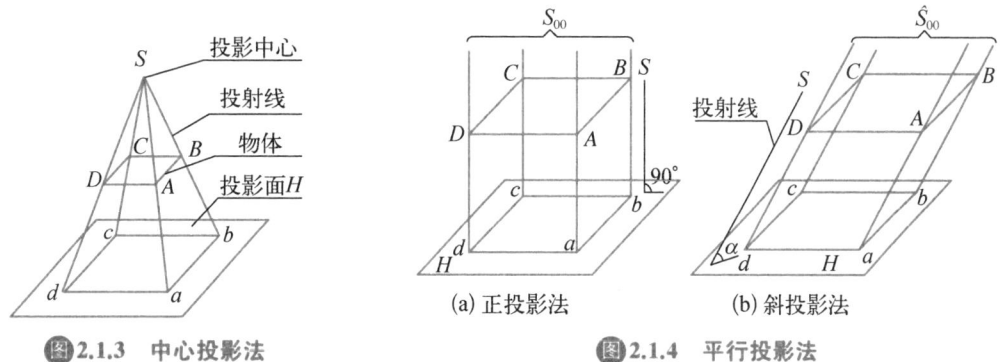

图**2.1.3**　中心投影法　　　(a) 正投影法　　　(b) 斜投影法

图**2.1.4**　平行投影法

二、正投影的特性

正投影特征

正投影法的以下六种投影特性,使它在工程制图中具备极大的优势,如图 2.1.5 所示。

(1) 显实性:当直线段或平面与投影面平行,其投影反映直线段的实长或平面图形的实形。如图 2.1.5(a)(e)所示。

(2) 积聚性:当直线段或平面与投影面垂直,其投影积聚为一点或一条直线。如图 2.1.5(c)(g)所示。

(3) 类似性:当直线段或平面与投影面倾斜时,其投影小于实形,但直线段的投影仍为直线段,平面图形的投影仍为平面图形。如图 2.1.5(b)(f)所示。

(4) 平行性:空间互相平行的直线其同面投影仍互相平行。如图 2.1.5(d)所示。

(5) 定比性:直线上两线段长度之比等于其同面投影的长度之比。如图 2.1.5(b)所示。

(6) 从属性:点在直线上,则该点的投影必位于该直线的投影上。如图 2.1.5(b)所示。

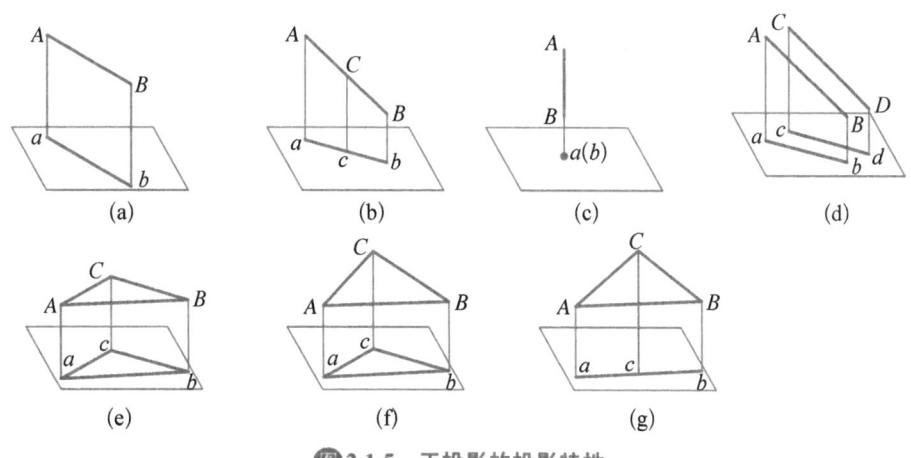

图**2.1.5**　正投影的投影特性

正投影法之所以是工程上最常用的一种投影方法,取决于它的这六种投影特性。图 2.1.6 即为利用正投影法绘制的某办公楼一层平面图。以①轴线墙体为例,在平面图中用正投影法绘制了该墙体的内墙面和外墙面的投影线来代表该墙体,由于该墙体的内外墙面相互平行且垂直于水平投影面 H,所以在 H 面积聚为两条相互平行的直线,这利用了正投影的积聚性和平行性;该墙体的长度和厚度按照一定的比例绘制并将尺寸标注出来,这利用了正投影的显实性;该墙体上有一扇窗 $C1$,$C1$ 在实际墙体中的具体位置决定了它在图纸中的具体位置,这利用了正投影的定比性和从属性。

由于正投影的特性,在作建筑形体的投影时,应使尽可能多的面和投影面处于平行或垂直的位置关系中,便可以充分利用正投影的显实性和积聚性,这样使作图简单,且便于读图。

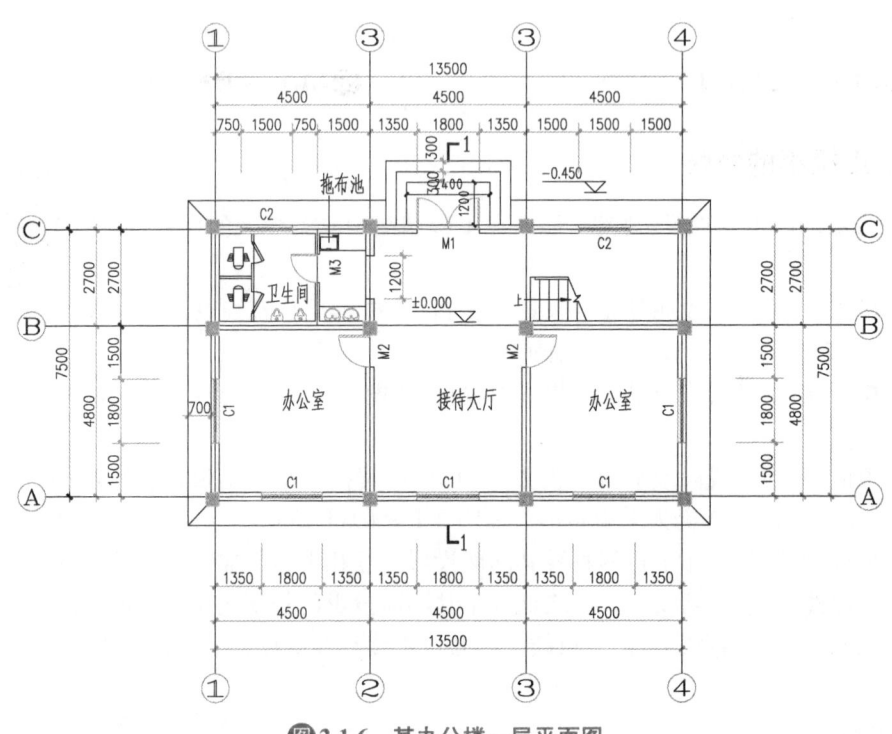

图2.1.6 某办公楼一层平面图

三、工程中常用的投影法

在图纸上表示建筑物或其构配件时,由于所表达的目的及被表达对象的特性不同,往往需要采用不同的投影方法。常用的有透视投影法、轴测投影法、正投影法和标高投影法。

1. 透视投影法

透视投影法是采用中心投影法将形体投射到单一投影面上所得到的具有立体感的投影图,简称透视图,如图 2.1.7 所示。透视图成像接近照相效果,如同人眼观看物体或电灯照射物体,比较符合人们的视觉,反应表达对象的三维空间形态,立体感强,所以具有直观、形象的特点。但作图繁琐、度量性差,常作为方案设计阶段辅助视图,用于方案比选。

2. 轴测投影法

轴测投影法是按照平行投影法将空间形体连同确定该形体的空间直角坐标系一起投射

到一个投影面上,这样得到投影图的称为轴侧投影图,如图 2.1.8 所示。轴测投影图立体感强,在一定条件下,可度量出物体长、宽、高三个方向的尺寸。在实际工程中常用轴测投影绘制给水排水、采暖通风和空气调节等方面的管道系统图,在安装专业的施工图中较为常见。

3. 正投影法

正投影法是指在两个或两个以上互相垂直的,并分别平行于物体主要侧面的投影面上作出空间物体的多面直角投影,然后将这些投影面按一定规律展开在一个平面上,从而得到物体投影图的方法,最常用的是三面正投影,如图 2.1.9 所示。正投影图的优点是作图简便、便于度量,工程上应用最广,但直观性差,缺乏立体感,所以识读利用正投影法做出的建筑施工图需要一定的空间想象能力。

图2.1.7　透视投影图　　　图2.1.8　轴测投影图　　　图2.1.9　正投影图

4. 标高投影

标高投影是利用正投影法画出的单面投影图,并在投影图上注明标高数据,称标高投影,如图 2.1.10 所示。标高投影常用来绘制地形图、建筑总平面图以及道路、水利工程等的平面布置图。

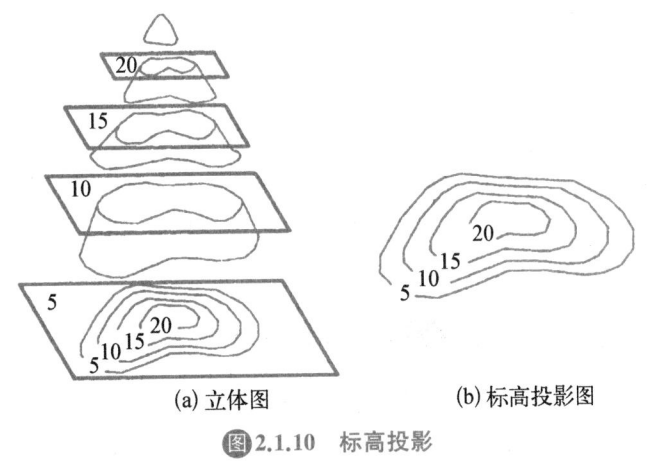

(a) 立体图　　　　　　　(b) 标高投影图

图2.1.10　标高投影

自测题

三面正投影

任务 2.2　掌握三面投影体系的形成

一、单面或双面投影

工程上绘制的图样主要采用具有绘图简单、图样真实、方便度量等优点的正投影法。利用单面和双面正投影能否确定某形体的具体形状呢？我们可以发现，下图 2.2.1 中左图投影点 a 对应的空间点 A 并不唯一，右图矩形的投影图对应的空间形体也可以是多种多样，所以单面投影并不能反映空间物体的真实形状。

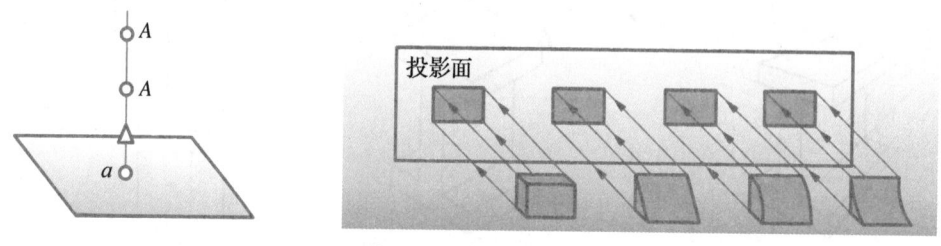

图 2.2.1　单面投影图

同样的道理，如图 2.2.2(a)中将一个长方体放在具有两个投影面(V 和 H)的投影体系中，将会在两个投影面上得到一个矩形的投影图，展开投影体系后见图 2.2.2(b)，若将图 2.2.2(c) 图中的三棱锥同样放在图 2.2.2(a)中，将会在两个投影面上得到同样的矩形投影图，可见双面投影图仍不能反映空间物体的真实形状。

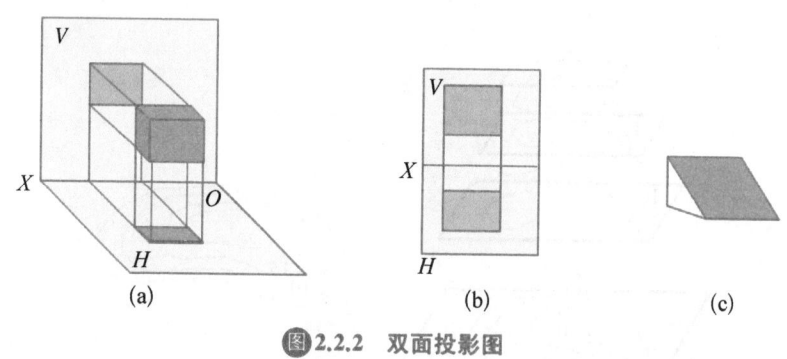

(a)　　　　　　　　(b)　　　　　　　(c)

图 2.2.2　双面投影图

可见，物体的一个投影只能表达三维形体两个方向的尺度关系，不能确定出空间形体的唯一准确形状。解决这一问题需要建立多个投影面，我们一般用三个互相垂直的投影面建立三面投影体系。

二、三面正投影体系

1. 三面正投影体系

如图 2.2.3 所示，三面正投影体系由三个相互垂直的投影面组成。其中水平放置的面被称为水平投影面,用字母 H 表示;竖立在正面的投影面被称为正立投影面,用字母 V 表示;立在侧面的投影面被称为侧立投影面,用字母 W 表示。三个投影面相交于三个投影轴即 OX、OY、OZ,三个投影轴相互垂直并相交于原点 O。将物体置于三面投影体系中,分别向三个投影面进行正投影,在 H、V、W 面所得的投影分别被称为水平投影图、正面投影图和侧面投影图,如图 2.2.4 所示。

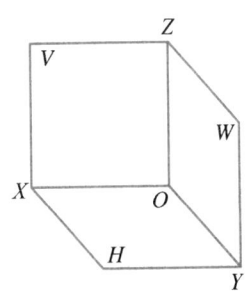

图2.2.3 三面投影体系

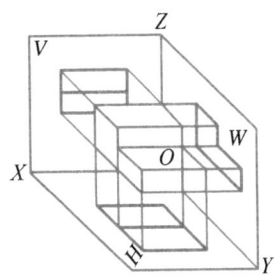

图2.2.4 形体的三面投影

2. 三面正投影图的形成

图 2.2.5 中在 H、V、W 面上所得的水平投影图、正面投影图和侧面投影图,能够反映空间物体的真实形状,但是由于三个投影图分别位于相互垂直的三个投影面上,绘图过程非常不便。为了在同一平面内将三个投影图完整地反映出来,需要将三个投影面展开在一个平面上。展开的方法为:V 面保持不动,H 面绕 OX 轴向下旋转 $90°$,W 面绕 OZ 轴向右旋转 $90°$,这样 H、V、W 面三个投影面便位于同一平面,形成三面正投影图,如图 2.2.5 所示。

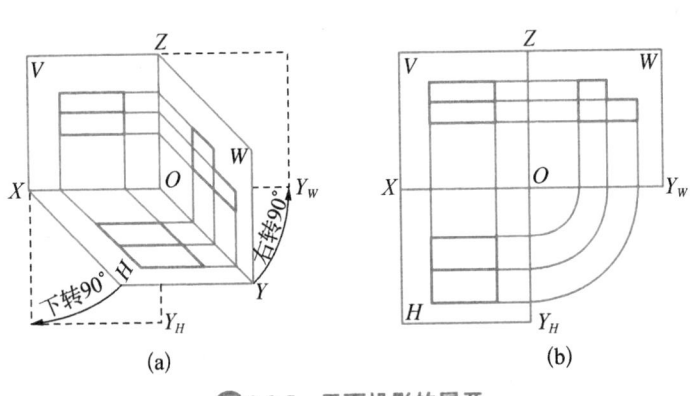

(a)   (b)

图2.2.5 平面投影的展开

3. 三面正投影图的对应关系

(1) 三面正投影图的三等关系

由于三面正投影图反映了物体三个面(上面、正面、侧面)的形状和 3 个方向(长向、宽向、高向)的尺寸,而每一投影面只能表达物体的一面形状和两个方向,因此三面正投影图之间存在着密切的关系。如图 2.2.6 所示,正面投影图反映物体的长度和高度;水平投影图反映物体的长度和宽度;侧面投影图反映物体的高度和宽度。

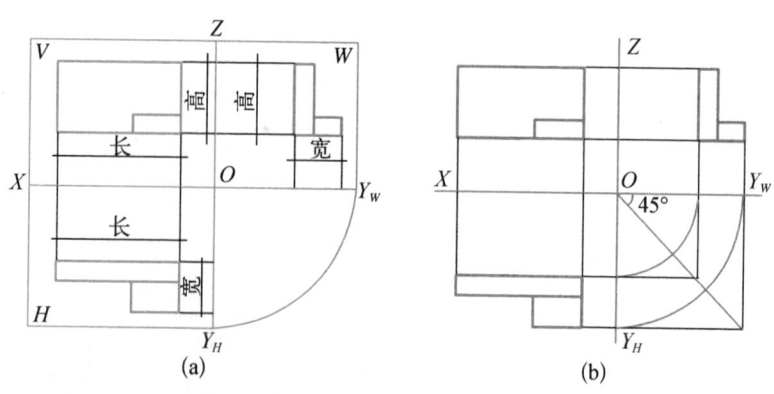

图2.2.6　投影的三等关系

　　因此,展开后的三面正投影图的位置关系和尺寸关系是:正面投影图和水平投影图左右对正,长度相等;正面投影图和侧面投影图上下看齐,高度相等;水平投影图和侧面投影图前后对应,宽度相等。即"长对正""高平齐""宽相等",简称为"三等"关系。"三等"关系在对形体的三面投影图的作图过程中起着至关重要的作用。

　　(2)三面正投影图的方位关系

　　空间一个形体具有上、下、左、右、前、后六个方位,如图 2.2.7 所示,若从上至下代表形体的高,从左至右代表形体的长,从前至后代表形体的宽,则该形体的正面投影图是由前向后的投影,反映物体上下、左右关系(高和长),而前后关系被积聚;水平面投影图是由上向下的投影,反映物体前后和左右关系(宽和长),上下关系被积聚;侧面投影图是由左向右的投影,反映物体上下和前后关系(宽和高),左右关系被积聚,如图 2.2.8 所示。这再一次印证了三面正投影的"三等"关系:"长对正""高平齐""宽相等"。

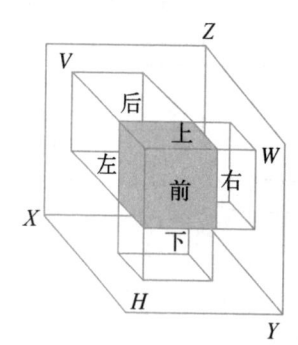

图2.2.7　形体的六个方位关系

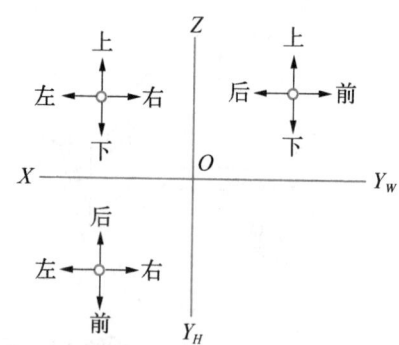

图2.2.8　三面投影的方位关系

自测题

在线题库

扫码自测

点的投影

任务 2.3　掌握点、线、面、体的投影

一、点的投影规律

任何物体都是由点、线、面组成的，建筑物也不例外。所以说点、线、面是构成物体的最基本的几何元素，而点的投影规律是线、面、体的投影的基础。

1. 点的投影

将空间点 A 置于三面投影体系中，由点 A 分别向三个投影面做垂线（投影线）可得到三个垂足 a、a'、a'' 即为空间点 A 的三面个投影点，如图 2.3.1(a)所示。其中点 A 在 H 面上的投影称为点 A 的水平投影，用小写字母 a 表示；V 面上的投影称为点 A 的正立投影，用小写字母加一撇 a' 表示；W 面上的投影称为点 A 的侧面投影，用小写字母加两撇的形式 a'' 标注。

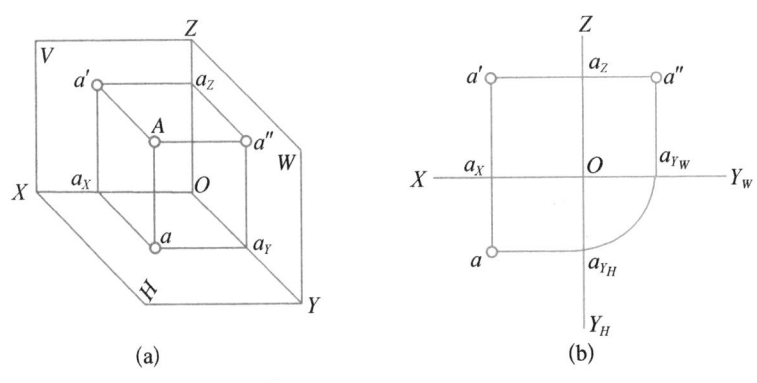

图 2.3.1　点的三面投影

为将点 A 的三个投影表示在同一平面内，将三面投影体系展开，即得到点 A 的三面投影图，如图 2.3.1(b)所示。其投影规律如下：

点的 V、H 投影连线垂直于 OX 轴，即 $aa' \perp OX$ 轴。（长对正）

点的 V，W 投影连线垂直于 OZ 轴，即 $a'a'' \perp OZ$ 轴。（高平齐）

点的水平投影到 OX 轴的距离等于侧面投影到 OZ 轴的距离，即 $aa_x = a''a_z = y$。（宽相等）

可见，点的投影规律依然遵循着三面正投影的"三等"关系。

为了表示 $aa_x = a''a_z = y$ 的关系，常用过原点 O 的 45°度斜线或以 O 为圆心的圆弧把水平投影和侧面投影之间的投影连线联系起来。如图 2.3.1(b)所示。

根据点的三条投影规律，不难发现，只要任意给出某点的两个投影点，就一定可以补全该点的第三面投影点。

【例 2-1】　如图 2.3.2 所示，已知点 A 的 V 投影 a' 和 W 面投影 a''，见图 2.3.2(a)，试求其 H 面投影 a。

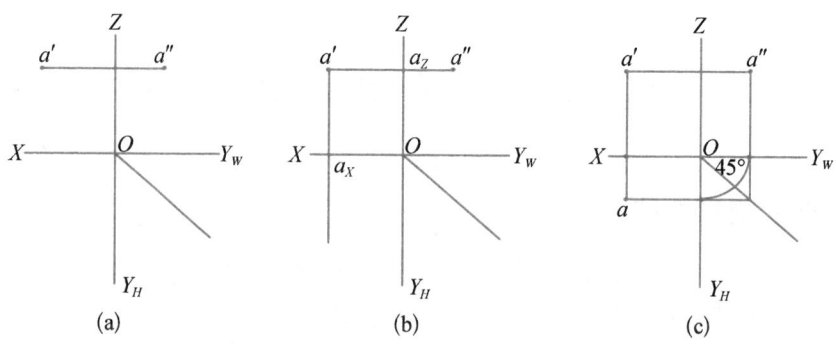

图 2.3.2 求点的第三面投影

解题: 如图 2.3.2(b)所示,根据点的投影规律,过已知投影 a' 作 OX 的垂直线,所求的 a 必在这根竖直投影连线上。同时 a'' 到 OZ 轴的距离,必然等于 a 到 OX 轴的距离。因此,截取 $aa_x = a''a_z$,定出点 a,即为所求。作图时,可以采用以 O 为圆心,画圆弧或用 $45°$ 分角线,如图 2.3.2(c)所示。

2. 点的坐标

如果把三投影面体系看作空间直角坐标系,把投影面 W、V、H 视为坐标面,投影轴 OX,OY,OZ 视为坐标轴,则空间点 A 分别到三个坐标面的距离 Aa'',Aa',Aa 可用点 A 的三个直角坐标 x,y,z 表示,记为 $A(x,y,z)$,如图 2.3.1 所示。

同时,点 A 的三个投影点 a,a',a'' 也可用点 A 的坐标来确定。即水平投影 a 由 x 和 y 确定,反映了空间点 A 到 W 面和 V 面的距离 Aa'' 和 Aa',正面投影 a' 由 x 和 z 确定,反映了空间点 A 到 W 面和 H 面的距离 Aa'' 和 Aa;侧面投影 a'' 由 y 和 z 确定,反映了空间点 A 到 V 面和 H 面的距离 Aa' 和 Aa。

【例 2-2】 已知空间点 B 的坐标为 $X=12,Y=10,Z=15$,也可以写成 $B(12,10,15)$。单位为 mm(下同)。求作 B 点的三面投影。

［分析］ 已知空间点的三个坐标,便可先作出该点在 V、H 面的两个投影,再作出 W 面上的投影。

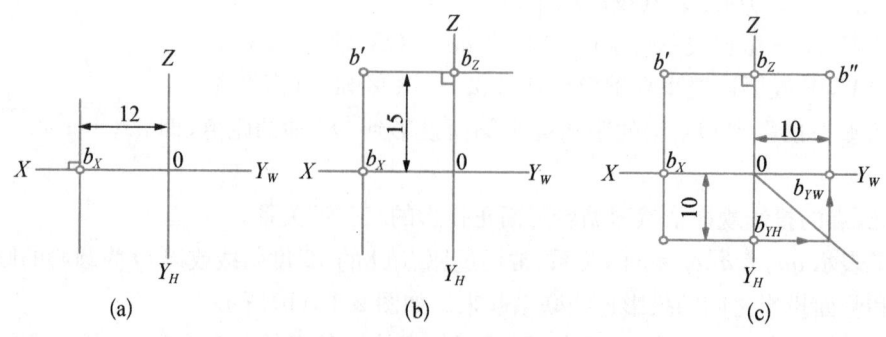

图 2.3.3 由点的坐标作三面投影

解题: ① 画投影轴,在 OX 轴上由 O 点向左量取 12,定出 b_x,过 b_x 作 OX 轴的垂线,如图 2.3.3(a)所示。

② 在 OZ 轴上由 O 点向上量取 15，定出 b_z，过 b_z 作 OZ 轴垂线，两条线交点即为 b'，如图 2.3.3（b）所示。

③ 在 $b'b_x$ 的延长线上，从 b_x 向下量取 10 得 b；在 $b'b_z$ 的延长线上，从 b_z 向右量取 10 得 b''。或者由 b' 和 b 用图 2.3.3(c) 所示的方法作出 b''。

3. 两点的相对位置及重影点

（1）两点的相对位置

空间两点的相对位置是指两点间上下、左右、前后位置关系，如图 2.3.4 所示。在投影图上判别两点的相对位置是读图中的重要问题。

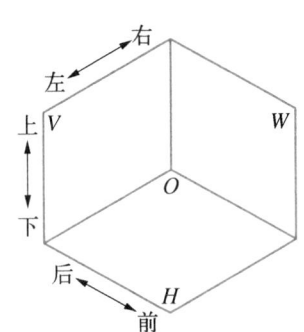

图 2.3.4 空间六种方位关系

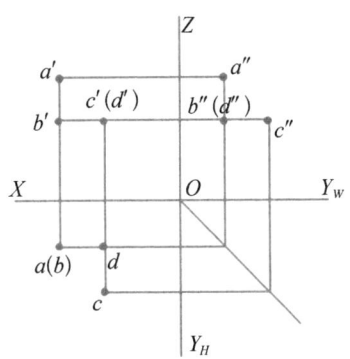

图 2.3.5 空间点的三面投影

空间两点的相对位置判断方法：

① 根据各组同名投影的相对位置判断。从三面投影图所反映的物体位置关系可知，两点的 V 面投影反映上下、左右关系；两点的 H 面投影反映左右、前后关系；两点的 W 面投影反映上下、前后关系。如图 2.3.5 所示，以点 A 和点 C 为例，由 a 和 c 相对位置可知，点 A 在点 C 的左方、后方，由 a' 和 c' 相对位置可知，点 A 在点 C 的上方、左方，由 a'' 和 c'' 相对位置可知，点 A 在点 C 的上方、后方。

② 根据比较同名坐标值来判断。对于两点的相对位置可由两点各方向的坐标值大小来确定。按 X 坐标判别两点的左右关系，X 坐标值大的在左；按 Y 坐标判别两点的前后关系，Y 坐标值大的在前；按 Z 坐标判别两点的上下关系，Z 坐标值大的在上。

【例 2-3】 已知空间点 $A(20,10,15)$ 和 $B(5,15,10)$ 的坐标值，试判断两点的相对位置关系。

［分析］ 通过比较两点的同名坐标值的大小来判断，X、Y、Z 坐标大的在左、在前、在上。

解题： 由于 A 点的 X 坐标大于 B 点的 X 坐标，所以 A 点在 B 点左方；由于 A 点的 Y 坐标小于 B 点的 Y 坐标，所以 A 点在 B 点后方；由于 A 点的 Z 坐标大于 B 点的 Z 坐标，所以 A 点在 B 点上方。

【例 2-4】 已知空间点 $C(15,8,12)$，D 点在 C 点的右方 7，前方 5，下方 6。求作 D 点的三投影。

［分析］ D 点在 C 点的右方和下方，说明 D 点的 X、Z 坐标小于 C 点的 X、Z 坐标；D 点在 C 点的前方，说明 D 点的 Y 坐标大于 C 点的 Y 坐标。可根据两点的坐标差，出 D 点的

三投影。

解题：如图 2.3.6 所示，先根据点 C 的坐标做出其三面投影 c、c' 及 c''，如图 2.3.6(a)。根据 D 点在 C 点的右方 7，前方 5，可得到 d，如图 2.3.6(b)和图 2.3.6(c)，再根据 D 点在 C 点的下方 6，可得到 d'，进而得到 d''，如图 2.3.6(d)。

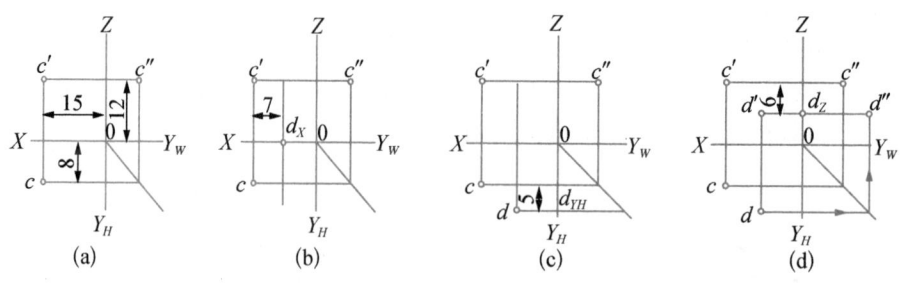

图 **2.3.6** 求作 D 点的三投影

（2）重影点

空间两点有一种特种位置关系——"重影"，当两点同时处于某一投影面的同一条投射线上时，它们在该投射线所垂直的投影面上的投影重合为一点，称这样的两点为对该投影面上的重影点。

重影点的可见性可由两点不重合投影的相对位置来判断，不可见的投影用括号括起来，如图 2.3.7 所示。H 面重影点可见性判断是上遮下，如图 2.3.7(a)中，A 点和 B 点是 H 投影面的重影点，A 点在 B 点的正上方，由上至下作 H 面正投影时 B 点不可见，所以投影点 a 标注在括号外，b 标注在括号内；同理，V 面重影点可见性判断是前遮后，如图 2.3.7(b)中，C 点和 D 点是 V 投影面的重影点，C 点在 D 点的正前方，由前至后作 V 面正投影时 D 点不可见，所以投影点 c' 标注在括号外，d' 标注在括号内；W 面重影点可见性判断是左遮右，如图 2.3.7(c)中，E 点和 F 点是 W 投影面的重影点，E 点在 F 点的正左方，由左至右作 W 面正投影时 F 点不可见，所以投影点 e'' 标注在括号外，f'' 标注在括号内。

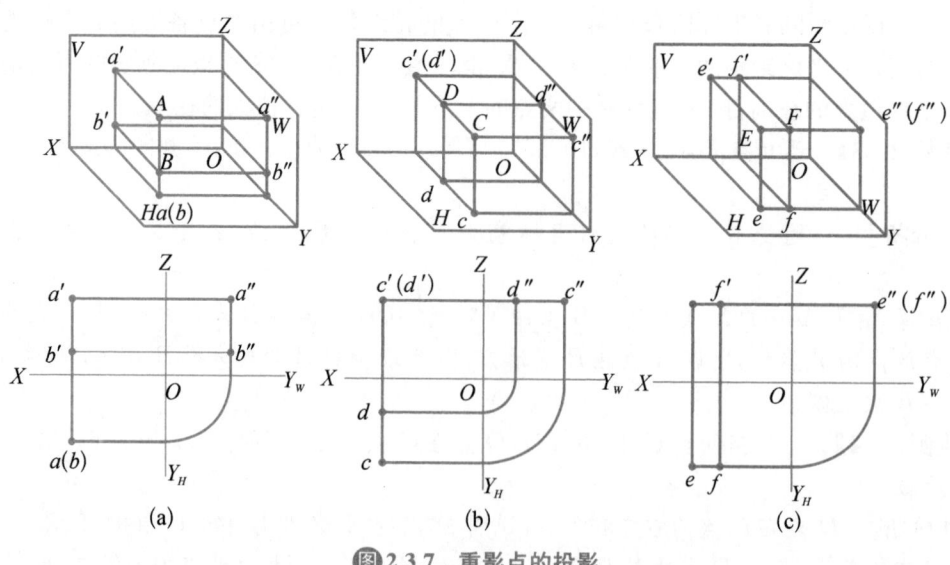

图 **2.3.7** 重影点的投影

【例 2 - 5】　请依据下图 2.3.8 中 A、B、C、D 四个点的三面投影,找出其中的重影点。

[**分析**]　可根据各组同名投影的相对位置判断空间两点的可见性,进而判断是否为重影点。

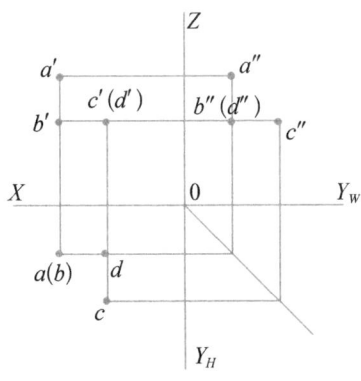

图 2.3.8　重影点的投影

解题:从 A 点和 C 点的投影图可知,这两个点在三个投影面上的投影均可见,所以它们不属于任何一个投影面的重影点;A 点和 B 点在 H 面上的投影重合为一个点,所以 A 点和 B 点是 H 投影面上的重影点,且 A 点在 B 点的正上方。同理,C 点和 D 点是 V 投影面上的重影点,且 C 点在 D 点的正前方;B 点和 D 点是 W 投影面上的重影点,且 B 点在 D 点的正左方。

【例 2 - 6】　已知四坡顶房屋的立体图和三面投影图,如图 2.3.9(a)(b)所示,立体图中标注有 A、B、C、D、E、F 六个点,试将各点的投影标注到投影图中相应部位。

解题:C、D 是 H 面的重影点,因 D 是不可见点,故其投影加上括弧,标注为 $c(d)$;同理,C、E 是 V 面的重影点,E 不可见点,故标注为 $c'(e')$;A、B 和 C、F 是 W 面的重影点,因 B 和 F 不可见,故标注为 $a''(b'')$,$c''(f'')$,见图 2.3.9(c)。

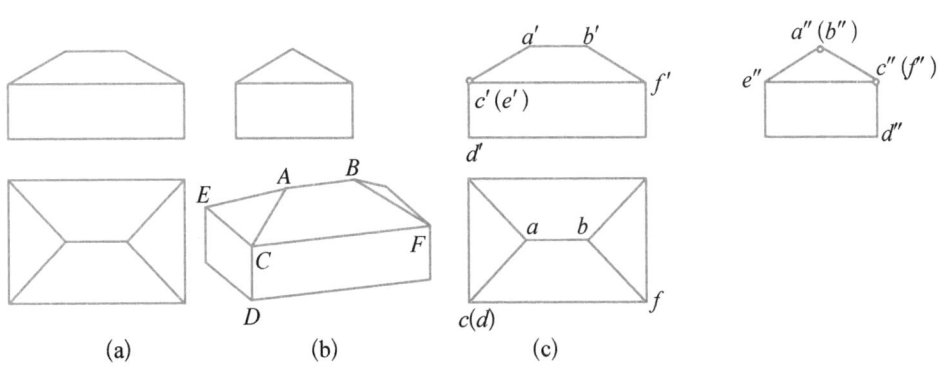

(a)　　　　(b)　　　　(c)

图 2.3.9　形体上各顶点的投影及重影点

二、直线的投影规律

我们知道,过两点可以做一条直线,所以求做直线的投影可先求出该直线上任意两点的投影(一直线段通常取其两个端点),然后连接该两点的同面投

直线的投影

影,便可得直线的三面投影,如图 2.3.10 所示,若做出点 A 和点 B 的 H 面投影 a 和 b,连接 a 和 b,则直线 ab 即为 AB 的水平面投影,同理可得到 AB 的正面投影 $a'b'$ 和侧面投影 $a''b''$。

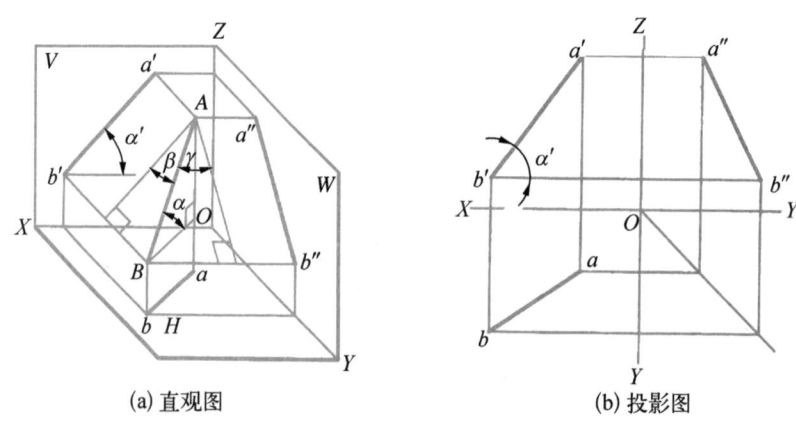

(a) 直观图   (b) 投影图

图 2.3.10　直线的投影

根据直线与投影面的相对位置,可把直线分为一般位置直线和特殊位置直线。空间直线与它的水平投影、正面投影、侧面投影的夹角,称为该直线对投影面 H、V、W 的倾角,分别用 α、β、γ 表示。

1. 特殊位置直线及其投影特性

根据直线与其投影面的位置关系,可将特殊位置直线分为投影面平行线和投影面垂直线两种。

(1) 投影面平行线

平行于一个投影面而与另外两个投影面倾斜的直线称为投影面平行线。其中,与水平投影面平行的直线被称为水平线;与正立投影面平行的直线被称为正平线;与侧立投影面平行的直线称为侧平线。这三种直线的直观图、投影图和投影特点如表 2.3.1 所示。

表 2.3.1　投影面平行线的投影特性

名称	水平线	正平线	侧平线
直观图			

名称	水平线	正平线	侧平线
投影图	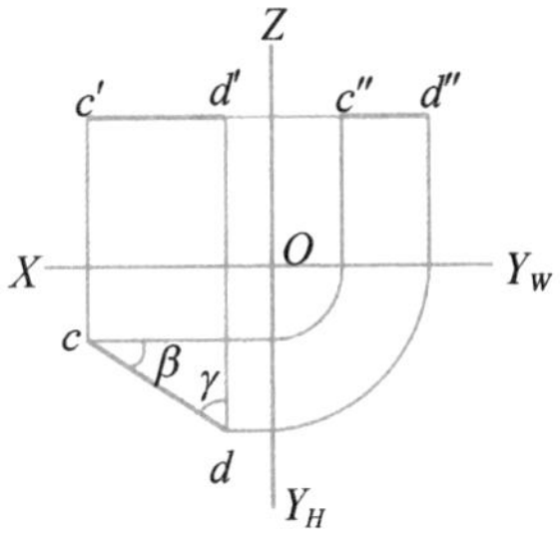	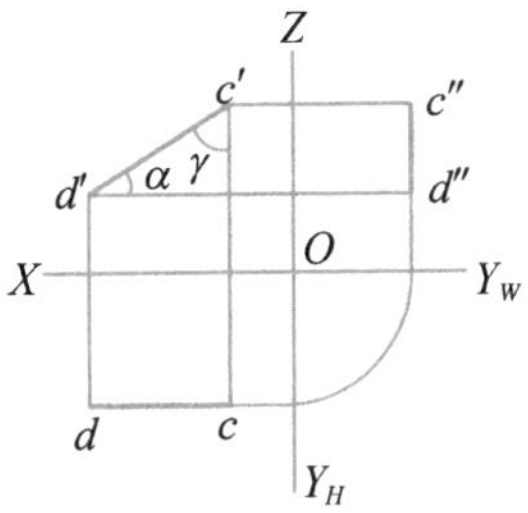	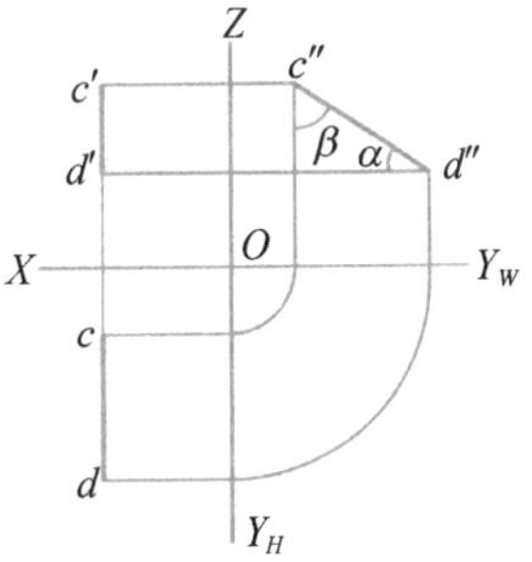
投影特点	1. 在 H 面上的投影反映实长、β 角和 γ 角,即: $cd = CD$; cd 与 OX 轴夹角等于 β; cd 与 OY_H 轴夹角等于 γ。 2. 在 V 面和 W 面上的投影分别平行投影轴,但不反映实长,即: $c'd' /\!/ OX$ 轴; $c''d'' /\!/ OY_W$ 轴; $c'd' < CD$;$c''d'' < CD$。	1. 在 V 面上的投影反映实长、α 角和 γ 角,即: $c'd' = CD$; $c'd'$ 与 OX 轴夹角等于 α; $c'd'$ 与 OZ 轴夹角等于 γ。 2. 在 H 面和 W 面上的投影分别平行投影轴,但不反映实长,即: $cd /\!/ OX$ 轴; $c''d'' /\!/ OZ$ 轴; $cd < CD$;$c''d'' < CD$。	1. 在 W 面上的投影反映实长、α 角和 β 角,即: $c''d'' = CD$; $c''d''$ 与 OY_W 轴夹角等于 α; $c''d''$ 与 OZ 轴夹角等于 β。 2. 在 H 面和 V 面上的投影分别平行投影轴,但不反映实长,即: $cd /\!/ OY_H$ 轴; $c'd' /\!/ OZ$ 轴; $cd < CD$;$c'd' < CD$。

现归纳投影面平行线的投影特性如下:

① 投影面平行线在它所平行的投影面上的投影倾斜于投影轴,但反映直线实长,该投影与投影轴的夹角等于空间直线与相应投影面的倾角。

② 其他两个投影分别平行于相应的投影轴,且均小于实长。

（2）投影面垂直线

垂直于一个投影面（必与另两个投影面平行）的直线称为投影面垂直线。其中与水平投影面垂直的直线称为铅垂线;与正立投影面垂直的直线称为正垂线;与侧立投影面垂直的直线称为侧垂线。这三种直线的直观图,投影图和投影特点如表 2.3.2 所示。

表 2.3.2　投影面垂直线的投影特性

名称	铅垂线	正垂线	侧垂线
直观图	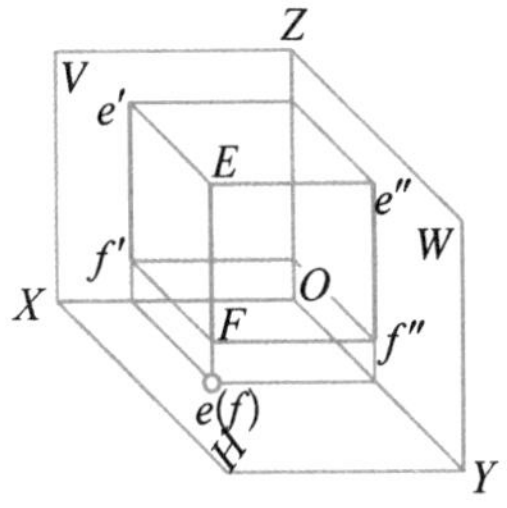	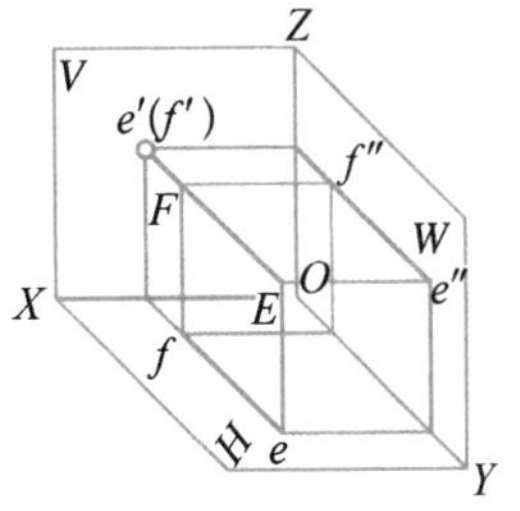	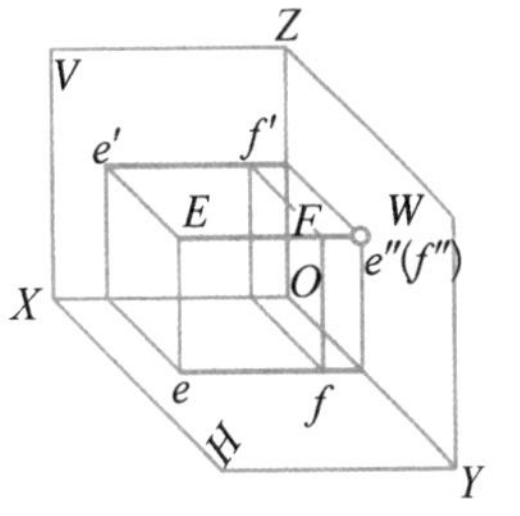

续　表

名称	铅垂线	正垂线	侧垂线
投影图	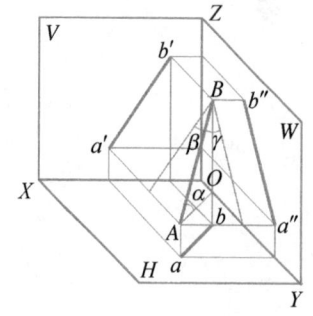		
投影特点	1. 在 H 面上的投影 e，f 重影为一点，即该投影具有积聚性。 2. 在 V 面和 W 面上的投影反映实长，即： $e'f'=e''f''=EF$； $e'f'\perp OX$ 轴； $e''f''\perp OY_W$ 轴。	1. 在 V 面上的投影 e'，f' 重影为一点，即该投影具有积聚性。 2. 在 H 面和 W 面上的投影反映实长，即： $ef=e''f''=EF$； $ef\perp OX$ 轴； $e''f''\perp OZ$ 轴。	1. 在 W 面上的投影 e''，f'' 重影为一点，即该投影具有积聚性。 2. 在 H 面和 V 面上的投影反映实长，即： $ef=e'f'=EF$； $ef\perp OY_W$ 轴； $e'f'\perp OZ$ 轴。

现归纳投影面垂直线的投影特性如下：

① 投影面垂直线在它所垂直的投影面上的投影积聚为一点（积聚性）。

② 空间直线在另两个投影面上的投影垂直于相应的投影轴，并且反映直线的实长（显实性）。

事实上，在直线的三面投影中，若有两面投影平行于同一投影轴，则另一投影必积聚为一点；只要空间直线的三面投影中有一面投影积聚为一点，则该直线必垂直于积聚投影所在的投影面。

2. 一般位置直线及其投影特性

与三个投影面都倾斜的直线称为一般位置直线。如图 2.3.11 所示。一般位置直线 AB 与三个投影面 H、V、W 都倾斜。依据三面投影关系不难发现，由于 AB 直线对三个投影面都倾斜，所以 AB 直线的三个投影长度都短于真长，其投影与相关轴间的夹角也不能直接反映 AB 直线对该投影面的倾角。事实上，只要空间直线的任意两个投影都呈倾斜状态，则该直线一定是一条一般位置直线。

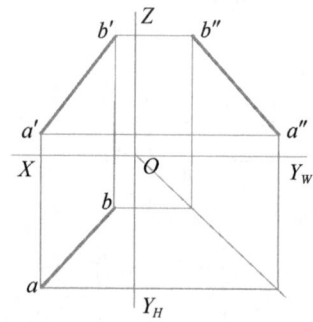

图 2.3.11　一般位置直线的投影

由此可知,一般位置直线的投影特性是:

(1) 三个投影都倾斜于投影轴,三个投影长度均小于实长;

(2) 三个投影与各投影轴的夹角不反映直线对投影面真实倾角。

3. 直线上的点的投影与直线投影之间的关系

根据正投影的从属性特点,如果某个点位于一条直线上,则该点的投影必然在该直线的同名投影上。根据这一特性,可求作直线上点的投影和判断点与直线的相对位置。

【例 2 - 7】 如图 2.3.12(a)所示,已知侧平线 MN 的 H 面投影 mn 和 W 面投影 $m'n'$,k 和 k' 分别在 mn 和 $m'n'$ 上,试判断 K 点是否在侧平线 MN 上?

[分析] 根据点在线上,点的投影必在线的同面投影上的特性判断。

解题:如图 2.3.12(b)所示:

① 添加 W 面,即过 O 作投影轴 OY_H、OY_W、OZ。

② 根依据点的投影规律,由 $m'n'$、m、n 和 k'、k 作出 $m''n''$ 和 k''。

③ 由于 k'' 不在 $m''n''$ 上,所以 K 点不在 MN 上。

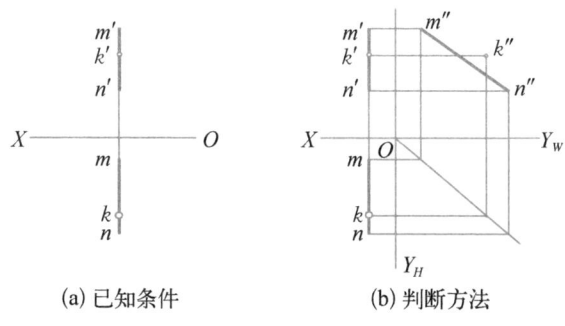

(a) 已知条件　　　　(b) 判断方法

图 2.3.12 判断 K 点是否在侧平线 MN 上

三、平面的投影规律

面的投影

1. 平面的表示法

从平面几何中可知,平面可由以下几何要素来确定:如图 2.3.13 中所示。

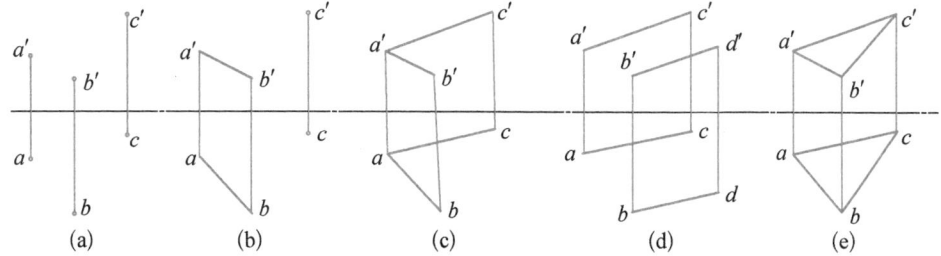

(a)　　(b)　　(c)　　(d)　　(e)

图 2.3.13 平面的几何元素表示法

(1) 不在同一条直线上的三点确定一个平面,如图 2.3.13(a)所示;

(2) 一条直线与直线外一点确定一个平面,如图 2.3.13 (b)所示;

(3) 相交两直线确定一个平面,如图 2.3.13(c)所示;

(4) 平行两直线确定一个平面,如图 2.3.13(d)所示;

（5）任意平面图形如三角形，四边形，圆形等确定一个平面，如图 2.3.13（e）所示。

通常用三角形、平行四边形、两相交直线、两平行直线表示平面。

根据空间平面与投影面的相对位置，平面可分为特殊位置平面和一般位置平面，下面介绍平面的投影特点。

2. 特殊位置平面的投影特点

根据平面与其投影面的位置关系，可将特殊位置平面分为投影面垂直面和投影面平行面两种。

（1）投影面垂直面

垂直于一个投影面而倾斜于另外两个投影面的平面称为投影面垂直面。其中，与水平投影面垂直的平面称为铅垂面；与正立投影面垂直的平面称为正垂面；与侧立投影面垂直的平面称为侧垂面。这三种垂直面的直观图、投影图以及投影特性图表 2.3.3 所示。

表 2.3.3　投影面垂直面的投影图及投影特性

名称	直观图	投影图	投影特点
铅垂面	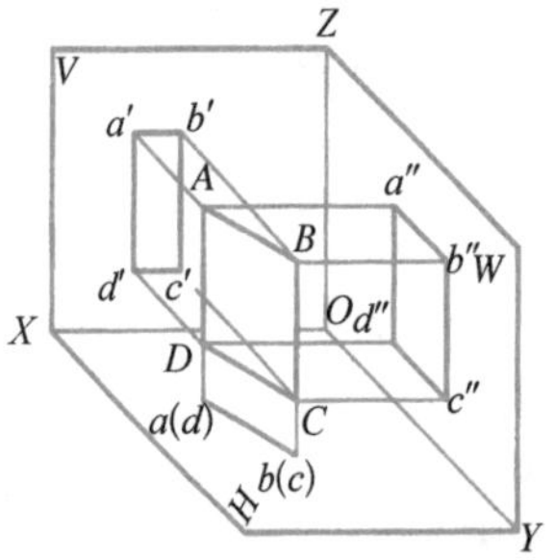	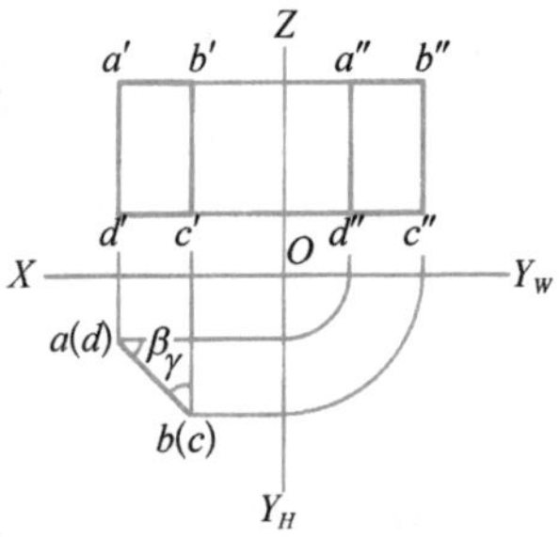	① 在 H 面上的投影积聚为一条与投影轴倾斜的直线 ② β、γ 反映平面与 V、W 面的倾角 ③ 在 V、W 面上的投影为不反映实形的类似形
正垂面	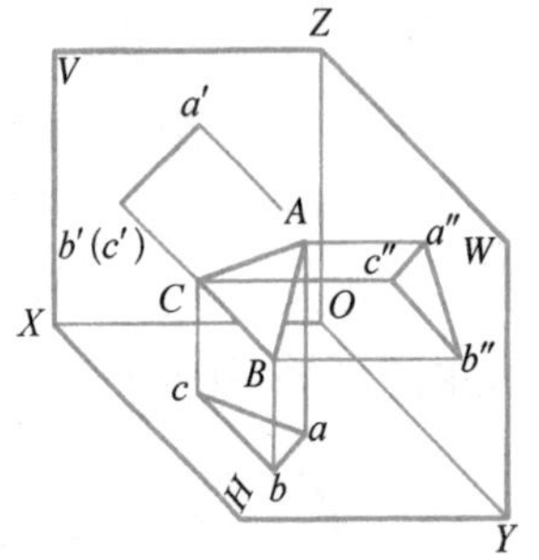	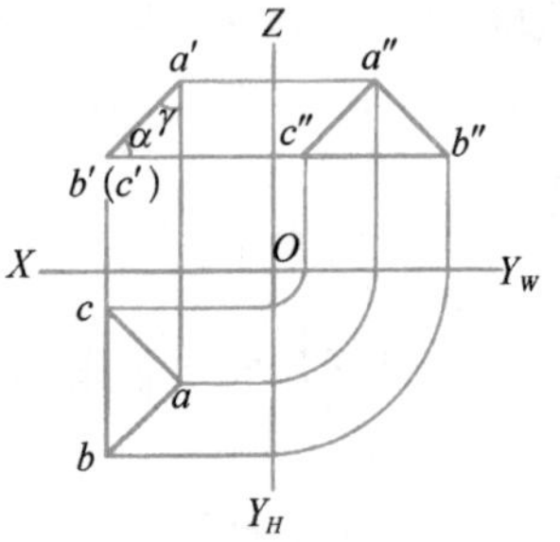	① 在 V 面上的投影积聚为一条与投影轴倾斜的直线 ② α、γ 反映平面与 H、W 面的倾角 ③ 在 H、W 面上的投影为不反映实形的类似形
侧垂面	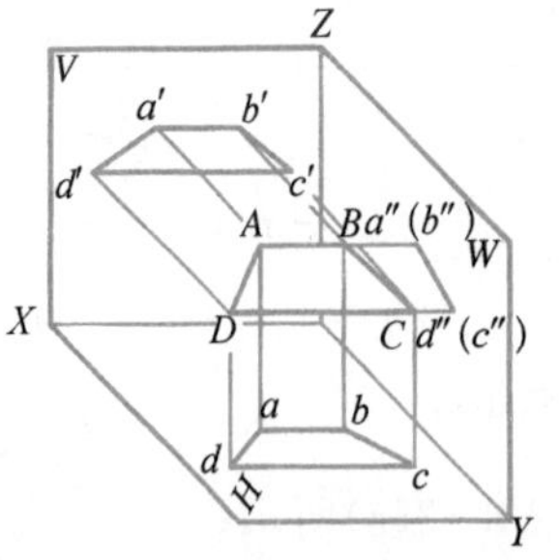	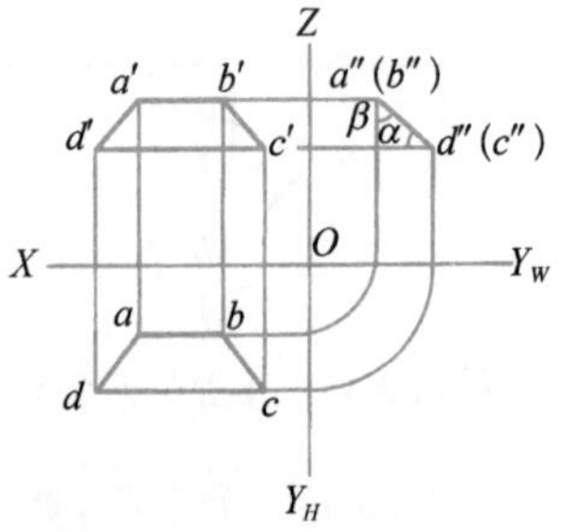	① 在 W 面上的投影积聚为一条与投影轴倾斜的直线 ② α、β 反映平面与 H、V 面的倾角 ③ 在 V、H 面上的投影为不反映实形的类似形

现归纳投影面垂直面的投影特性如下：

① 投影面垂直面在其所垂直的投影面上的投影积聚为一斜直线，该投影与投影轴的夹

角分别反映平面与另两个投影面的真实倾角。

② 该平面的另两个投影均为缩小的类似形,不反映实形。

事实上,在平面的投影中,若其在某一投影面上的投影积聚为一条斜线,则该平面必为该投影面的垂直面。

（2）投影面的平行面

平行于一个投影面而垂直于另外两个投影面的平面称为投影面平行面。其中,与水平投影面平行的平面称为水平面;与正立投影面平行的平面称为正平面;与侧立投影面平行的平面称为侧平面。这三种平行面的直观图、投影图及投影特点见表 2.3.4 所示。

表 2.3.4　投影面平行面的投影图及投影特性

名称	直观图	投影图	投影特点
水平面	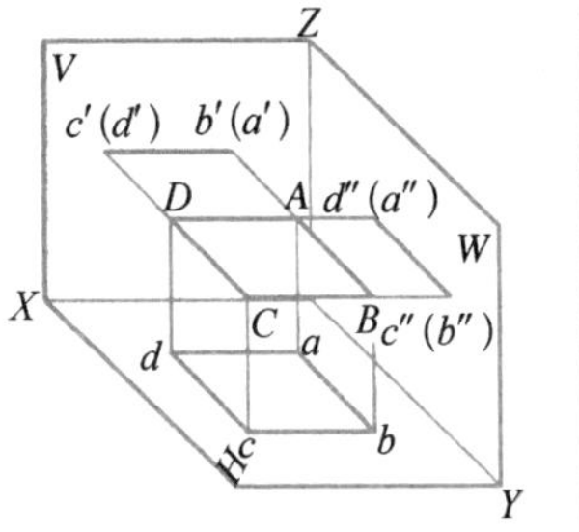	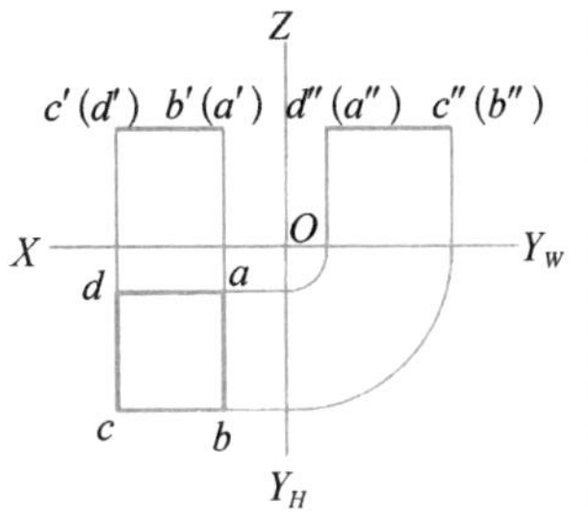	① 在 H 面上的投影反映实形 ② 在 V 面、W 面上的投影积聚为一直线,且分别平行于 OX 轴和 OY_W 轴
正平面	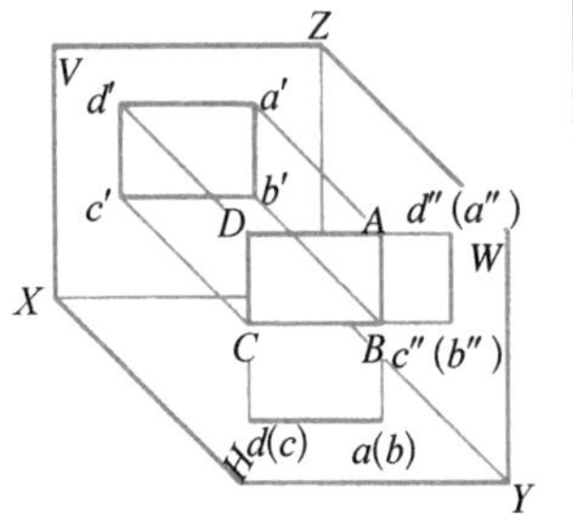	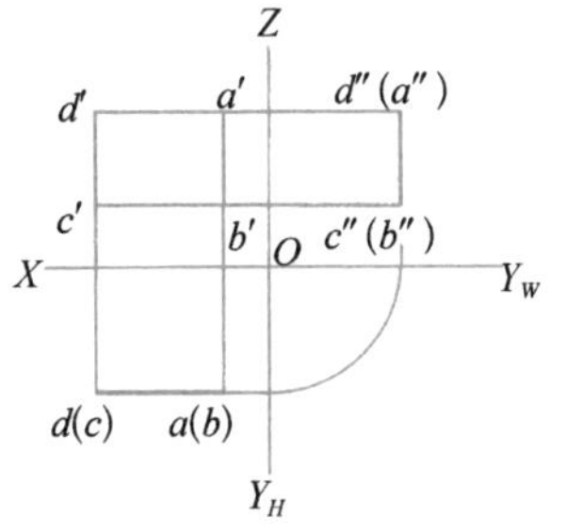	① 在 V 面上的投影反映实形 ② 在 H 面、W 面上的投影积聚为一直线,且分别平行于 OX 轴和 OZ 轴
侧平面	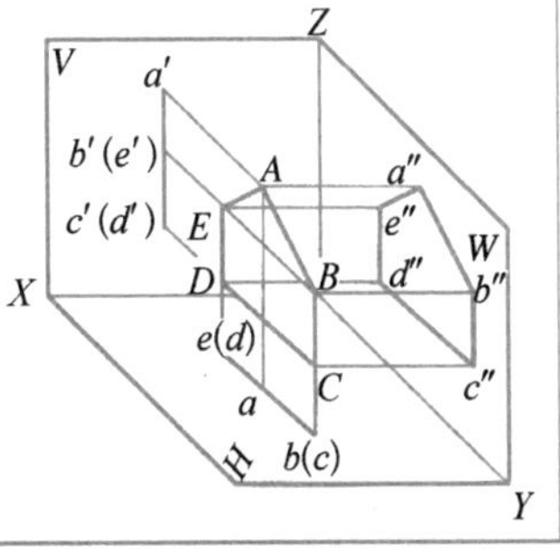	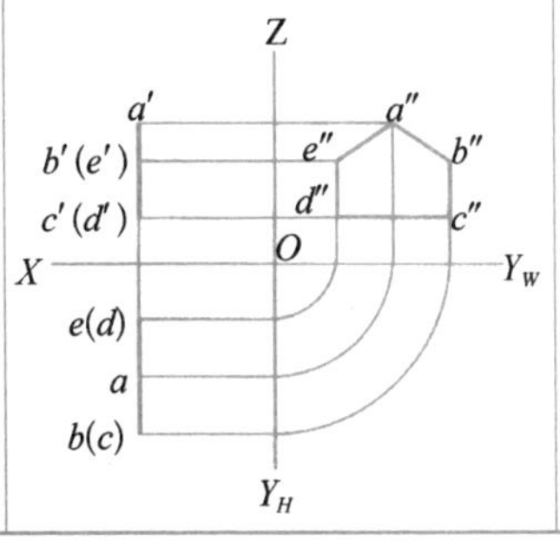	① 在 W 面上的投影反映实形 ② 在 V 面、H 面上的投影积聚为一直线,且分别平行于 OZ 轴和 OY_H 轴

现归纳投影面平行面的投影特性如下:

① 投影面平行面在它所平行的投影面上的投影反映该平面的实形。

② 该平面的另两个投影都积聚为一条直线,且分别平行于相应投影轴。

事实上,在平面的两面投影中,若有一面投影积聚为平行于某投影轴的直线,则此平面必为该投影轴相邻的投影面的平行面。

3. 一般位置平面的投影特点

在三面投影体系中,与三个投影面都倾斜的平面称为一般位置平面。如图 2.3.14 所示,

三角形 ABC 与投影面 H、V、W 都倾斜,故为一般位置平面,其倾斜角度分别用 α、β、γ 来表示。一般位置平面的投影特性是:

一般位置平面的三面投影均为缩小的类似形,不反映实形和倾角,也不积聚。

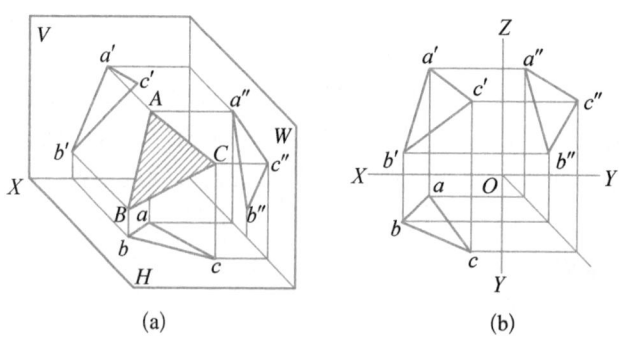

(a)   (b)

图2.3.14　一般位置平面的投影

4. 平面的投影与平面上直线和点的投影之间的关系

若一条直线通过平面上的两个点,或通过平面上的一个点又与该平面上的另一条直线平行,则此直线一定在该平面上。若一个点在某一平面内的直线上,则该点必定在该平面上。

若欲在平面上取直线,可通过该平面内的两点,过两点连一条直线,如图 2.3.15(a)所示;或通过该平面上的一点作直线平行于该平面内的任一直线,如图 2.3.15 (b)所示。

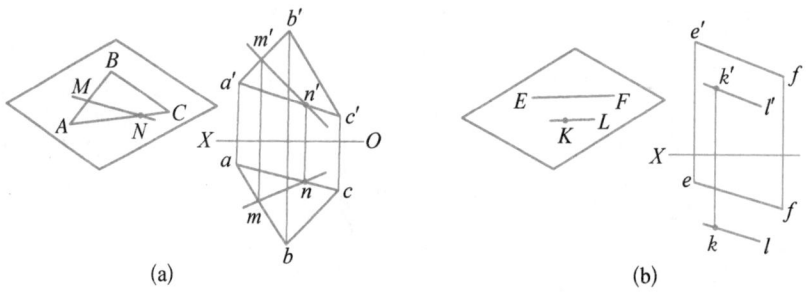

(a)   (b)

图2.3.15　平面上的直线

若欲在平面上取点,须先在该平面内作直线,然后在直线上取点。如图 2.3.16 (a)所示。投影图中辅助线的作法及线上作点,如图 2.3.16 (b)、(c)所示。

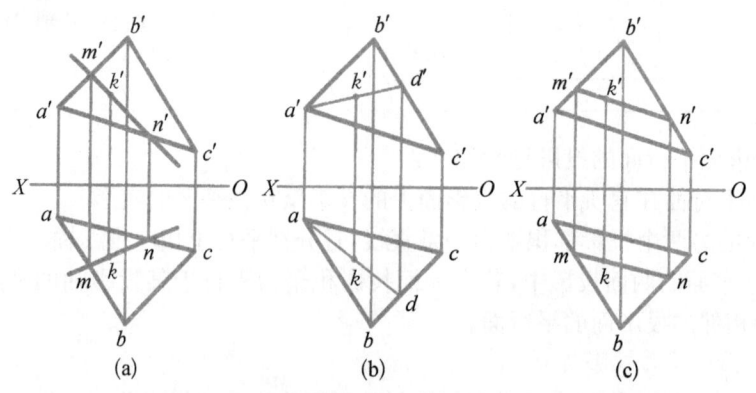

(a)   (b)   (c)

图2.3.16　在平面上求点

【例 2 - 8】 已知△SBC 的两面投影且 $BS /\!/ V$ 面，$BC /\!/ H$ 面，已知条件如图 2.3.17(a) 所示。求平面上直线段 EF 及点 D 的 H 面投影。

[分析] 已知 D, EF 在平面上，可利用点、直线在平面上的几何条件来解题。

解题:① 延长 $e'f'$ 分别与 $s'b'$ 和 $s'c'$ 交于 $1'、2'$，Ⅰ、Ⅱ 即是 EF 与 SB、SC 的交点。

② 在 H 面上的 $sb、sc$ 上求出 1、2 并连成线段 12，ef 必在 12 线上，作出 ef，如图 2.3.17 (b)所示

③ 连 $e'd'$ 并延长，交 $s'c'$ 于 $3'$，Ⅲ 即 ED 与 SC 的交点。在 H 面上的 sc 上求 3，连 $e3$ 线，d 必在 $e3$ 线上，即可求出 d，如图 2.3.17(c)所示

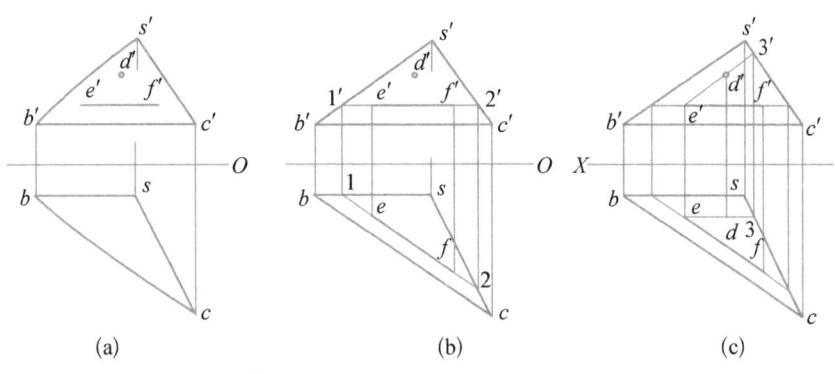

(a) (b) (c)

图 2.3.17 补全平面上点、线的投影

要在平面上确定一点，只需让它在平面内某已知(或可作出的)直线上即可。而过一点可在平面上作无数条直线，所以作图时，辅助线的选择很多，通常都作平行于已知边或过已知点的辅助线，以使作图简便。

四、体的投影规律

任何建筑物不论其结构形状多么复杂，一般都可以看作是由一些棱柱、棱锥、圆柱、圆锥和圆球等基本几何形体(简称基本体)经叠加、切割、相交而形成的组合体。

体的投影

基本几何形体包括平面立体和曲面立体两种，其中，表面由平面围成的形体称为平面立体(简称平面体)，如棱柱、棱锥、棱台等，如图 2.3.18 所示；表面由曲面或曲面与平面围成的形体称为曲面立体(简称曲面体)，如圆柱、圆锥和圆球等，如图 2.3.19 所示。下面介绍其中几个常见平面体和曲面体的投影特征。

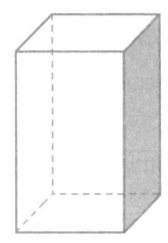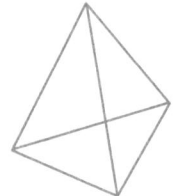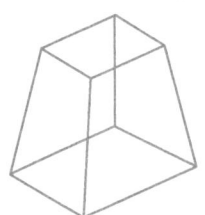

图 2.3.18 常见平面立体

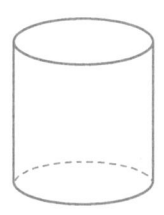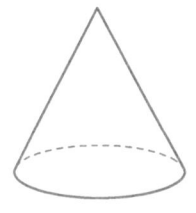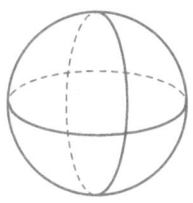

图 2.3.19　常见曲面立体

1. 平面体的投影

平面体是由若干个平面围成的立体。在作平面立体的投影时,应分析围成该形体的各个表面或其表面与表面相交棱线的投影,并注意投影中的可见性和重影问题。下面介绍棱柱体、棱锥体及棱台的投影特征。

(1)棱柱体的投影

现以正三棱柱为例来进行棱柱体投影特征的分析。图 2.3.20(a)所示为横放的正三棱柱的立体图和投影图。两底面是侧平面,其 W 面投影反映实形。其 H、V 面投影积聚成平行于相应投影轴的直线。棱面 $ADFC$ 是水平面,其 H 面投影反映实形,其 V、W 面投影积聚成平行于相应投影轴的直线,另两个棱面 $ADEB$ 和 $BEFC$ 是侧垂面,其 W 面积聚成倾斜的直线,其 V、H 面投影都是缩小的类似形。将其两底面及三个棱面的投影画出后即得到横放的三棱柱体的三面投影,详细投影见图 2.3.20(b)所示。

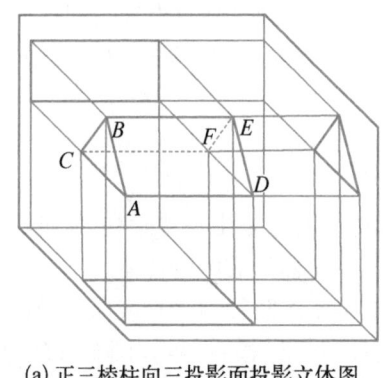
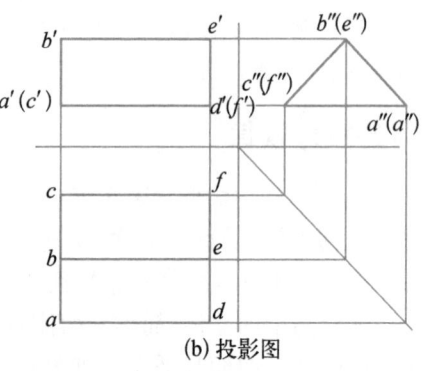

(a) 正三棱柱向三投影面投影立体图　　　　　　(b) 投影图

图 2.3.20　正三棱柱的立体图和投影图

由以上分析,可知棱柱的投影特征是:

在底面平行的投影面上反映底面的实形,即三角形、四边形……n 边形;另二投影为一个或 n 个矩形。需要注意的是:棱柱的在三面投影体系中的放置方位不同,投影得到的棱柱的三面投影图也不相同,图 2.3.20 中是横着放置棱柱,试想若是立着放(底面是水平面)时,三面投影图会是什么样的呢?

图 2.3.21(a)为正六棱柱的立体图,此时六棱柱的两个底面是属于水平面的,参照三棱柱的投影分析方法,不难得出六棱柱的投影如图 2.3.21(b)所示。

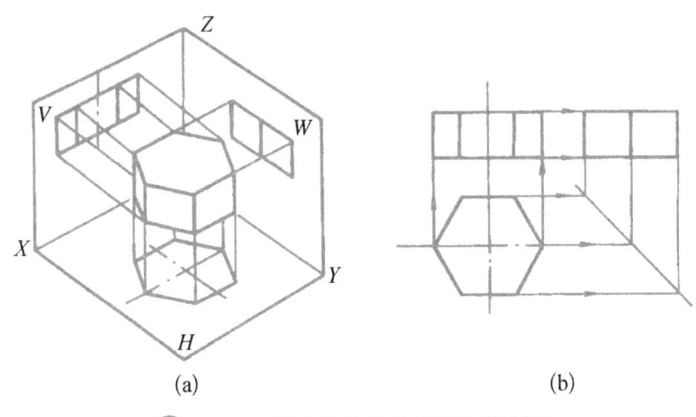

图 2.3.21　正六棱柱的立体图和投影图

（2）棱锥体的投影

现以正三棱锥为例来进行棱锥体投影特征的分析。图 2.3.22 为某正三棱锥的立体图和投影图。其底面△ABC 是水平面,其水平投影反映其实形,其正面投影和侧面投影积聚成平行相应投影轴的直线。棱面 SAC 是侧垂面,其 W 面投影积聚成倾斜直线,另两面投影为缩小的类似形;另外两个棱面 SAB 和 SBC 是一般位置的平面,其三面投影均为缩小类似形。将其底面及三个棱面的投影面画出后即得出正三棱锥的三面投影图。

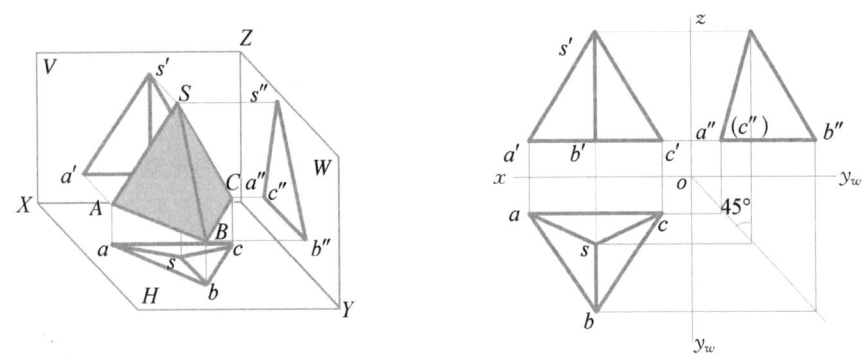

图 2.3.22　正三棱锥的立体图和投影图

由此可知正棱锥体的投影特征是:

当底面平行于某一投影面时,在该面上投影为实形正多边形及其内部的 n 个共顶点的等腰三角形,另两个投影为 1 个或 n 个三角形。

需要注意的是:棱锥在三面投影体系中的放置方位不同,投影得到棱锥的三面投影图也不相同,图 2.3.22 中是立着放置棱锥(底面为水平面),试想若是立横着放(底面是侧平面)时,其三面投影图会是什么样的呢?

（3）棱台的投影

棱锥的顶部被平行于底面的平面截切后即形成棱台。现以正四棱台为例来进行棱台投影特征的分析。图 2.3.23 为正四棱台的立体图及投影图。该四棱台上、下底面为水平面,因而其水平投影反映其实形(两个大小不等但相似的矩形),其 V 面与 W 面投影积聚为上、下两条水平直线段;左右棱面为正垂面,其 V 面投影积聚为倾斜的直线,其 H、W 面投影为缩小的类似形;前后棱面为侧垂面,其 W 面投影积聚为倾斜的直线,其 V、H 面投影为缩小的类似形。各棱线投影均为倾斜的直线段,其延长线交汇于一点。

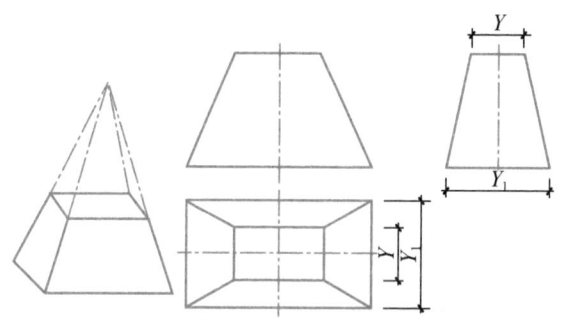

图 2.3.23　正四棱台的立体图和投影图

当表达空间形状时,为了使作图简便,可将投影轴省略不画,如图 2.3.23 所示,但三投影之间必须保持"长对正,高平齐,宽相等"的投影关系。

2. 曲面体的投影

曲面体是由曲面或曲面与平面围成的立体。在作曲面体的投影时,应分析围成该形体的各个曲面或其平面与曲面相交线的投影,同时注意投影中的可见性和重影问题。下面介绍常见的曲面立体:圆柱、圆锥、圆球等的投影特征。

(1) 圆柱的投影

圆柱由圆柱面和垂直其轴线的上、下底面所围成。圆柱面可以看作是直母线绕与它平行的轴线旋转而成。如图 2.3.24 所示,圆柱的轴线是一条铅垂线,所以圆柱面上所有直素线都是铅垂线。因此,圆柱的水平投影为一个圆,这个圆既是上底圆和下底圆的重合投影,反映实形,其半径等于底圆的半径,又是圆柱面的积聚投影,这个圆周上的任意一点,均是圆柱面上的相应位置素线积聚的水平投影。

圆柱正面投影中左、右两轮廓线是圆柱面上最左,最右素线的投影。它们把圆柱面分为前后两半,前半可见,后半不可见,是可见和不可见的分界线。最左、最右两素线的侧面投影和轴线的侧面投影重合,水平投影在横向中心线与圆周相交的位置。上、下底面的正面投影为两条积聚的水平线段。

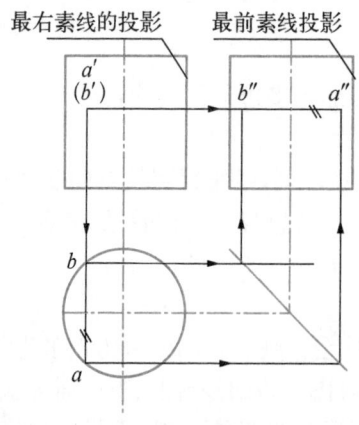

图 2.3.24　圆柱和圆柱面上点的投影

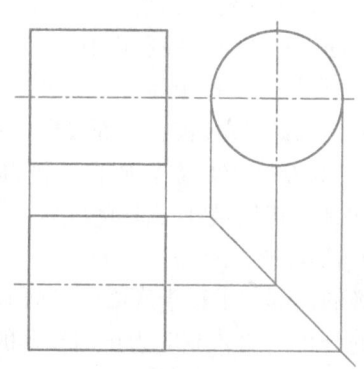

图 2.3.25　圆柱和圆柱面上点的投影

　　圆柱侧面投影两侧轮廓线是圆柱面上最前和最后素线的投影,是圆柱面侧面投影可见性的分界线,圆柱面左半可见,而右半不可见。最前、最后素线的正面投影与圆柱轴线的正面投影重合,水平投影在竖向中心线和圆周相交的位置。上、下底面的侧面投影是两条积聚的水平线段。

　　需要注意的是:圆柱在三面投影体系中的放置方位不同,投影得到的圆柱三面投影图也不相同,图 2.3.24 中是立着放置圆柱(底面为水平面),若是立横着放(底面是侧平面)时,其三面投影图将会如图 2.3.25 所示。

　　(2) 圆锥的投影

　　圆锥由圆锥面、底面所围成。圆锥面可以看作是直母线绕与它相交的轴线旋转而成,如图 2.3.26 所示。当圆锥的轴线是铅垂线时,底面的正面投影、侧面投影分别积聚成直线,水平投影反映它的实形——圆,如图 2.3.27 所示。轴线的正面投影和侧面投影用点画线画出;在水平投影中,点画线画出的对称中心线的交点,既是轴线的水平投影,也是锥顶 S 的水平投影 s。锥面的正面投影的轮廓线 $s'a'$、$s'b'$ 是锥面上最左、最右素线的投影,这两条素线把圆锥分为前、后两半,是圆锥表面正面投影前后可见不可见的分界线。它们是正平线,表达了锥面素线的实长。它们的水平投影和圆的横向中心线重合,侧面投影和圆锥轴线的侧面投影重合。侧面投影的轮廓线 $s''c''$、$s''d''$ 是锥面上最前、最后素线的投影,这两条素线把圆柱分为左、右两半,是圆锥表面侧面投影左右可见不可见的分界线。这两条素线是侧平线。它们的水平投影和圆的竖向中心线重合,正面投影与圆锥轴线的正面投影重合。

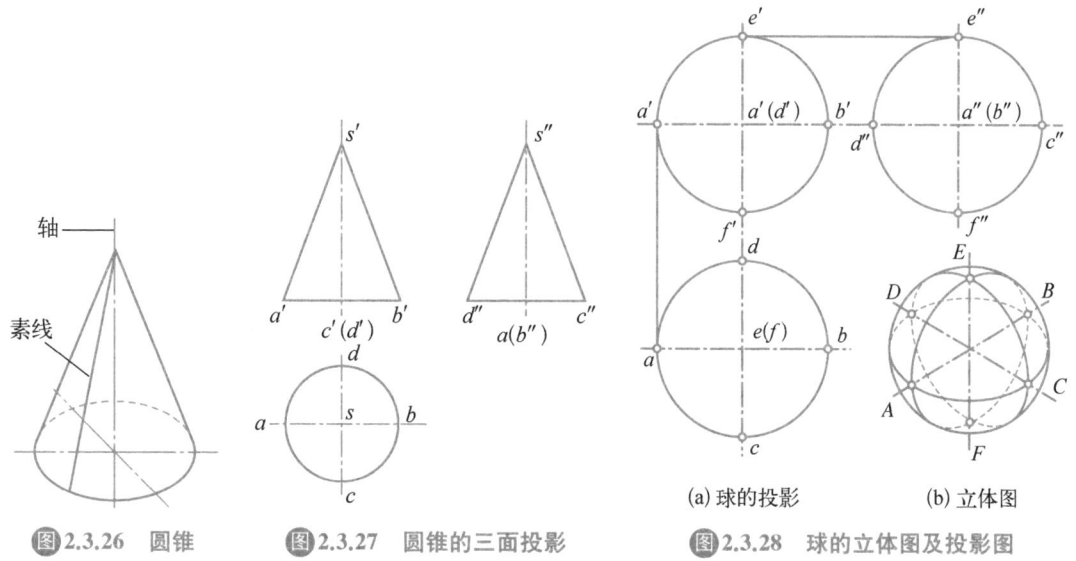

(a) 球的投影　　　　(b) 立体图

Ⓩ图 2.3.26　圆锥　　　　Ⓩ图 2.3.27　圆锥的三面投影　　　　Ⓩ图 2.3.28　球的立体图及投影图

　　(3) 圆球的投影

　　球是由球面围成的。球面可看作是曲母线圆绕其作为轴线的直径旋转 180° 而成。圆球体的三个投影都是直径相等的圆。图 2.3.28 所示,正面投影是平行于 V 面的圆素线(前后半球面的分界线)的投影,该素线的水平投影和圆球的水平投影的横向中心线重合,侧面投影和圆球的侧面投影的竖向中心线重合。圆球的水平投影的轮廓线是平行于 H 面的圆素线(上下半球面的分界线)的投影。圆球的侧面投影轮廓线是平行于 W 面的圆的素线的投影。

3. 体的投影与其表面上点的投影之间的关系

由以上平面体和曲面体的投影特征的分析可知,体的投影就是其表面上所有平面、曲面或者直线的投影的组合,根据正投影从属性的特点,直线上某个点的投影必定在该直线的投影上。所以已知体的投影中点的位置,可以判定该点在立体表现的具体位置,也可以根据体的投影特征,补全其表面点的投影。

【例 2 - 9】 已知某五棱柱的水平投影和正面投影,以及其表面上的四个点 A、B、C、D 的部分投影点,如图 2.3.29 所示。求该五棱柱的侧面投影并补全四个点的三面投影。

[**分析**] 可根据三面正投影的"三等"规律求侧面投影,通过已知投影点判断其在五棱柱的表面具体位置,再由五棱柱的投影特征,即可补全点的投影。

解题:① 侧面投影与正面投影的关系为"高平齐",与水平投影的关系为"宽相等"(借助 45 度线作图更简便),以此可求得五棱柱的侧面投影,如图 2.3.30 所示。

② A 点的水平投影 a 在五边形内部且可见,可以判定 A 点在五棱柱的上底面上,而上底面是水平面,它在正立投影面上积聚为一条平行于 OX 轴的直线,因为 a' 一定在该直线上,所以通过 a 点垂直于 OX 轴做直线与上底面的正面投影相交,交点即为 a',再根据点的投影规律不难得出 a'',如图 2.3.31 所示。

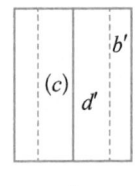
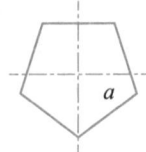

图 2.3.29　某五棱柱的两面投影及其表面上点的投影

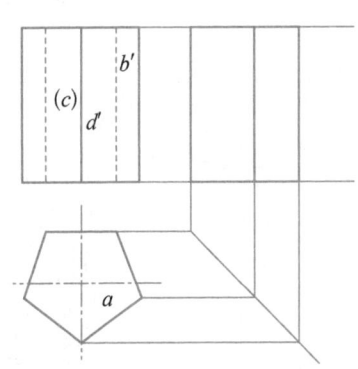

图 2.3.30　求某五棱柱的侧面投影

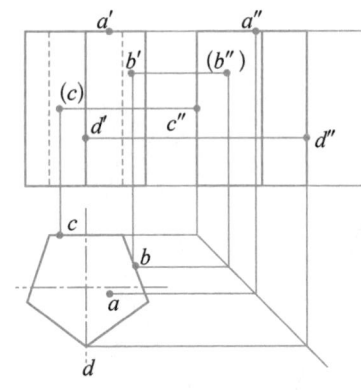

图 2.3.31　补全五棱柱表面点的投影

③ B 点的正面投影 b' 的位置和可见性,说明了点 B 一定在五棱柱的右后方侧面上,而右后方侧面是铅垂面,在水平投影面上积聚为一条斜线,因为 b 一定在该斜线上,所以通过 b' 垂直于 OX 轴做直线与该斜线相交,交点即为 b,再根据点的投影规律不难得出 b'',如图 2.3.31 所示。

④ C 点的正面投影 c' 的位置和不可见性,说明了 C 点一定在五棱柱的后方侧面上,而后方侧面是正平面,在水平投影面上积聚为一条平行于 OX 轴的直线,因为 c 点一定在该直线上,所以通过 c' 垂直于 OX 轴做直线与该后方侧面的水平投影相交,交点即为 c,再根据点的投影规律不难得出 c'',如图 2.3.31 所示。

⑤ D 点的正面投影 d' 的位置及可见性,说明了 D 点一定在五棱柱正前方的那条棱线上,而该棱线属于铅垂线,在水平投影面上积聚为一点,所以 D 点的水平投影 d 也一定是它所在棱线的积聚投影点上,再根据点的投影规律不难得出 d'',如图 2.3.31 所示。

【例 2-10】　已知某圆锥的正面投影和侧面投影,以及其表面上的三个点 A、B、C 的部分投影点,如图 2.3.32 所示。求该圆锥的水平投影并补全三个点的三面投影。

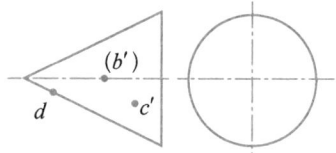

图 2.3.32　圆锥的两面投影及其表面点的投影

[分析]　可根据三面正投影的"三等"规律求圆锥的水平投影,通过已知投影点判断其在圆锥表面的具体位置,再由圆锥的投影特征,即可补全点的投影。

解题:① 水平投影与正面投影的关系为"长对正",与侧面投影的关系为"宽相等"(借助45 度线作图更简便),以此可求得圆锥的水平投影,如图 2.3.33 所示。

② A 点的正面投影 a' 的位置和可见性,可以判定 A 点在圆锥最下面那条素线上,而最下面那条素线的水平投影是通过圆锥顶点的水平投影且与 OX 轴平行的一条虚线,所以通过 a' 垂直于 OX 轴作直线与该虚线相交,交点即为 a,因为点 A 由上至下的水平投影不可见,所以 a 标注在括号内,再根据点的投影规律不难得出 a'',如图 2.3.34 所示。

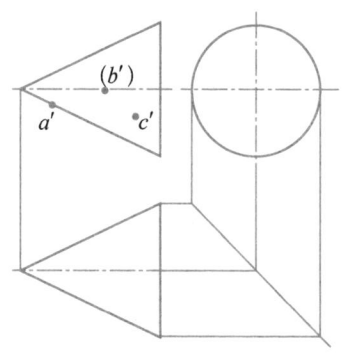

图 2.3.33　求圆锥的水平投影图

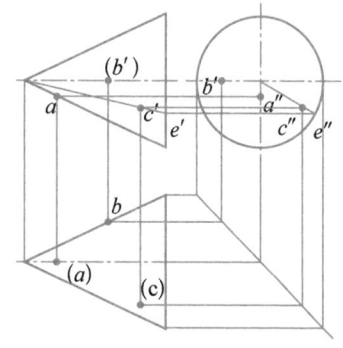

图 2.3.34　补全圆锥表面点的投影

③ B 点的正面投影 b' 的位置和不可见性,说明了点 B 一定在圆锥的最后方那条素线上,而后方那条素线是水平线,它的水平投影显实为一条斜线,因为 b 一定在该斜线上,所以通过 b' 垂直于 OX 轴做直线与该斜线相交,交点即为 b,再根据点的投影规律不难得出 b'',如图 2.3.34 所示。

④ C 点的正面投影 c' 的位置和可见性,说明了点 C 一定在圆锥的下、前四分之一表面范围内,然而并不容易确定其精确位置,可将圆锥顶点的正面投影与 c' 的连线的延长线交圆锥底面正面投影于一点 l',再利用点的投影规律找到 l''(l'' 一定在下、前四分之一圆周上),连接圆锥顶点的侧面投影与 l'',c'' 一定在这条连线上,就不难找出 c'',再根据点的投影规律不难得出 c,如图 2.3.34 所示。

4. 组合体的投影

（1）组合体的分类

通常情况下，组合体的组合方式包括：叠加式、切割式和混合式三种。

① 叠加型

由两个以上的基本几何体按照一定方式叠加而成的组合体叫叠加式组合体，如图 2.3.35 所示，图 2.3.35(a)中的组合体是由 2.3.35(b)中的基本几何形体按照一定的位置关系叠加而成的。实际上房屋建筑中有很多构件都是叠加式组合体，如图 2.3.36 所示的台阶和两坡房屋均是建筑中常见的叠加式组合体构件。

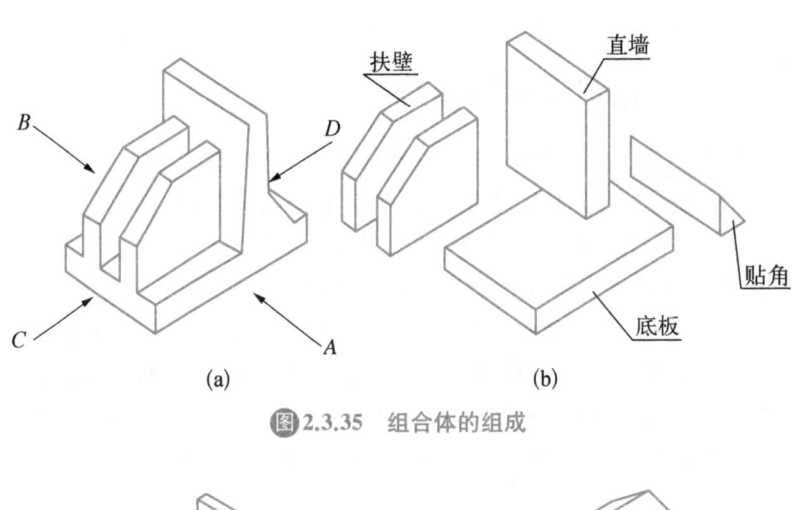

图 2.3.35　组合体的组成

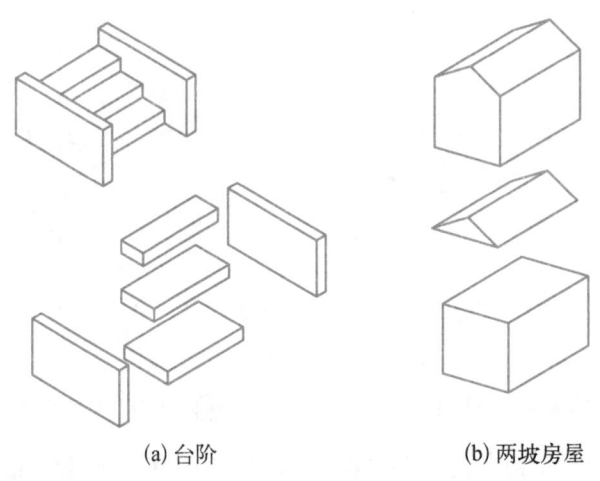

(a) 台阶　　　　(b) 两坡房屋

图 2.3.36　叠加型组合体

② 切割式

由一个基本体切去若干个基本几何体形成的组合体叫切割式组合体。如图 2.3.37 所示的组合体由一个长方体切去三个几何体形成的，属于切割式组合体。

③ 混合式

混合式组合体是由叠加式和切割式两种组合体的混合，如图 2.3.38 所示。实际中的建筑形体是非常复杂的，所以对于建筑中复杂的构件，更常见的组合是混合式组合体。

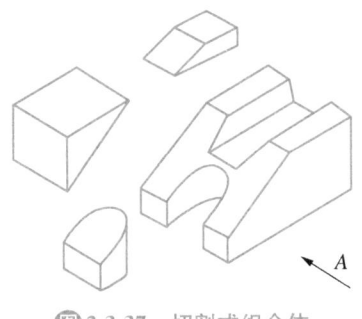
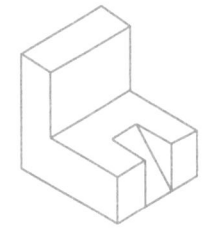

图 2.3.37　切割式组合体　　　　图 2.3.38　混合式组合体

（2）识读组合体的三面投影

识读组合体的三面投影的主要目的就是根据已知的投影图，运用上文中讲到的点、线、面、体的投影规律，想象出空间立体的形状。当然，读图能力的提高要通过大量的练习，提高自我的空间想象能力，这对建筑施工图的识图极为重要。本书重在识图，所以对于组合体三面投影的绘图不再讲述。

识读组合体的三面投影的需要注意以下几个问题：

① 将几个视图联系起来读

因为每个视图只能反映构件一个方面的形状，仅仅由一个或两个视图往往不一定能唯一地表达某构件，构件的真实形状需要通过两个以上的视图来表达。如图 2.3.39 所示，三组视图中水平投影和正面投影完全一致，但却表示了三种不同形状的物体。所以，在识读组合体的投影图时，一般都要将各个视图联系起来阅读、分析、构思，才能想象出这组视图所表示的构件的真实形状。

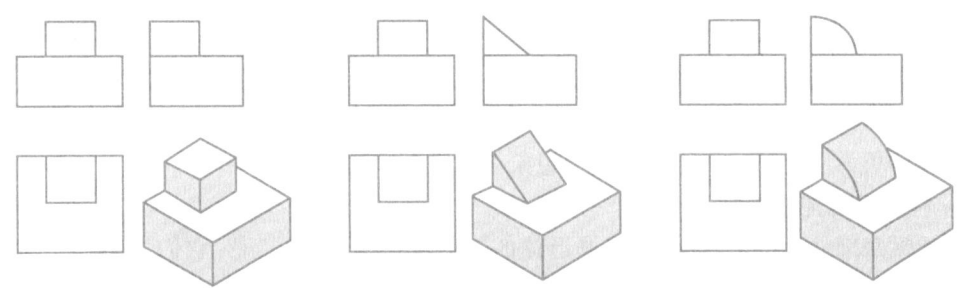

图 2.3.39　不同组合体视图间的比较

② 着重识读形状特征及位置特征明显的视图

识读组合体的投影图时，首先要认真分析图样上给出的投影图及各投影图之间的相互关系，找出能反映组合体形状特征及位置特征的投影图，然后，着重从特征投影图进行分析，提高识图效率和识图准确度。如图 2.3.40 中的俯视图属于形状特征明显的视图，图 2.3.41 中的侧面视图属于位置特征明显的视图，这些特征明显的视图对想象组合体形状非常关键，一定要着重识读，再配合其他视图可作为信息补充，便能想象出组合体的真实形状。

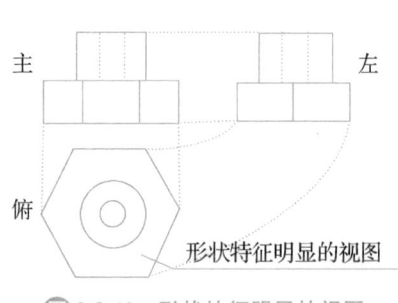

图 2.3.40　形状特征明显的视图

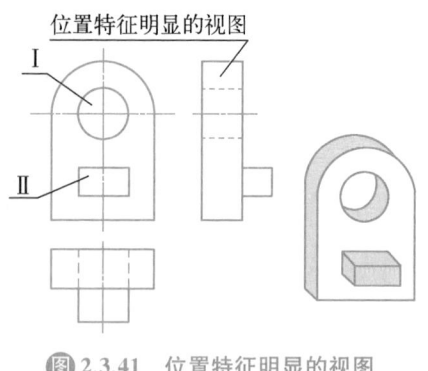

图 2.3.41　位置特征明显的视图

③ 明确视图中的线框和图线的含义

视图中每个封闭线框,通常都是物体上一个表面(平面或曲面)或孔的投影。视图中的每条图线则可能是平面或曲面的积聚投影,也可能是线的投影。因此,必须将几个视图联系起来对照分析,才能明确视图中的线框和图线的含义。

④ 用形体分析法及线面分析法进行识图

形体分析法适用于形状特征比较明显且能分成若干基本形体的组合体投影识读,首先想出各个基本形体的形状最后加以综合,想出整体形体。

线面分析法适用于投影比较复杂,不易分成几个基本形体的组合体识读,以线、面的投影特征为基础,根据投影图中线段和线框的投影特点,明确它们的空间形状和位置,综合起来,想象出整个形体的空间形状。在进行线面分析时,平面的投影除成为具有积聚性的直线段外,其他投影是与原来形状相类似的图形,即表示平面图形的封闭线框、其边数不变,且线、曲线的相仿性不变,而且平行线的投影仍平行。因此,根据平面投影的类似性和线、面的投影规律可以帮助进行形象构思并判断其正确性。

以上两种方法,不是孤立的,是相辅相成的,可以单独应用,也可以综合起来应用;一般是以形体分析为主,综合线面分析、结合想象得出组合体的全貌。

⑤ 构思组合体的形状

在看懂每部分形体的基础上,根据形体的三面投影图进一步研究它们之间的相对位置和连接关系,在大脑中把各个形体逐渐归拢,形成一个整体。

为了提高读图能力,应注意不断培养构思组合体形状的能力,对组合体形状的构思训练,可以进一步提升空间想象能力,帮助正确、迅速地读懂视图。

(3) 组合体的三面投影识读的案例分析

识读图 2.3.42(a)所示组合体三面投影图,试着想出组合体的真实形状。

识读步骤如下:

① 初步分析组合体的大致形状

从图 2.3.42(a)中的正面投影和水平投影可知该形组合体由左右两部分叠加而成,再结合侧面投影可知右侧部分为被切掉一角的四棱柱,左侧大体为三个四棱柱叠加而成。

② 分析各个线框的含义

为了方便描述,现将已知正面投影的 5 个线框编注序号,其中,线框 1、2、3 为三个小矩形,线框 4 为右侧大矩形,线框 5 为右侧上面小矩形,如图 2.3.42(a)所示。

线框 1:根据三面正投影"长对正、高平齐、宽相等"的规律,因为线框 1 的三个投影图均为矩形,可以确定该线框代表一个四棱柱(暂时命名为四棱柱 1)。结合三面投影图可知,该四棱柱在组合体的左侧最下面,如图 2.3.42(b)所示;

线框 2、3:按照与线框 1 相同的分析方法,可知线框 2 和 3 也为四棱柱(分别命名为四棱柱 2 和四棱柱 3),同样位于组合体的左侧。结合三面投影图可知,左侧三个四棱柱的上下顺序为:四棱柱 1 最下,四棱柱 2 中间,四棱柱 3 最上,如图 2.3.42(c)(d)所示;

线框 4、5:同理可以确定线框 4 也为四棱柱(命名为四棱柱 4),位置在组合体的右侧;线框 5 侧面投影为三角形,其正面和水平投影均为矩形,确定线框 5 为三棱柱;结合侧面投影可知线框 4 包含有线框 5,所以确定组合体的右侧是四棱柱 4 前上方角部切割掉一个三棱柱,如图 2.3.42(e)(f)所示。

③ 构思组合体真实形状

通过上面对 5 个线框的分析,就清楚各基本体的形状及相对位置,组合体的整体形状就建立起来了,如图 2.3.42(g)所示,是一个常见的建筑构件——台阶。

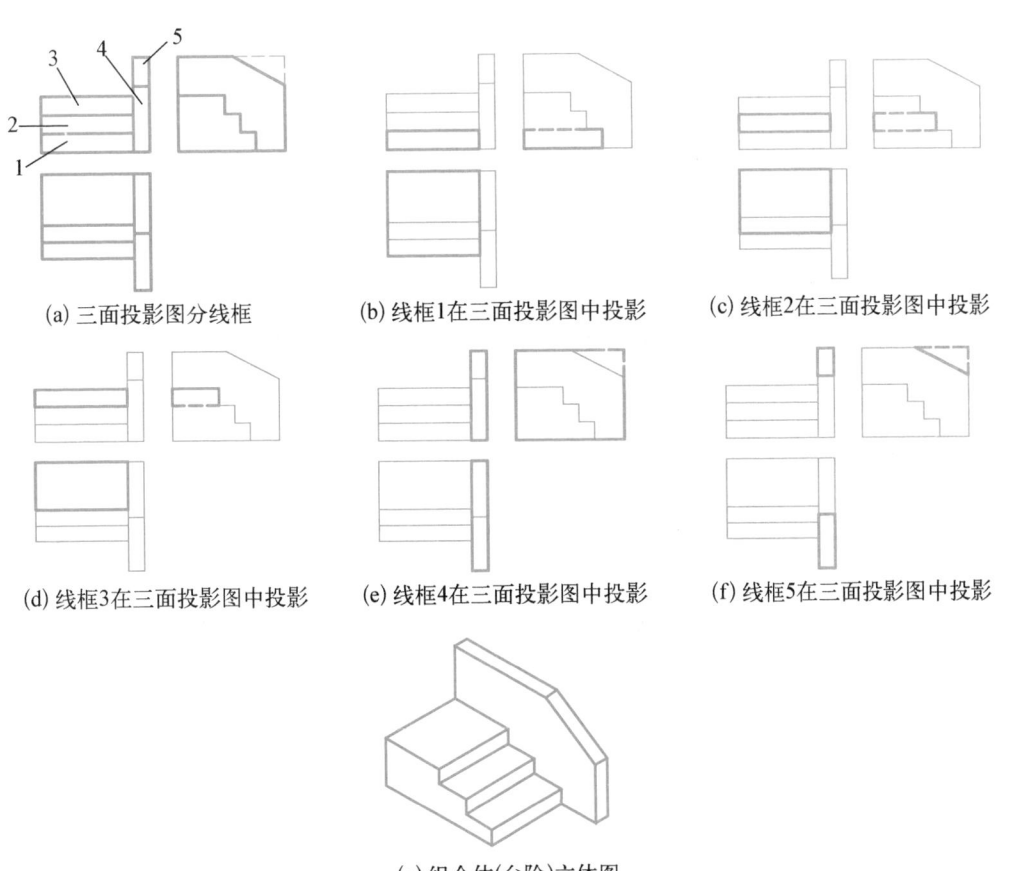

(a) 三面投影图分线框　　　(b) 线框1在三面投影图中投影　　　(c) 线框2在三面投影图中投影

(d) 线框3在三面投影图中投影　　　(e) 线框4在三面投影图中投影　　　(f) 线框5在三面投影图中投影

(g) 组合体(台阶)立体图

图 2.3.42　组合体投影图识读案例

自测题

一、实操题

请根据已知条件，求点、线、面、体的投影。

1. 能力目标

该实操题是在学生掌握了三面投影体系的形成，以及点、线、面、体的投影规律的基础上完成的，可以培养学生的空间想象能力以及绘制和识读点、线、面、体的投影图的能力。

2. 任务要求

（1）已知空间点 A 的两面投影，求第三面投影。

（2）已知空间点 A 坐标(5,10,15)，求点 A 的三面投影。

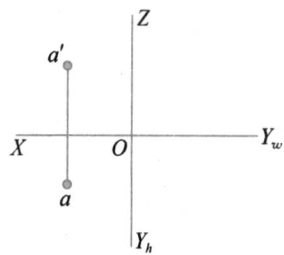
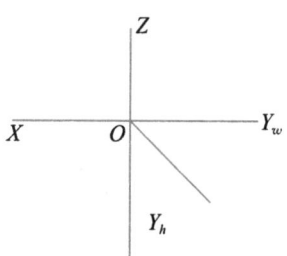

（3）已知正垂线和侧平线的 V 面和 H 面投影，求其 W 面投影，并总结出正垂线和侧平线的投影特性。

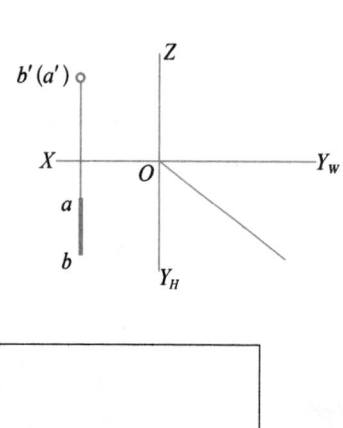
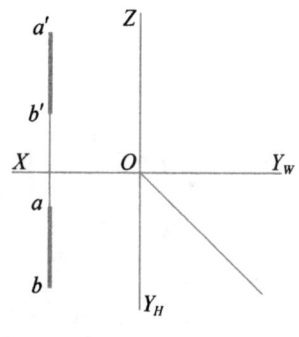
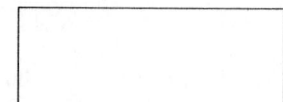

（4）已知侧垂面的 H 面和 W 面投影，求其 V 面投影，并总结出侧垂面的投影特性。

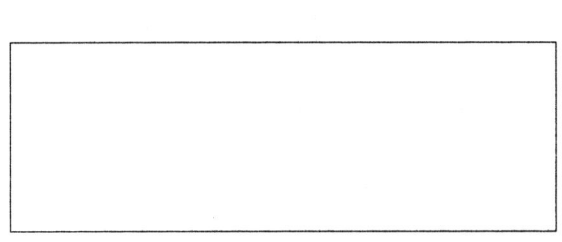 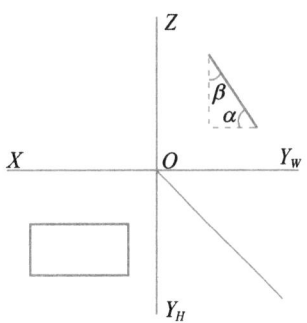

（5）已知某平面的 V 面投影的 W 面投影，求其 H 面投影，并确定该平面的类型。

 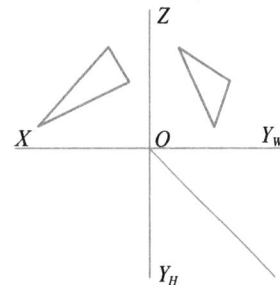

（6）求下面三棱锥的侧面投影，并补全点 A、B 的三面投影。

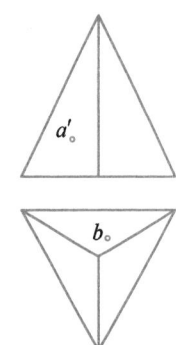

（7）求下面圆锥的水平投影，并补全各点的三面投影。

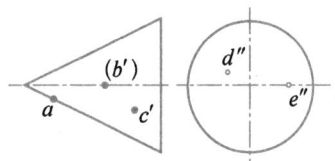

（8）求下面立体的水平投影。

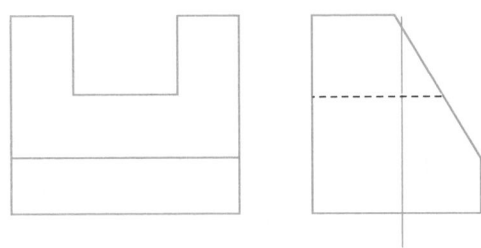 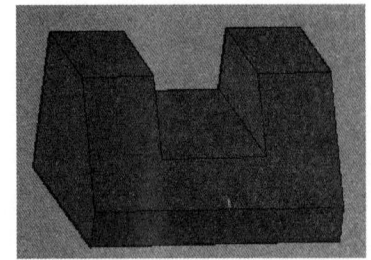

（9）求下面立体的水平投影。

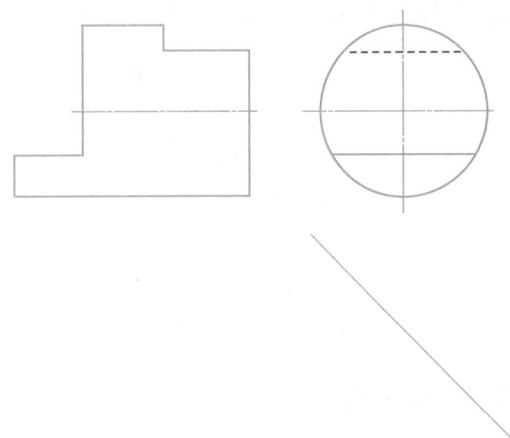 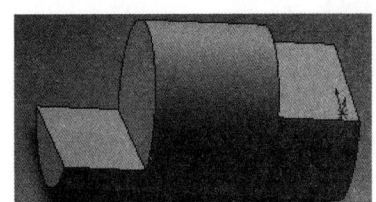

任务 2.4　掌握断面图和剖面图的识读方法

断面图和剖面图均是通过投影法绘制的，两种视图都可以很好地表达构件的内部形态，但是两者形成及用途方面还是存在很大差别的，下文讲述断面图及剖面图的种类、用途及异同点，为后面施工图的识读打下基础。

一、剖面图的形成及分类

1. 剖面图的形成

用一个假想剖切面（剖切被表达物体的假想平面或曲面）剖开物体，移去观察者和剖切面之间的部分，将剩余部分物体向与假想剖切面平行的投影面做正投影，并将与剖切面接触的区域内画上剖面线或材料图例，这样得到的图样称为剖面图（剖视图），如图 2.4.1 所示。

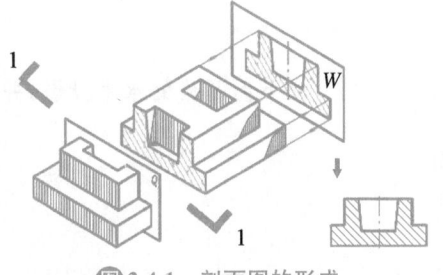

图 2.4.1　剖面图的形成

当构件内部构造较为复杂，而外立面的投影无法满足内部构造和尺寸的表达时，可以用假想剖切面沿复杂部位剖开构件，再做包含构件内部构造和尺寸的剖面图，就可以清楚表达构件内部信息,满足构件施工要求。例如某杯型独立基础,如图 2.4.2 所示,按照三面正投影的方法对其做投影图时,是不能反映出内部杯口的情况的。此时,假想用一个通过基础前后对称平面的剖切平面 P 将基础剖开如图 2 - 4.2(a)所示,使可得到基础的剖面图,如图 2.4.2(b)所示。

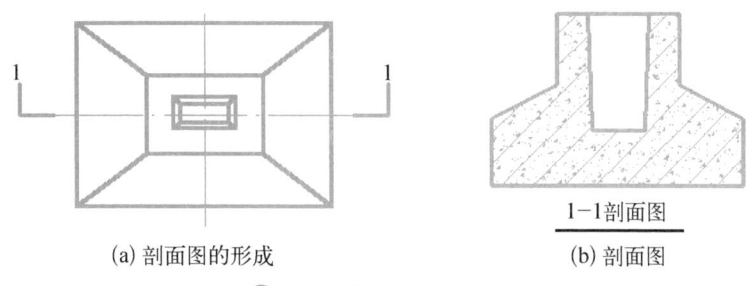

(a) 剖面图的形成　　　　　　　　(b) 剖面图

图 2.4.2　杯形基础剖面图

剖面图的图名一般是与剖切符号的编号相一致的,剖切符号包含了剖切位置及剖视方向等信息,标注在构件的平面图上,如图 2.4.2 所示。剖面图中与剖切面接触的部分应该绘制出材料图例,应该遵循《房屋建筑制图统一标准》(GB/T 50001—2017)中所列的图例。剖切符号及常见的建筑材料图例在本书项目 1 中有以详细描述。

2. 剖面图的分类

(1) 全剖面图

用一个剖切平面将形体完整地剖切开,得到的剖面图,叫作全剖面图。一般应用于不对称的建筑形体,或对称但较简单的建筑构件中。

全剖面图在建筑施工图中应用最为广泛,如图 2.4.3 所示,假想用一水平的剖切平面,通过门、窗洞将整幢房屋水平剖开,移去剖切面及以上的部分,将剩下的部分向水平投影面作正投影,将得到表示房屋内部水平布置的剖面图,习惯将水平剖切所得的剖视图称为平面图。假想用一铅垂的剖切平面,通过门、洞口将整幢房屋竖向剖开,移去剖切面以及其与观察者之间的部分,将剩下的部分作正投影,将得到反映从屋顶到地面的剖面图,用来表示房屋内部的高度情况,习惯将铅垂剖切所得的剖视图称为剖面图。

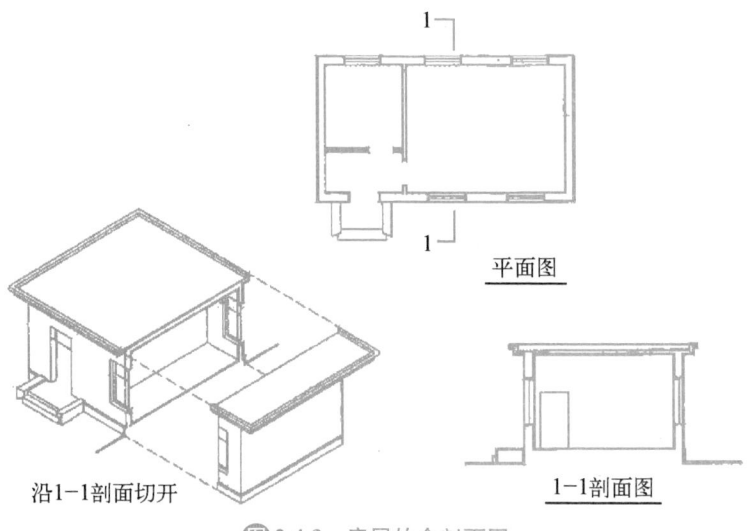

平面图

沿1—1剖面切开　　　　　　1—1剖面图

图 2.4.3　房屋的全剖面图

（2）半剖面图

半剖面图常常用于对称构件，一般对称中心线为界，一半画成表示内部结构的剖面图，另一半画成表示外形的视图，如图 2.4.4 所示，这样的图样称为半剖面图。半剖面图主要用于表达内外形状较复杂且对称的物体。图 2.4.4 所示的杯形基础左右对称，并且前后对称，所以用 1—1 剖面图和 2—2 剖面图以对称中心线为界，左边表达基础的外立面投影，右边表达基础内部构造，右边被剖到的部分画出了钢筋混凝土的材料图例。

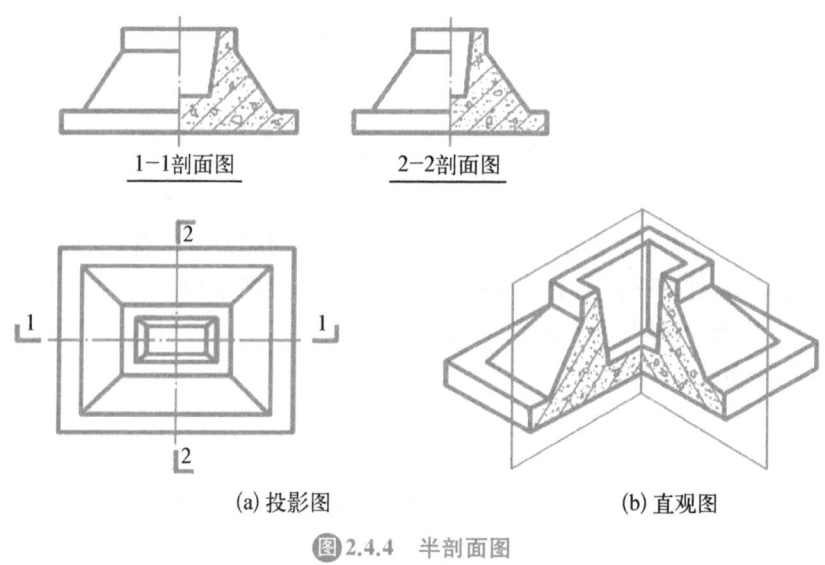

1—1剖面图   2—2剖面图

(a) 投影图   (b) 直观图

图 **2.4.4**   半剖面图

（3）局部剖面图

用剖切面剖开构件的局部，剖开的部分用来表达内部构造，其余未被剖开的部分用来表达构件的外部，所得的图样称为局部剖面图，适用于内外形状均需表达且不对称的物体。

局部剖视图一般用波浪线将剖面图与外形视图分开，由于剖切位置都比较明显，一般情况下图中不需要标注剖切符号，如下图 2.4.5 所示，在杯形独立基础的水平投影上剖开一角，画出钢筋配置，表达了内部钢筋的配置情况，材质已很明确，无须再画钢筋图例。在钢筋构造图集中（例如 16G101），这种局部剖面图非常常见。

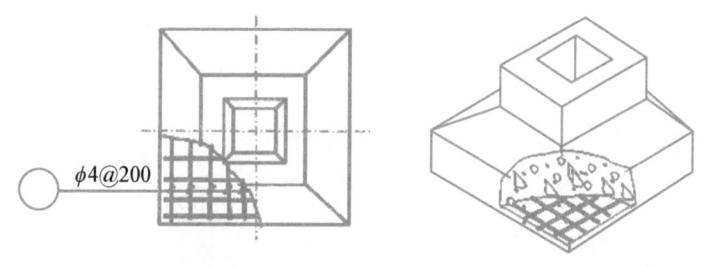

$\phi4@200$

图 **2.4.5**   杯形基础局部剖面图

（4）分层局部剖面图

分层局部剖面图适用于具有多层构造做法需要表达的构件，例如墙面、楼面、地面和屋面等。如图 2.4.6 中按照分层剖切的方法将墙面进行剖切，便可直观地看出墙面的分层构造。图 2.4.7 所示按照分层剖切的方法将楼面进行剖切，便可直观地看出楼面的分层构造。

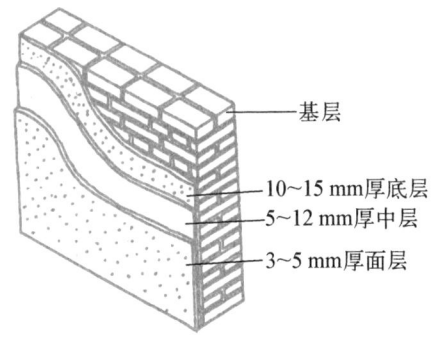

图2.4.6　墙体的分层局部剖面图

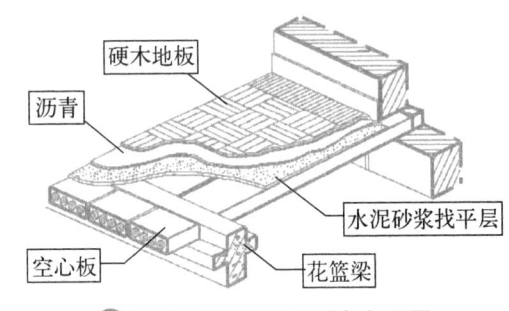

图2.4.7　楼面的分层局部剖面图

（5）阶梯剖视图

当构件内部比较复杂，利用一个剖切平面不能将构件需要表达的内部构造完全剖开时，可用两个（或两个以上）相互平行的剖切平面，沿着构件需要表达的部位剖开，最终只绘制出一个剖面图，就称为阶梯剖面图。如图 2.4.8 所示，无法通过一个剖切面剖开该构件的两个内部洞口，这时可将剖切平面转折一次，这样，两个

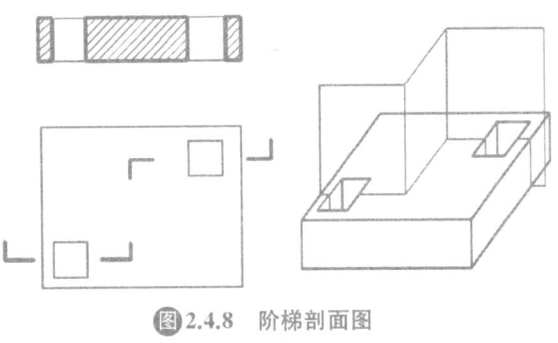

图2.4.8　阶梯剖面图

互相平行的剖切面分别剖开了一个洞口，从而满足了要求。阶梯形剖切平面的转折处，在剖面图上无须画出分界线。

（6）旋转剖面图

当构件本身带有转折，不能保证所有部分均与投影面平行时，可用两个或两个以上相交剖面作为剖切面剖开构件，将倾斜于基本投影面的部分旋转到平行于基本投影面后，作出的剖面图称为旋转剖面图。如图 2.4.9 及图 2.4.10 所示，在旋转剖面图中，无须画出两剖切平面相交处的交线。

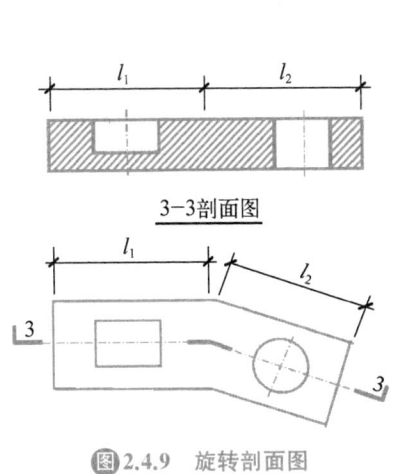

图2.4.9　旋转剖面图

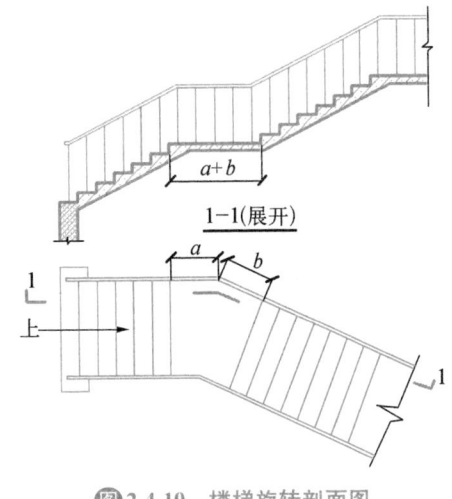

图2.4.10　楼梯旋转剖面图

二、断面图的形成及分类

1. 断面图的形成

用假想剖切平面将构件的某复杂处切断，仅画出该剖切面与物体接触部分的投影，该图样称为断面图。断面图在房屋建筑施工图中主要用于表达梁、板、柱等结构构件的某一部位断面，也用于表达建筑形体的内部形状。由于断面图仅仅反映一个断面，所以一般情况下需与其他视图相配合，才能完整表达构件信息，如图 2.4.11 所示，用 1-1、2-2 及 3-3 三个断面图表达了牛腿柱不同部位的断面情况。

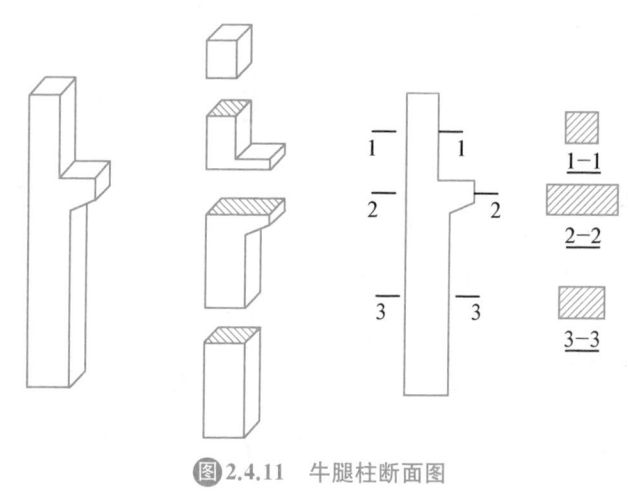

图 2.4.11　牛腿柱断面图

2. 断面图的种类

根据被表达对象及表达目的不同，需采用不同形式的断面图，常用的断面图有三种形式。

（1）移出断面图

将构件某一部位剖切形成断面投影后，将断面绘制在原投影图旁边，这种断面图称为移出断面，如图 2.4.12 所示。为方便识图，断面图应尽可能地放在投影图的附近，断面图的轮廓线用粗实线绘制，轮廓线内画出相应的材料图例。断面图可以用跟原投影相同的比例，若断面图较为复杂，也可以适当地放大比例绘制，以利于标注尺寸和清晰地反映内部构造。在建筑施工图中，移出断面图是最常采用的断面图形式，用以表达构件形状和内部构造。

（2）重合断面图

重合断面图是将断面图直接绘制在原投影图相对应位置上，使断面图与原投影图重合在一起，断面图的轮廓线用粗实线绘制，轮廓线内画出相应的材料图例，如图 2.4.13 所示。由于需要与原投影图重合，重合断面图的绘制比例必须和原投影图一致。当构件的形状基本相同，从任何部位剖切断面均相同时常采用重合断面图。

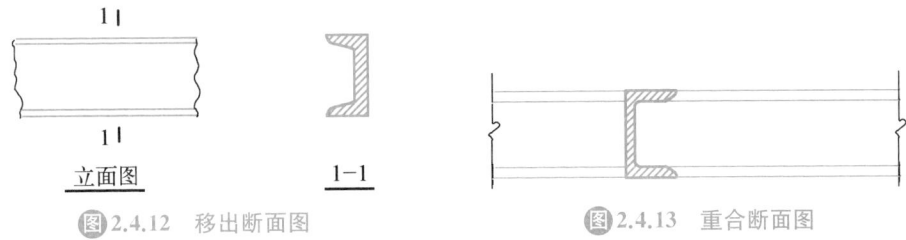

图 2.4.12　移出断面图　　　　　图 2.4.13　重合断面图

（3）中断断面图

对于整个构件形状完全相同，可以在构件投影图的某一处用折断线断开，然后将断面图绘制在中间，无需剖切符号，断面图的轮廓线用粗实线绘制，轮廓线内画出相应的材料图例，如图 2.4.14 所示。

图 2.4.14　中断断面图

三、剖面图和断面图的区别和联系

虽然剖面图和断面图都是通过投影的方法绘制的，但是因为所表达对象不同，导致两者之间既有存在区别，又有着联系，主要包括：

（1）形成方式不同

假想剖切面剖开构件后，若是画断面图，则只需用粗实线画出构件与剖切平面接触的部分轮廓线，在轮廓线内画出材料图例，它是面的投影；若是画剖面图，则需移去剖切面及观察者之间的部分，将构件剩余部分全部投影，也就是说，剖视图不仅需要用粗实线画出剖切平面与形体接触部分的轮廓（该轮廓内也需画出材料图例），而且还要用细实线画出未被剖切平面切到但是做投影时可见的部分轮廓，它是体的投影。剖面图与断面图绘制上的不同之处见图 2.4.15 所示。

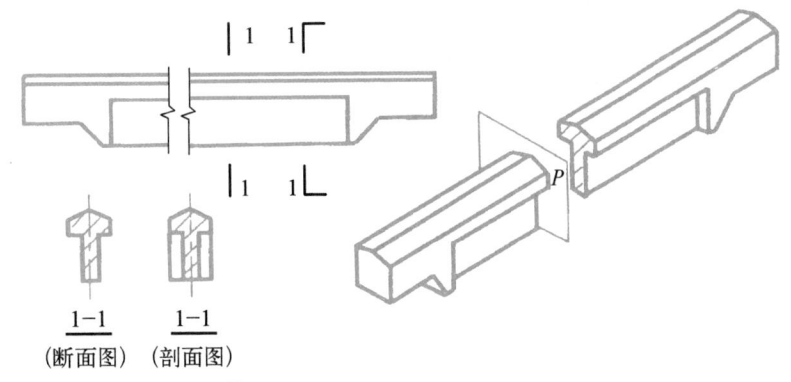

图 2.4.15　剖面图与断面图的区别

（2）剖切符号不同

断面图的剖切符号是一条长度为 6～10 mm 的粗实线，仅代表剖切位置，没有剖视方向线，剖切符号旁编号所在的一侧即是剖视方向，因为断面图是面的投影，构件剖切完之后与剖切面接触的部分（投影对象）是唯一的，无论剖视方向如何，画出的断面图是一样的，所以剖视方向在断面图中的意义不大，如图 2.4.15 所示。

剖面图的剖切符号除了剖切位置线，还必须有剖视方向线，因为剖面图是体的投影，剖视方向不同，将意味着投影对象的不同，直接决定剖面图的绘制内容，所以非常重要，如图 2.4.15 所示。

（3）剖面图中包含断面图

由剖面图和断面图的形成不难发现，剖面图除了要绘制与剖切面接触部分的投影，还需绘制出虽为未被剖切但投影时可见的部分，所以剖面图反映的信息更全面，它是包含断面图的，如图 2.4.16 所示，该台阶的剖面图中包含了断面图。

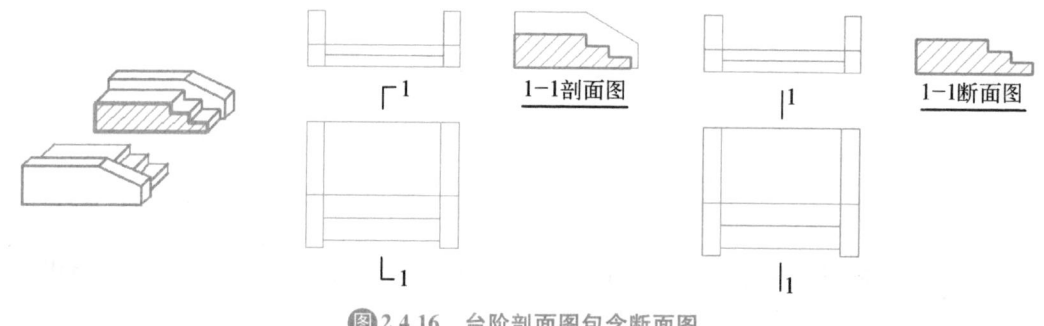

图 2.4.16　台阶剖面图包含断面图

小　结

任何物体不管其复杂程度如何，都可以看成是由空间几何元素点、线、面所组成。本项目主要阐述了投影基本知识、点的投影规律，各种位置直线、各种位置平面、简单的平面体和曲面体的投影特性和作图方法，为后面建筑施工图的识图打下基础。

自测题

一、思考题

1. 绘制剖面图时，剖切位置线、投影方向线和剖面名称是如何标注的？

2. 常见的剖面图有哪几种？其用途如何？

3. 剖面图和断面图是如何形成的？它们之间有何区别和联系？

4. 简述断面图的种类。

项目 3 民用建筑房屋构造

就常见的建筑而言,虽其功能不尽相同,形体也多种多样,但在基本组成上是有共同之处的,大致都有基础、墙或柱、楼地层、楼梯、屋顶、门窗六个基本组成部分。熟悉房屋各组成部分的构造要求,能更加清楚的认识整个房屋,同时也能为识读建筑工程图打下基础。本项目主要介绍民用建筑六大组成部分的构造要求。

学习内容

任务 3.1　熟悉房屋构造基础知识;

任务 3.2　掌握基础与地下室的构造;

任务 3.3　掌握墙体的构造;

任务 3.4　掌握楼地层的构造;

任务 3.5　掌握楼梯的构造;

任务 3.6　掌握门窗的构造;

任务 3.7　掌握屋顶的构造。

学习目标

1. 能够掌握民用建筑各个组成部分常用的构造要求;

2. 能够对整个民用建筑有一个更加清晰的认识,为后期识读建筑施工图做准备。

任务 3.1　熟悉房屋构造基础知识

房屋构造基本知识

一、建筑的构成要素与分类分级

1. 建筑的构成要素

早期的人类社会生产力极低,人类对于生存空间的要求,也只是能够遮风避雨,抵御猛兽侵袭,比如洞穴、巢居(树洞、山洞),后来用土石草木等天然材料建造简易房屋,在那时,建筑仅仅是物质生活手段。随着生产力的提高及氏族文化的逐渐形成与发展,建筑开始成为社会思想观念的一种表现方式和物化形态。这样的变化,促进建筑技术和艺术向更高层次发展。总结人类的建筑活动经验,构成建筑的主要因素有三个方面:建筑功能、建筑技术和建筑形象。

(1) 建筑功能

建筑功能是建筑的第一基本要素,是指建筑物在物质和精神方面必须满足的使用要求。

建筑功能是人们建造房屋的具体目的和使用要求的综合体现,人们建造房屋主要是满足生产、生活的需要,同时也充分考虑整个社会的其他需求。不同类别的建筑具有不同的使用要求,因此就产生了不同类型的建筑。例如交通建筑要求人流线路流畅,观演建筑要求有良好的视听环境,工业建筑必须符合生产工艺流程的要求,等等;同时,建筑必须满足人体尺度和人体活动所需的空间尺度,以及人的生理要求,如良好的朝向、保温隔热、隔声、防潮、防水、采光、通风条件等。

（2）建筑技术

建筑技术是建造房屋的手段,包括建筑材料、建筑设计、建筑施工和建筑设备等方面的内容,建筑不可能脱离技术而存在。随着材料技术的不断发展,各种新型材料不断涌现,为建造各种不同结构形式的房屋提供了物质保障;随着建筑结构计算理论的发展和计算机辅助设计的应用,建筑设计技术不断革新,为房屋建造的安全性提供了保障;各种高性能的建筑施工机械、新的施工技术和工艺提供了房屋建造的手段;建筑设备的发展为建筑满足各种使用要求创造了条件。

（3）建筑形象

建筑形象是建筑内外感观的具体体现,必须符合美学的一般规律,优美的艺术形象给人以精神上的享受,它包含建筑型体、空间、线条、色彩、质感、细部的处理及刻画等方面。由于时代、民族、地域、文化、风土人情的不同,人们对建筑形象的理解各有不同,出现了不同风格和特色的建筑,甚至不同使用要求的建筑已形成其固有的风格,例如执法机构所在的建筑庄严雄伟、学校建筑多是朴素大方、居住建筑要求简洁明快、娱乐性建筑生动活泼等。

建筑的三要素是辩证的统一体,是不可分割的,但又有主次之分。第一是建筑功能,起主导作用;第二是建筑技术,是达到目的的手段,技术对功能又有约束和促进作用;第三是建筑形象,是功能和技术的反映,但如果充分发挥设计者的主观作用,在一定的功能和技术条件下,可以把建筑设计得更加美观。

2. 建筑的分类

（1）按建筑的使用性质分类

① 民用建筑

民用建筑是指供人们生活、居住、从事各种文化福利活动的房屋,按其用途不同分为居住建筑和公共建筑。其中,居住建筑主要是指提供家庭和集体生活起居用的建筑物,如住宅、宿舍、公寓等。公共建筑主要是指供人们从事社会性公共活动的建筑和各种福利设施的建筑物,如行政办公建筑、文教建筑、托幼建筑、旅馆建筑、医疗建筑、商业建筑、观演建筑、体育建筑、展览建筑等。

② 工业建筑

工业建筑是指供人们从事各类工业生产活动的各种建筑物、构筑物的总称。通常将这些生产用的建筑物称为工业厂房。例如生产车间、辅助车间、动力用房、工业产品仓储等。

③ 农业建筑

供农业、牧业生产和加工用的建筑,如温室、畜禽饲养场、水产品养殖场、农畜产品加工厂、农产品仓库、农机修理厂（站）等。

（2）按建筑规模和数量分类

① 大量性建筑

大量性建筑指建筑规模不大，但修建数量多的建筑。该类建筑一般来说单方造价较低、内部空间较小、同类型房间较多、标准构件比重大、结构比较简单、设备不复杂、用材以砖、混凝土为主的建筑。大量性建筑与人们生活密切相关，分布面广，如住宅、中小学校、医院、中小型影剧院、中小型工厂等。

典型建筑视频

② 大型性建筑

大型性建筑是指规模大，耗资多的建筑。如大型体育馆、大型影剧院、大型航站楼、火车站、博物馆、大型工厂等建筑。这类建筑一般是单独设计的。它们的功能要求高、结构和构造复杂、设备考究、外观突出个性、单方造价高、用料以钢材、料石、混凝土及高档装饰材料为主。

（3）按建筑的层数或总高度分类

根据中国《民用建筑设计统一标准》（GB 50352—2019），一般建筑按层数划分时，公共建筑和宿舍建筑 1～3 层为低层，4～6 层为多层，大于等于 7 层为高层；住宅建筑 1～3 层为低层，4～9 层为多层，10 层及以上为高层。

同时，标准中明确了民用建筑按地上建筑高度或层数进行分类应符合下列规定：

① 建筑高度不大于 27.0 m 的住宅建筑、建筑高度不大于 24.0 m 的公共建筑及建筑高度大于 24.0 m 的单层公共建筑为低层或多层民用建筑；

② 建筑高度大于 27.0 m 的住宅建筑和建筑高度大于 24.0 m 的非单层公共建筑，且高度不大于 100.0 m 的，为高层民用建筑；

③ 建筑高度大于 100.0 m 为超高层建筑。

（4）按照主要承重结构材料分类

按照建筑主要承重结构的材料分类，可分为木结构、砖木结构、砖混结构、钢筋混凝土结构、钢结构、索膜结构等类型。

① 木结构：主要承重构件用木材制作，例如木柱、木梁、木板等，木结构的建筑节能环保、冬暖夏凉、舒适度高，但其致命缺点就是耐火性差。木结构建筑在我国古建筑中比较常见，我国现存最早的木结构建筑是五台山的南禅寺。具有代表性的木结构还有山西的应县木塔以及北京的紫禁城木建筑群。

② 砖木结构：砖木结构指建筑物中竖向承重结构的墙、柱等采用砖或砌块砌筑，楼板、屋架等用木结构。由于力学工程与工程强度的限制，一般砖木结构只有 1～3 层。这种结构建造简单，材料容易准备，费用较低，通常用于农村的屋舍、庙宇等，福建客家土楼就是典型的砖木结构的建筑。

③ 砖混结构：砖混结构是指建筑物中竖向承重结构的墙采用砖或者砌块砌筑，构造柱以及横向承重的梁、楼板、屋面板等采用钢筋混凝土结构。砖混结构适合开间进深较小，房间面积小，多层或低层的建筑，对于砖混结构承重墙体是不能改动的。

④ 砖石结构：砖石结构是指建筑的主要承重构件是砖或石料，没有现浇的钢筋混凝土柱，承重构件可能是砖柱也可能是承重墙，通常楼层不会太高，多为单多层建筑。

⑤ 钢筋混凝土结构：钢筋混凝土结构是指主要承重构件是用钢筋混凝土建造的，钢筋承受拉力，混凝土承受压力，具有坚固、耐久、防火性能好、比钢结构节省钢材和成本低等优

点,所以在城镇的建筑市场中应用最为广泛。

⑥ 钢结构:钢结构是由钢制材料组成的结构,主要承重构件由型钢和钢板等制成的钢梁、钢柱、钢桁架等构件组成,各构件或部件之间通常采用焊缝、螺栓或铆钉连接。因其自重较轻,且施工简便,广泛应用于大型厂房、展馆等领域。钢结构容易锈蚀,防火性能不如钢筋混凝土结构。现在大型的公用建筑选择用钢结构的越来越多,北京的鸟巢和水立方就是典型的钢结构建筑。

(5) 按照结构体系分类

① 墙承重结构:用墙体来承受由屋顶、楼板传来的荷载的建筑,称为墙承重受力建筑。如砖混结构的住宅、办公楼、宿舍。

② 排架结构:采用柱和屋架构成的排架作为其承重骨架,外墙起围护作用,单层厂房是其典型。

③ 框架结构:以柱、梁、板组成的空间结构体系作为骨架的建筑。

④ 剪力墙结构:剪力墙结构的楼板与墙体均为现浇或预制钢筋混凝土结构,多被用于高层住宅楼和公寓建筑。

⑤ 框架—剪力墙结构:在框架结构中设置部分剪力墙,使框架和剪力墙两者结合起来,共同抵抗水平荷载的空间结构。

⑥ 筒体结构:框架内单筒结构、单筒外移式框架外单筒结构、框架外筒结构、筒中筒结构和成组筒结构。

⑦ 大跨度空间结构:该类建筑往往中间没有柱子,而通过网架等空间结构把荷重传到建筑四周的墙、柱上去,如体育馆、游泳馆、大剧场等。

(6) 按照施工工艺分类

① 现浇现砌式:是指主要构件均在施工现场砌筑或浇注;

② 预制装配式:主要构件在加工厂预制,施工现场进行装配;

③ 部分现浇现砌、部分装配式:是指部分构件在现场浇注或砌筑(大多为竖向构件),部分构件为预制吊装(大多为水平构件)。

3. 建筑的等级划分

建筑等级一般按耐久性和耐火性进行划分。

(1) 建筑物的耐久等级

建筑物的耐久性等级主要根据建筑物的重要性和规模大小划分,并以此作为基建投资和建筑设计的重要依据。耐久等级的指标是使用年限,使用年限的长短是依据建筑物的性质决定的。影响建筑寿命长短的主要因素是结构构件的选材和结构体系。耐久等级一般分为四级:

一级:耐久年限为 100 年以上,适用于重要的建筑和高层建筑。

二级:耐久年限为 50~100 年,适用于一般性建筑。

三级:耐久年限为 25~50 年,适用于次要建筑。

四级:耐久年限为 15 年以下,适用于临时性建筑。

《民用建筑设计统一标准》(GB 50352—2019)中规定民用建筑的设计使用年限应符合表3.1.1 的规定。

表 3.1.1　设计使用年限分类

类别	设计使用年限(年)	示例
1	5	临时性建筑
2	25	易于替换结构构件的建筑
3	50	普通建筑和构筑物
4	100	纪念性建筑和特别重要的建筑

（2）建筑物的耐火等级

建筑物的耐火等级是衡量建筑物耐火程度的标准,现行《建筑设计防火规范(2018 年版)》(GB 50016—2014)明确指出,按照建筑组成构件的燃烧性能和耐火极限将民用建筑的耐火等级划分为一、二、三、四级,不同耐火等级建筑相应构件的燃烧性能和耐火极限不应低于表 3.1.2 的规定。

表 3.1.2　不同耐火等级建筑相应构件的燃烧性能和耐火极限(h)

构件名称		耐火等级			
		一级	二级	三级	四级
墙	防火墙	不燃性 3.00	不燃性 3.00	不燃性 3.00	不燃性 3.00
	承重墙	不燃性 3.00	不燃性 2.50	不燃性 2.00	难燃性 0.50
	非承重外墙	不燃性 1.00	不燃性 1.00	不燃性 0.50	可燃性
墙	楼梯间和前室的墙电梯井的墙住宅建筑单元之间的墙和分户墙	不燃性 2.00	不燃性 2.00	不燃性 1.50	难燃性 0.50
	疏散走道两侧的隔墙	不燃性 1.00	不燃性 1.00	不燃性 0.50	难燃性 0.25
	房间隔墙	不燃性 0.75	不燃性 0.50	难燃性 0.50	难燃性 0.25
柱		不燃性 3.00	不燃性 2.50	不燃性 2.00	难燃性 0.50
梁		不燃性 2.00	不燃性 1.50	不燃性 1.00	难燃性 0.50
楼板		不燃性 1.50	不燃性 1.00	不燃性 0.50	可燃性
屋顶承重构件		不燃性 1.50	不燃性 1.00	可燃性 0.50	可燃性
疏散楼梯		不燃性 1.50	不燃性 1.00	不燃性 0.50	可燃性
吊顶(包括吊顶搁栅)		不燃性 0.25	难燃性 0.25	难燃性 0.15	可燃性

注:1. 除本规范另有规定外,以木柱承重且墙体采用不燃材料的建筑,其耐火等级应按四级确定。
　　2. 住宅建筑构件的耐火极限和燃烧性能可按现行国家标准《住宅建筑规范》GB 50368 的规定执行。

① 构件的耐火极限

建筑整体的耐火性能是保证建筑结构在火灾时不发生较大破坏的根本,而单一建筑结构构件的燃烧性能和耐火极限是确定建筑整体耐火性能的基础。构件的耐火极限是指构件在标准耐火实验中,从受到火的作用时起,到失去稳定性或完整性或绝热性止,这段抵抗火作用的时间,一般以小时计,如表 3.1.2 所示。一级耐火等级的民用建筑,承重墙的耐火极限为 3 小时。

② 构件的燃烧性能

表 3.1.2 中的构件燃烧性能包含三类,即不燃性、难燃性和可燃性。

不燃性构件是指用不燃烧材料做成的构件,如天然石材、人工石材、金属材料等。

难燃性构件是指用不易燃烧的材料做成的构件,或者用燃烧材料做成,但用不燃烧材料作为保护层的构件,例如沥青混凝土构件、木板条抹灰的构件均属于难燃烧体。

可燃性构件是指用容易燃烧的材料做成的构件,如木材等。

据统计,我国住宅建筑在全部建筑中所占比例较高,对于住宅建筑构件的耐火极限和燃烧性能,国家标准《住宅建筑规范》(GB 50368—2005)中有特别规定。该规范同时明确:四级耐火等级的住宅建筑最多允许建造层数为 3 层,三级耐火等级的住宅建筑最多允许建造层数为 9 层,二级耐火等级的住宅建筑最多允许建造层数为 18 层。

二、建筑模数及建筑尺寸

为保证建筑设计标准化和构件生产工厂化,建筑物及其各组成的尺寸必须统一协调,为此我国制定了《建筑模数协调标准》(GB/T 50002—2013)作为建筑设计的依据。

1. 建筑模数

(1)建筑模数的分类

基本模数:基本模数的数值规定为 100 mm,表示符号为 M,即 1M 等于 100 mm,整个建筑物或其中一部分以及建筑组合件的模数化尺寸均应是基本模数的倍数。

扩大模数:指基本模数的整倍数。扩大模数的基数应符合下列规定:

① 水平扩大模数为 3 M、6 M、12 M、15 M、30 M、60 M 等 6 个,其相应的尺寸分别为 300 mm、600 mm、1 200 mm、1 500 mm、3 000 mm、6 000 mm。

② 竖向扩大模数的基数为 3 M、6 M 两个,其相应的尺寸为 300 mm、600 mm。

分模数:指整数除基本模数的数值。分模数的基数为 M/10、M/5、M/2 等 3 个,其相应的尺寸为 10 mm、20 mm、50 mm。

(2)建筑模数的数列

建筑模数数列是指由基本模数、扩大模数、分模数为基础扩展成的一系列尺寸,模数数列的幅度及适用范围如下:

① 水平基本模数的数列幅度为(1~20)M,主要适用于门窗洞口和构配件断面尺寸。

② 竖向基本模数的数列幅度为(1~36)M,主要适用于建筑物的层高、门窗洞口、构配件等尺寸。

③ 水平扩大模数数列的幅度:3 M 为(3~75)M;6 M 为(6~96)M;12 M 为(12~120)M;15 M 为(15~120)M;30 M 为(30~360)M;60 M 为(60~360)M,必要时幅度不限。主要适用于建筑物的开间或柱距、进深或跨度、构配件尺寸和门窗洞口尺寸。

④ 竖向扩大模数数列的幅度不受限制。主要适用于建筑物的高度、层高、门窗洞口尺寸。

⑤ 分模数数列的幅度。M/10 为(1/10~2)M,M/5 为(1/5~4)M;M/2 为(1/2~10)M。主要适用于缝隙、构造节点、构配件断面尺寸。

2. 建筑尺寸

为了保证建筑制品、构配件等有关尺寸的统一协调,《建筑模数协调标准》(GB/T 50002—2013)规定了标志尺寸、构造尺寸、实际尺寸及其相互间的关系。明白了这三种尺寸之间的关系,在识读图样的过程中就会更加了解所标注的尺寸。

（1）标志尺寸

用以标注建筑物定位轴线间的距离(如开间或柱距、进深或跨度、层高等)以及建筑构配件、建筑组合件、建筑制品、有关设备位置界限之间的尺寸。标志尺寸应符合模数数列的规定。标注尺寸不考虑构件的接缝大小以及制造、安装过程中产生的误差,它是选择建筑、结构方案的依据。

（2）构造尺寸

建筑构配件、建筑组合件、建筑制品等的设计尺寸,构造尺寸是建筑构配件、建筑制品等的量化生产依据,一般情况下标志尺寸减去缝隙为构造尺寸,即构造尺寸＋缝隙尺寸＝标志尺寸,缝隙尺寸应符合模数数列的规定,构造尺寸与标志尺寸的关系如图 3.1.1 所示。

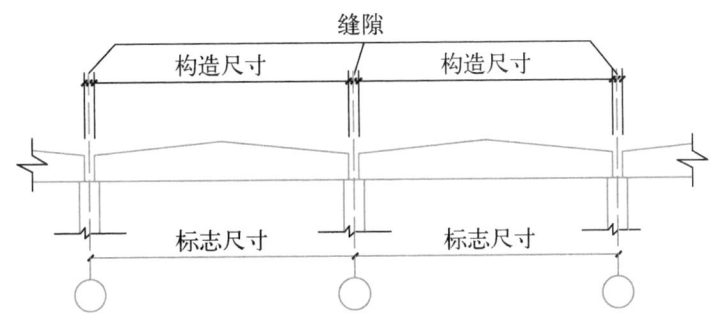

图3.1.1　构造尺寸与标志尺寸的关系

（3）实际尺寸

建筑构配件、建筑组合件、建筑制品等生产制作后的实际尺寸。这一尺寸因生产误差造成与设计的构造尺寸有差值,这个差值应符合施工验收规范的规定。

三、建筑的构造组成

建筑物一般都是由结构构件、围护构件、装饰装修及附属构件构成。其中,结构构件包括基础、承重墙、梁、板、柱等;围护构件一般是指内外墙,当然,屋顶也均有外围护作用;装饰装修一般在内外墙、楼地面及顶棚等构件的表面进行;附属构件一般包括楼梯、台阶、坡道、雨篷、通风道等。例如,图 3.1.2 是砖混结构民用建筑的构造组成,图 3.1.3 为框架结构民用建筑的构造组成。

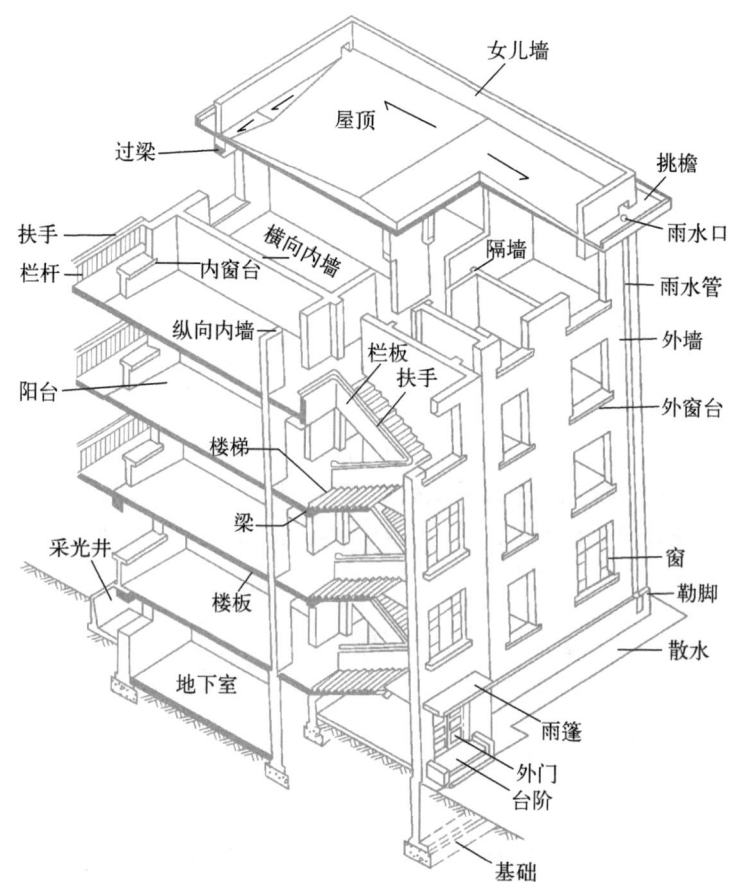

图3.1.2 砖混结构民用建筑的构造组成

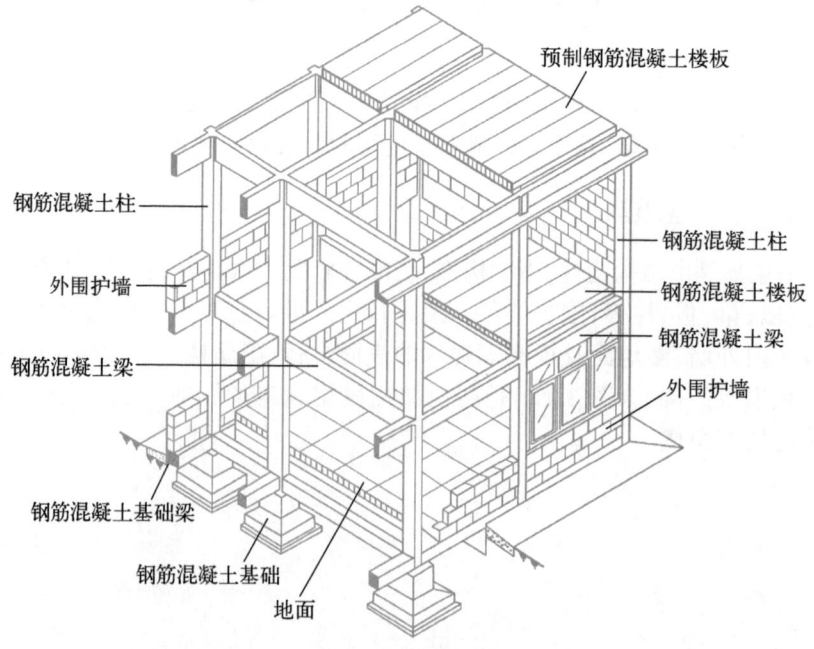

图3.1.3 框架结构民用建筑的构造组成

就常见的民用建筑而言,大致都有基础、墙或柱、楼地层、楼梯、屋顶、门窗六个基本组成部分。除此之外还有通风道、阳台、雨篷、烟囱、散水、台阶、坡道等等建筑配件及设施,可根据建筑物的功能要求设置。现就六个基本组成部分的作用和构造要求分述如下:

(1)基础:基础属于建筑物最下部的承重构件,埋于自然地坪以下,承受上部传来的所有荷载,并把这些荷载传给下面的土层(该土层称为地基)。基础是房屋的主要受力构件,其构造要求是坚固、稳定、耐久、能经受冰冻、地下水及所含化学物质的侵蚀,保持足够的使用年限。

(2)墙和柱:墙是建筑物的竖向围护构件,外墙分割室内外空间,抵御风霜雪雨及寒暑对室内的影响;内墙分隔房间的作用,避免房间之间相互干扰,所以对墙体还常提出保温、隔热、隔声、防水等要求。很多建筑中还是建筑的竖向承重构件,它承受着由屋盖和各楼层传来的各种荷载,并把这些荷载可靠地传给基础。所以,对墙体设计时必须要有足够的强度和刚度。

为了扩大建筑物空间,提高空间的灵活性,结合结构设计,让柱来代替墙体的承重作用,作为建筑物的竖向承重构件。

(3)楼地层:楼地层指楼板层与地坪层。楼板层是建筑物的水平承重构件,直接承受着各楼层上的家具、设备、人的重量和楼层自重,同时楼层对墙或柱有水平支撑的作用,传递着风、地震等侧向水平作用,并把上述各种作用传递给墙或柱。它通常有面层、结构层和顶棚三部分组成,对房屋有竖向分隔空间的作用,将建筑分成若干层。所以,要求楼板层具有足够的强度和刚度,以及良好隔声、防渗漏性能。

地坪层是首层房间人们使用接触的部分,是首层房间与地基的隔离构件,除了承受上部荷载外,还需要具有防水、防潮、保温等功能。无论楼层还是地层对其表面的要求还有美观、耐磨损等其他要求,这些可根据具体使用要求提出。

(4)屋顶:屋顶既是承重构件又是围护构件。作为承重构件,和楼板层相似,承受着直接作用于屋顶的各种荷载,同时在房屋顶部起着水平传力构件的作用,并把本身承受的各种荷载直接传给墙或柱,所以设计时需要足够的强度和刚度。作为外围护构件,屋面层用以抵御自然界风霜雪雨、太阳辐射等寒暑作用,所以也要有防水、保温、隔热等功能。

(5)楼梯:楼梯是建筑楼层之间的垂直交通设施,平时作为人们上下楼的交通,在突发事件时,又要满足人们紧急疏散。所以对楼梯的基本要求是有足够的通行能力,以满足人们在平时和紧急状态时通行和疏散。同时还应有足够的承载能力,并且应满足坚固、耐磨、防滑、防火等要求。在高层建筑中,除设置楼梯外,还需设置电梯。

(6)门窗:门与窗属于围护构件,都有采光通风的作用。门的基本功能还有保持建筑物内部与外部或各内部空间的联系与分隔。对门窗的要求有保温、隔热、隔声等等。

四、影响建筑构造的因素及设计原则

1. 影响建筑构造的因素

房屋建筑在建成后,便存在于自然界之中,在为人们提供生产和生活空间的同时,建筑也在承受着众多来自人为或自然的影响,原有功能逐渐弱化,甚至影响使用。所以在对房屋建筑进行设计初期,就应该充分考虑这些影响因素的存在。

(1)自然环境的影响

建筑物所在地的自然环境,比如:风霜雨雪、冷热寒暖的气温变化、太阳热辐射、大气腐蚀等都将长年累月作用于建筑物,是影响建筑物使用质量和使用寿命的重要因素。不同地域的不同自然环境特点,势必会影响着当地的房屋构造,所以,在构造设计时常采取相应的防水、防冻、保温、隔热、防风、防雨雪、防潮湿、防腐蚀等措施。例如北方冬季极其寒冷,在对墙体进行设计时,就必须考虑保温。

（2）作用的影响

设计中将使建筑结构产生内力或变形的原因称为作用,包括直接的力的作用（即荷载）和间接作用。荷载包括风力、结构自重、正常使用时人群、家具设备作用于建筑上的各种作用,积灰荷载、雪荷载等,间接作用包括地震、温度、沉降等。这些作用的大小和作用方式是结构设计和结构选型的重要依据,它决定着构件的形状、尺度和用料,这些都与建筑构造密切相关。因此,在确定建筑构造方案时,必须考虑外力的影响。

（3）人为因素的影响

人们在建筑内进行生产生活中,也常常会对建筑物造成一些人为的不利影响,如机械振动、化学腐蚀、爆炸、火灾、噪声等。因此,在建筑构造设计时,对这些因素设计时要认真分析,采取相应防振、防腐、防火、隔声等相应的构造措施。

（4）物质技术条件的影响

建筑材料、结构、设备和施工技术是构成建筑的前提条件,而且建筑物的质量标准和等级的不同,也会导致在材料的选择和构造方式上有所区别。随着建筑业的发展,新材料、新结构、新设备和新工艺的不断出现,建筑构造可以解决的问题也越来越多,解决人们对建筑物提出的更高的功能要求。

（5）经济条件的影响

建筑构造设计是建筑设计重要的一部分,在设计阶段就要对不同的构造设计方案进行综合比较,尽可能选择既能满足功能要求,又能减少能耗、降低建造成本以及后期的维修费用的设计方案,才能取得更好的经济效益。

2. 构造设计的基本原则

在构造设计过程中,应遵守以下基本原则:

（1）满足建筑物的各项功能要求

建筑构造设计应根据建筑物所处的位置和使用性质的不同,综合分析诸多因素,进行相应的构造处理,以最大限度地满足建筑物预期的使用功能要求,确保建筑投入使用后方便人们的生产生活,这也是整个设计的根本目的。

（2）确保结构安全可靠、坚固耐久

建筑构造设计应该对结构件进行必要的结构分析,根据荷载的性质和大小进行力学计算,合理确定构件的基本断面尺寸。同时,还要对阳台及楼梯的栏杆、门窗与墙体的连接等构配件进行构造设计,必须保证每一个建筑构配件在使用时的安全可靠。

（3）严格遵循技术规范,同时引进先进技术

在进行建筑结构设计时应遵循相关技术规范,尤其对于强制执行的标准,更应该做到不折不扣严格执行。另外,应该具有创新意识,大力改进传统的构造做法,从材料、结构、施工等方面引入先进技术。

（4）注重构造设计的综合效益

建筑结构设计时,应该在保证工程质量的前提下,注重工业化生产、合理降低工程造价,

在保护环境的同时,降低消耗,权衡整体建筑物的经济、社会和环境三个效益之间的关系,提高其综合效益。

(5) 注意美观

除了建筑设计中的体型组合和立面处理影响建筑的形象外,一些建筑细部的构造设计也会影响建筑物的整体美观,所以构造设计应该兼顾整体和局部,设计方案既要符合建筑使用性质,也要符合人们的审美观。

综上所述,建筑构造设计的总原则应是坚固适用、先进合理、经济美观。充分考虑建筑的功能要求、所处自然环境、材料及施工技术,对不同设计方案进行综合比较,选择最佳的构造方案设计。

在线题库

扫码自测

<h2>自测题</h2>

任务 3.2　掌握基础与地下室构造

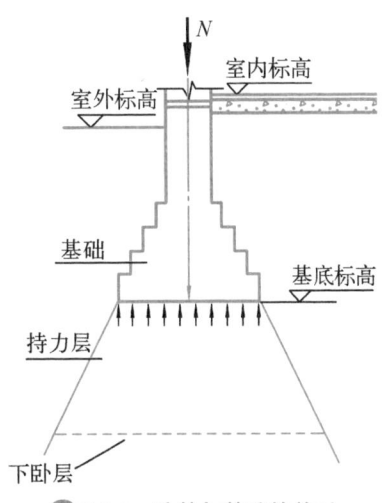

地基和其他

一、地基与基础的初认识

1. 地基及基础的概念

基础是建筑物最下部的结构构件,承受着建筑物上部结构传下来的所有荷载,并把它们连同自重一起传给地基;地基是承受建筑物上部结构荷载作用影响的那一部分土体或岩体,位于基础底面下第一层土称为持力层,在其以下土层称为下卧层,如图 3.2.1 所示。

可见,基础是建筑物的重要组成部分,而地基只是承受建筑物荷载的土层,不是建筑物的组成。由于基础和地基紧密相连,又存在荷载作用的相互作用,建筑物的全部荷载作用都是通过基础传给地基的,所以地基的承载力决定了基础的类型及构造设计。

图 3.2.1　地基与基础的关系

2. 地基的类型

由于地基承受建筑物传来的全部荷载作用,所以作为地基的岩、土体必须具备足够的强度(地基承载力)和抗变形能力,以保证建筑物的正常使用和整体稳定性。地基的承载力与土的特性、建筑物的结构构造和使用要求等因素有关,一般可分为天然地基和人工地基两种类型。

天然地基是指天然状态下即可满足承载力要求,不需人工处理的地基。可做天然地基的岩土体包括岩石、碎石、砂土、粘性土等。

人工地基是指在地质状况不佳(如沙地或淤泥)的条件下,无法满足承载力的要求;或者虽然土层质地较好，但因建筑物荷载过大，为使地基具有足够的承载能力，而经过人工加固的地基。

建筑物的地基不够好，会直接影响建筑物的安全稳固，所以，若地基承载力不够时，务必采用各种地基处理方法以改善地基的条件，如改善其剪切特性、压缩特性、透水特性、动力特性。地基处理方法有：换填法、预压法、强夯法、振冲法、深层搅拌法等。

换填法是指将基础下一定范围内的软弱土层挖去，然后回填以强度较大的砂、碎石或灰土等强度较高的材料，并用机械夯实至密实。

预压法是指在基础施工前，对地基土施加或分级施加与其相当的荷载，使土体中孔隙水排出，孔隙体积变小，地基土被预先压实，从而提高地基土强度和抵抗沉降的能力。

强夯法是指用几十吨重锤从高处落下，反复多次夯击地面，对地基进行强力夯实，迫使深层地基土加密、固结及预加变形，从而提高了地基承载力。

振冲法是指采用振动水冲击法，按所处理土质不同，又分为振冲置换法和振冲密实法，其中振冲置换法是处理黏性土，主要起振冲置换作用，置换后填料形成的桩体与土组成复合地基；振冲密实法是处理砂土，主要起振动挤密和振动液化作用，这两种方法均可大大提高地基承载力。

深层搅拌法是指利用机械将水泥或其他固化剂与地基土强制拌和，使软弱土硬结成整体，或者形成水泥土桩或地下连续墙，提高地基承载力。

3. 地基与基础的设计要求

（1）地基应具有足够的承载力

在建筑设计之前，必须进行建筑场地的工程地质勘查，并对地基土（岩）进行物理力学性质试验，从而对场地工程地质条件做出正确的评价，这是做好设计的先决条件。为了保证建筑物的稳定和安全，建筑物应尽量选择地基承载力较高而且均匀的地段。

由于地基上所承受的全部荷载是通过基础传递的，建筑物基础的设计与地基承载力紧密相关，当荷载一定时，可通过加大基础面积来减小单位面积的地基上所受到的压力。建筑物总荷载、地基承载力与基础底面积三者的关系可通过下面公式确定。

$$A \geqslant N/f$$

其中 N 代表建筑物的总荷载，f 表示地基承载力，A 表示基础底面积。

从上式可以看出，当地基承载力不变时，建筑总荷载越大，基础底面积也要求越大。或当建筑物总荷载不变时，地基承载力越小，基础底面积越大。

（2）基础应具有足够的强度和耐久性

基础是建筑物最下部的结构构件，建筑物上部结构的全部荷载作用，都将通过基础传递给地基，所以基础设计时，必须进行严格的力学计算，保证其有足够的承载能力。另外，基础属于隐蔽工程，建成后埋于地下，长期受到地下复杂水文地质条件的影响，难免受到不同程度的腐蚀，但检查和维修却是不易，所以在基础设计时，应结合所受荷载大小及地质实际情况，来选择基础的材料与结构形式，保证基础有足够的耐久性。

（3）经济要求

项目选址时尽量选在土质好的地段，人工处理基地时，也尽可能选择能降低地基处理费用的处理方案。从工程造价的角度考虑，基础工程属于占总造价比例比较大的一个分部工程,约占总造价的 10%～40%,所以在基础设计时,保证基础质量的前提下,尽量降低基础工程的造价,这是减少项目总投资有效方法。

二、基础埋置深度及其影响因素

1. 基础埋置深度的概念

基础埋置深度是指从设计室外地面至基础底面的垂直距离,如图 3.2.2 所示。按照基础的埋置深度可以将基础分为深基础和浅基础,埋置深度大于等于 5 m 的基础成为深基础,埋置深度小于 5 m 的基础成为浅基础。

在满足地基稳定和变形要求的前提下,地基宜浅埋,当上层地基的承载力大于下层土时,宜利用上层做持力层。但若基础埋置过浅的话,其四周的土

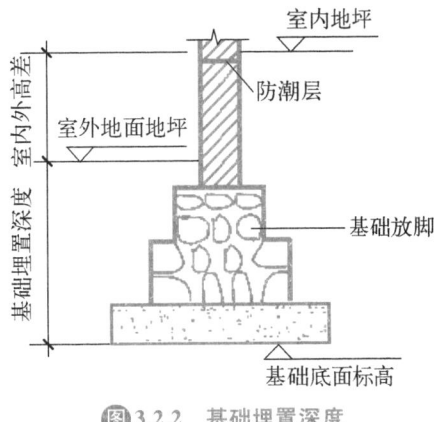

图 3.2.2　基础埋置深度

可能会在地基受到压力后被挤出,产生滑移失稳现象,而且,埋置过浅使基础更容易受外界因素的影响而被破坏,所以除岩石地基外,基础埋深不宜小于 0.5 m。

若浅层土土质不良,或者建筑物上部荷载过大时,往往需将基础加大埋深,直到遇见好的持力层(或岩石层),此时就需采取一些特殊的施工手段和相应的基础形式来修建,如桩基础、箱型基础等深基础形式。

2. 基础埋置深度的影响因素

基础的埋置深度关系到基础是否安全、经济以及施工的难易程度,确定基础埋置深度时需要考虑的影响因素有很多,主要有以下五个方面。

(1) 建筑物的自身条件

基础埋深跟建筑物的自身条件有很大关系,例如,有无地下室、设备基础和地下设施,基础的形式和构造等;当建筑物设置地下室、设备基础或地下设施时,基础埋深应满足其使用要求。一般来说,基础埋深应随着建筑高度增加适当增大,才能满足稳定性的要求。

(2) 作用在地基上的荷载大小和性质

以高层建筑为例,对于高层建筑来说,竖向荷载很大,同时受风力和地震水平作用,所采用的筏形基础和箱形基础的埋置深度应该随着建筑高度增加而适当增大,不仅应满足地基承载力的要求,还要满足变形和稳定性的要求,除岩石地基外其埋置深度不宜小于建筑物高度的 1/15,桩基箱梁式或桩基筏板式基础埋置深度(不计桩长)不宜小于建筑物高度的 1/18;位于岩石地基上的高层建筑,常需依靠侧面岩土体来承担水平作用,其基础埋置深度应满足抗滑要求。

(3) 工程地质和水文地质条件

基础的设计应该遵循地质勘察报告进行,根据建筑场地的土层分布情况,在满足地基稳定和变形要求的前提下,基础设置在工程地质性质较好的持力层上,不能设置在承载力低、压缩性高的软弱土层上。当土层分布明显不均匀或各部位荷载差别很大时,同一建筑物的基础可以采用不同的埋深对不均匀沉降进行调整。

在确定基础埋深时,应尽量将基础埋置在当地最高地下水位以上,以避免地下水对基础

的影响。当必须埋在最高地下水位以下时，应将基础埋置在最低地下水位 200 mm 以下，如图 3.2.3 所示。这样基础底面就不会处于地下水位变化的范围内，减小地下水浮力对基础的影响，但在施工过程中可能会出现的涌土、流砂，应采取基坑排水、坑壁围护等使地基土不受扰动的措施。

（4）相邻建筑物的基础埋深

相邻建筑物由于附加应力的扩散和叠加，使得相邻两基础产生附加的不均匀沉降，有可能使建筑物开裂或倾斜，所以新建建筑物基础埋深不宜大于相邻原有建筑物基础的埋深，但当新建建筑的基础埋深必须要大于原有建筑物基础埋深时，两基础应该保持一定的距离，该距离的数值应根据具体情况确定，一般不小于相邻两基础底面高差的 1～2 倍，如图 3.2.4 所示。不能满足上述要求时，应采取分段施工、设临时加固支撑、打板桩、地下连续墙等施工措施，或加固原有建筑物地基等措施以保证已有建筑物的安全。

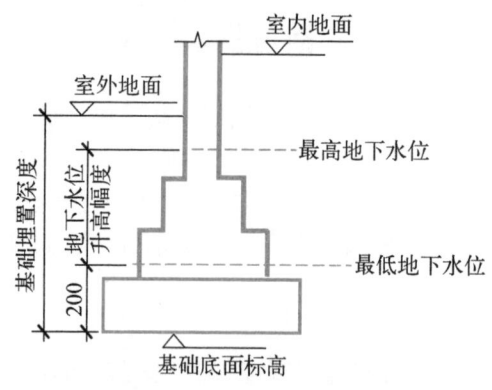

图 3.2.3 地下水位对基础埋置深度的影响

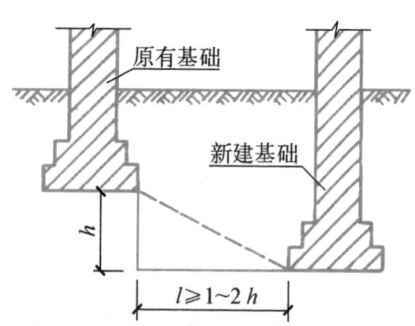

图 3.2.4 相邻建筑对基础埋置深度的影响

（5）地基土冻胀和融陷的影响

地面以下冻结土与非冻结土的分界线成为冰冻线，如图 3.2.5 所示，冰冻线的位置越低说明土层的冻结深度越大，这跟当地气候条件有关。粉砂、粉土和粘性土等细粒土具有冻胀现象，冻胀会将基础向上拱起。土层解冻，基础又下沉，使基础处于不稳定状态。冻融的不均匀使建筑物产生变形，严重时产生开裂等破坏情况。因此，建筑物基础应埋置在冰冻层以下并不小于 200 mm。

当冻土厚度较大、土温比较稳定（不采暖）、基础始终处于冻土层的情况下，可按照"保持冻结法"设计原则。对上部结构刚度大、对变形敏感，例如高温车间、浴室等建筑，按"允许融化"设计原则较合理。

图 3.2.5 冰冻线对基础埋置深度的影响

三、基础的类型及构造

基础的类型很多。按所用材料及受力特点可分为刚性基础和柔性基础（即钢筋混凝土基础）。刚性基础又包括砖基础、毛石基础、混凝土基础等。基础按构造型式分为独立基础、条形基础、片筏基础、箱形基础、桩基础等。

刚性基础和
柔性基础

1. 按材料及受力特点分类

按照基础所用材料及受力特点的不同,可分为刚性基础和柔性基础。

(1) 刚性基础

刚性基础是指用砖石、毛石、素混凝土、灰土等刚性材料制作的基础,又称为无筋扩展基础。由于刚性材料普遍有抗压能力强、而抗拉、抗剪能力弱的特征,导致了刚性基础抗压强度高而抗拉、抗剪强度低。

我们知道,可以通过加大基础底面积来满足地基承载力的要求,但基础尺寸扩大超过一定范围,基础的内力超过其抗拉和抗剪强度,基础会发生折裂破坏,而刚性基础的抗拉和抗剪强度低,就更容易出现折裂破坏的现象。刚性角是指从基础底角引出到墙边或柱边的斜线与铅垂线的最大夹角,用 α 表示,即上部结构在基础中传递压力,是沿 α 角分布的,如图 3.2.6(a) 所示。一旦斜线与铅垂线的夹角超过了刚性角 α,基础截面的拉应力和剪应力将超过基础材料的强度限值而导致破坏,如图 3.2.6(b) 所示。所以刚性基础底面尺寸的设计要遵循所用材料的刚性角,由《建筑地基基础设计规范》(GB 50007—2011) 可知,可以通过限制刚性基础台阶的宽高比来满足刚性角的要求,该规范中规定的刚性基础台阶宽高比的允许值如表 3.2.1 所示。

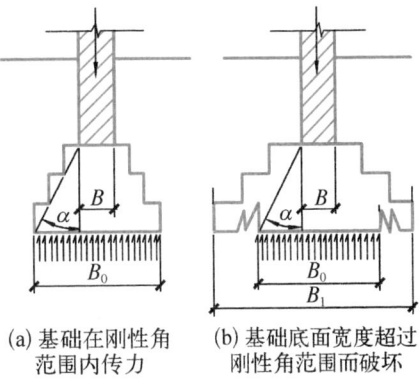

(a) 基础在刚性角范围内传力　　(b) 基础底面宽度超过刚性角范围而破坏

图 3.2.6　刚性基础受力和传力特点

表 3.2.1　刚性基础台阶宽高比的允许值

基础材料	质量要求	台阶宽高比的允许值		
		$P_k \leqslant 100$	$100 < P_k \leqslant 200$	$200 < P_k \leqslant 300$
混凝土基础	C15 混凝土	1 : 1.00	1 : 1.00	1 : 1.25
毛石混凝土基础	C15 混凝土	1 : 1.00	1 : 1.25	1 : 1.50
砖基础	砖不低于 MU10、砂浆不低于 M5	1 : 1.50	1 : 1.50	1 : 1.50
灰土基础	体积比为 3 : 7 或 2 : 8 的灰土,其最小干密度: 粉土 1 550 kg/m³ 粉质黏土 1 500 kg/m³ 黏土 1 450 kg/m³	1 : 1.25	1 : 1.50	—
三合土基础	体积比 1 : 2 : 4～1 : 3 : 6(石灰 : 砂 : 骨料),每层约虚铺 220 mm,夯至 150 mm	1 : 1.50	1 : 1.20	—

注:p_k 为基础底面处的平均压力值(kPa)

下面以砖基础为例说明刚性基础的特点。受刚性角的限制,砖基础应做成台阶状的大放脚,大放脚的做法有等高式和不等高式(或称间隔式)两种,如图 3.2.7 所示。图 3.2.7(a)

中的大放脚是采用每两皮砖挑出 1/4 砖砌筑而成,称为等高式砖基础,每层台阶的高度均为 120 mm,每层挑出宽度为 60 mm。图 3.2.7(b)中的大放脚是采用每两皮砖挑出 1/4 砖与一皮砖挑出 1/4 砖相间砌筑而成,称为不等高式砖基础。需要注意的是不等高式砖基础,无论基础宽度是多少,基础最下面必须是两匹砖的厚度(即 120 mm)。图 3.2.8 是等高式和不等高式两种砖基础的剖面图。

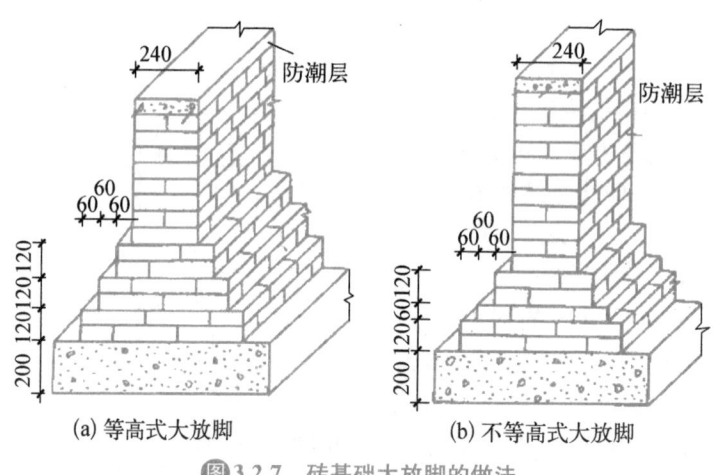

(a) 等高式大放脚   (b) 不等高式大放脚

图 3.2.7 砖基础大放脚的做法

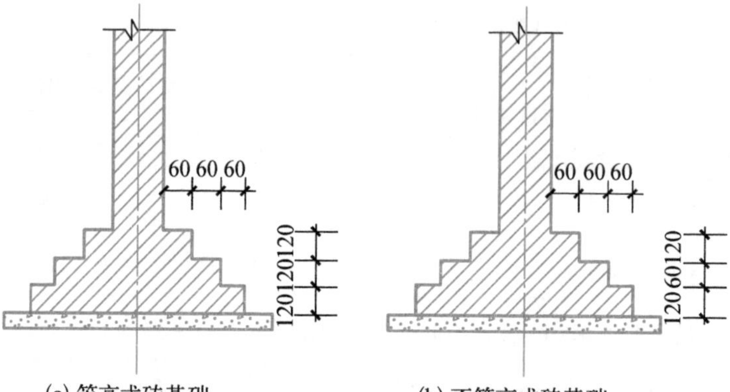

(a) 等高式砖基础   (b) 不等高式砖基础

图 3.2.8 等高式和不等高式砖基础剖面

其他的刚性基础如:混凝土基础、毛石混凝土基础、毛石基础、灰土基础等都有与砖基础相似的构造特征,只是以上每种材料的刚性角不同,宽高比的允许值不同(见表 3.2.1),所以每层台阶的尺寸有所不同,但是都将是大放脚的构造形式,如图 3.2.9 为毛石基础,图 3.2.10 为混凝土基础。若上部荷载增大,所有的刚性基础只能通过增大基础底面以及基础高度才能满足要求,基础埋深也随之加大,这势必会造成材料的浪费,以及挖土工作量的增加,非常不利于工期和成本的控制。

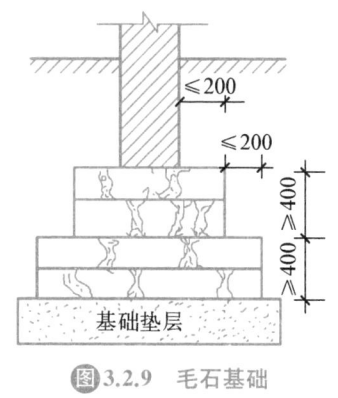

图 3.2.9 毛石基础

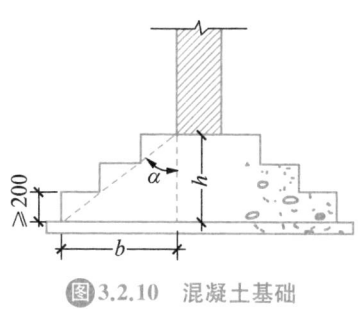

图 3.2.10 混凝土基础

（2）柔性基础

钢筋混凝土基础称为柔性基础，又称为扩展基础。柔性基础由于在底部配置了钢筋，由钢筋来承受拉应力，使基础底部能够承受较大的弯矩，基础底面尺寸的加大不再受刚性角的限制，非常适用于上部结构荷载较大、地基承载力不高以及宽基浅埋的情况。图 3.2.11(a)说明在相同条件（荷载等）下，钢筋混凝土基础的高度为 H_1，而混凝土基础的高度必须增加至 H_2，可见与刚性基础相比，柔性基础可节省大量的材料和挖土的工作量。图 3.2.11(b)是钢筋混凝土基础的构造。

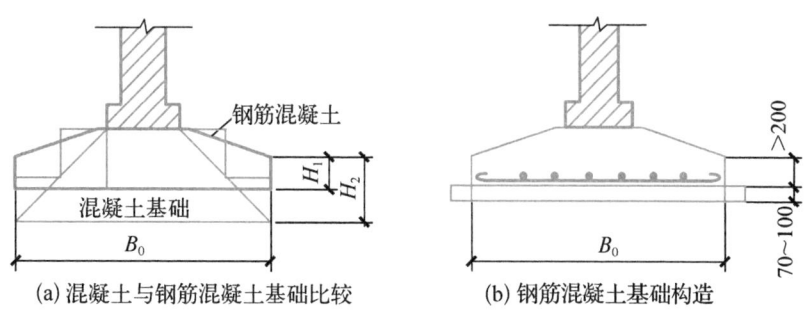

(a) 混凝土与钢筋混凝土基础比较 (b) 钢筋混凝土基础构造

图 3.2.11 钢筋混凝土基础

2. 按构造形式分类

基础的构造形式有很多，建筑物上部的结构形式、地基土的承载能力、荷载性质（除轴向压力外，还有水平力、上拔力也是垂直力）、荷载大小以及基础埋深等都会影响基础构造形式的选择，一般来说，基础按照构造形式可以分为：独立基础、条形基础、筏板基础、箱型基础及桩基础五种类型。

五种基础
构造形式

（1）独立基础

当建筑物上部结构采用多层框架结构或厂房单层排架结构承重时，基础常采用方形或矩形的单独基础，称为独立基础。独立基础是独立的块状形式，常用断面形式有踏步形、锥形、杯形，如图 3.2.12 所示。独立基础非常适用于柱距为 4—12 m；荷载均匀而且不是很大，地基能适应一定程度不均匀沉降的结构柱做基础，常采用钢筋混凝土材料制作，当然，根据柱的材料和荷载大小不同，也可采用砖石、混凝土等材料制作。当采用预制钢筋混凝土柱时,可将基础做成杯口形,然后将预制柱插入,并嵌固在杯口内,故称杯形基础,如图 3.2.12(c)所示。当上部结构荷载较小,而地基承载力较大时,为了节约基础材料和减少开挖土方量也可采用墙下单独基础,砖墙砌在单独基础上边的钢筋混凝土梁上,如图 3.2.12(d)所示。

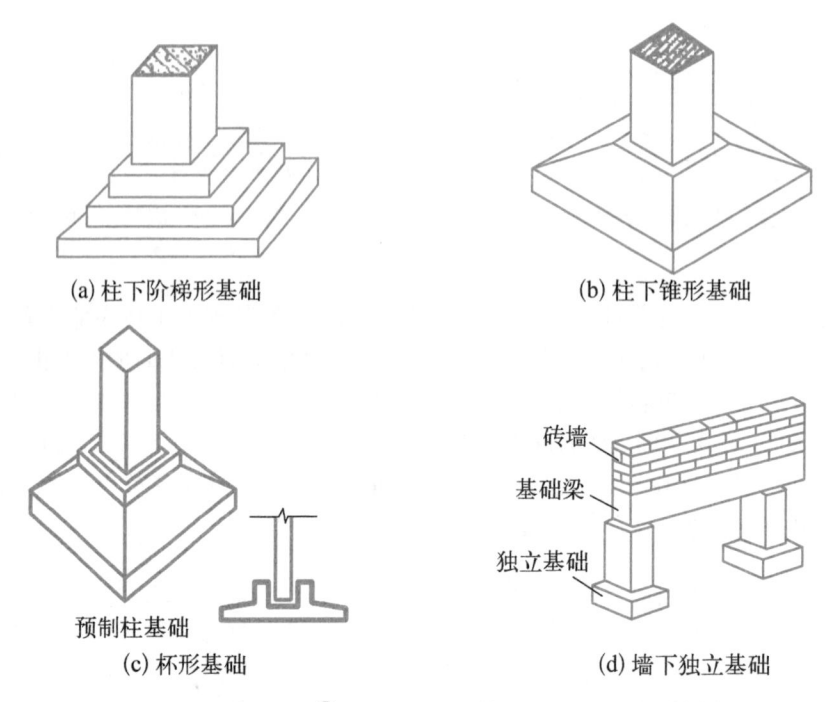

(a) 柱下阶梯形基础

(b) 柱下锥形基础

预制柱基础

(c) 杯形基础

砖墙
基础梁
独立基础

(d) 墙下独立基础

图 3.2.12 独立基础

（2）条形基础

条形基础是指基础长度远远大于宽度的一种基础形式（一般来说,长度大于或等于 10 倍基础的宽度）,也称为带形基础。按上部结构将条形基础分为墙下条形基础和柱下条形基础。

墙下条形基础一般用于多层混合结构的承重墙下,沿墙身连续设置,用来传递连续的条形荷载。低层或小型建筑常用砖、混凝土等刚性条形基础。如上部为钢筋混凝土墙,或地基较差,荷载较大时,可采用钢筋混凝土条形基础,如图 3.2.13(a)所示。

柱下条形基础一般用于建筑上部结构为框架结构或排架结构,荷载较大或荷载分布不均匀,地基承载力偏低,为增强基础的承载能力及整体刚度,减少不均匀沉降,可将柱下独立基础用基础梁相连,就形成了柱下条形基础,如图 3.2.13(b)所示。柱下条形基础常采用钢筋混凝土制作,较柱下独立基础的承载力好。

当建筑物处于地基条件较差或上部荷载较大时,为了提高建筑物的整体性,防止柱子之间产生不均匀沉降,常将柱下条形基础沿纵横两个方向连接起来,呈现十字交叉的形式,称为井格基础,如图 3.2.13(c)所示,可见,井格基础也属于条形基础。

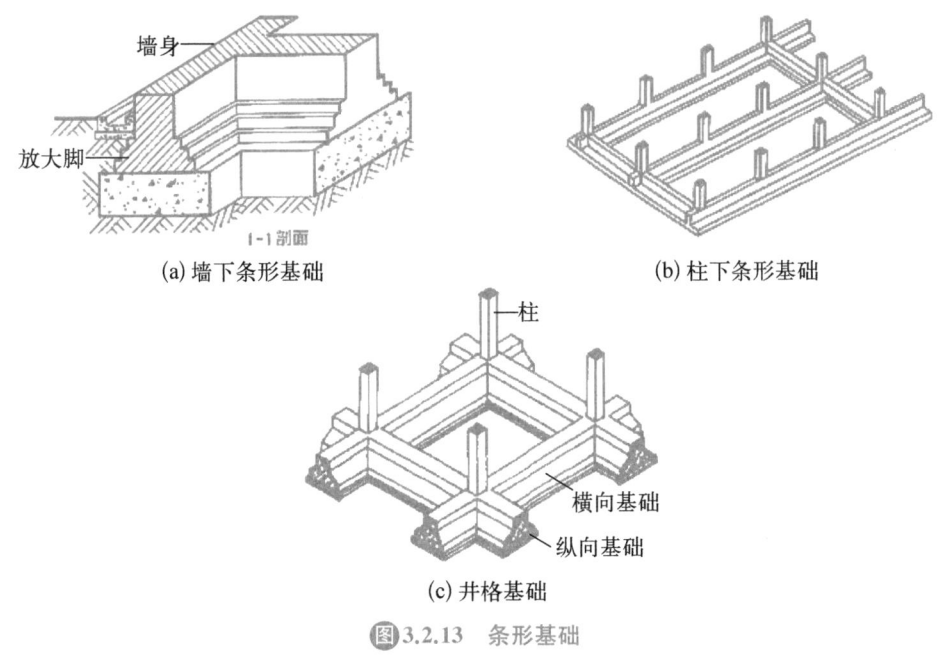

(a) 墙下条形基础　　　　　　　(b) 柱下条形基础

(c) 井格基础

图 3.2.13　条形基础

（3）筏板基础

当建筑物荷载较大，而地基承载力较弱，当采用独立基础或者条形基础不能满足地基承载力要求时，常采用整片的混凝土底板（筏板）来承受建筑物荷载，因其如筏浮于地基土上面，而被形象地称为筏板，这种基础称为筏板基础，又称为满堂基础。由于筏板基础整体性好，能够很好地抵抗地基的不均匀沉降，一般用于高层框架结构、框剪结构及剪力墙结构以及上部结构荷载较大且不均匀和地基承载力低的情况，尤其是当高层建筑地下室作为地下停车库适用时，筏板基础既能充分发挥地基承载力，调整不均匀沉降，又能满足停车库的空间使用要求，更显示出了其优势。

筏式基础分为梁板式和平板式两大类，如图 3.2.14 所示，其中梁板式筏板基础类似于倒扣的楼盖，底板支撑着基础梁，基础梁支撑着柱，如图 3.2.14（a）所示，它广泛用于地基承载能力差，荷载较大的多层或高层住宅、办公楼等民用建筑。平板式筏板基础则是由底板直接支撑着柱，为更好地传力，两者之间常设置柱帽，如图 3.2.14（b）所示，它因为施工简单，在高层建筑中广泛使用。

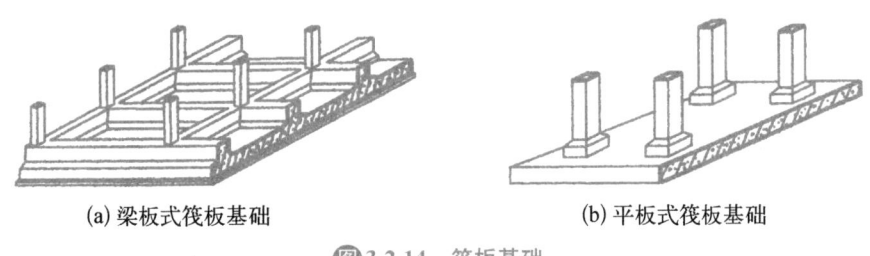

(a) 梁板式筏板基础　　　　　　　(b) 平板式筏板基础

图 3.2.14　筏板基础

（4）箱形基础

箱形基础是指由底板、顶板、钢筋混凝土纵横隔墙构成的有一定高度的整体空间结构，适用于软弱地基上的高层、重型或对不均匀沉降有严格要求的建筑物。箱形基础的基础底面和埋置深度较大、采取中空的结构形式，使开挖卸去的部分土重抵偿了上部结构传来的荷载，所以显著减小了基底压力，降低了基础沉降量。与筏形基础相比，箱型基础有更大的抗弯刚度，只能产生大致均匀的沉降或整体倾斜，基本上消除了因地基变形而使建筑物开裂的可能性。此外，箱型基础还有较好的抗震性能，并且中空的结构使得其有较好的地下空间可以利用，可用于特大荷载且需设地下室的建筑，如图 3.2.15 所示。

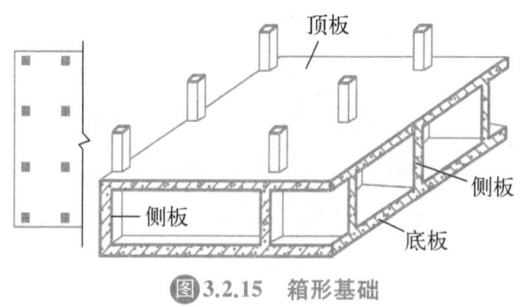

图 3.2.15　箱形基础

（5）桩基础

当浅层地基土较软弱，不能满足建筑物对地基承载力和变形的要求，而又不适宜采取地基处理措施时，可以通过一根根桩将上部荷载传递到下部更硬、更密实或压缩性较小的地基持力层上，这种基础形式称为桩基础，桩基础一般由设置于土中的桩身和承接上部结构的承台组成，如图 3.2.16 所示。可见，桩基础是典型的深基础，根据承载力的要求可以设置为单根桩，也可以设置为多桩，多根桩由承台联系在一起共同工作，如图 3.2.17 所示。

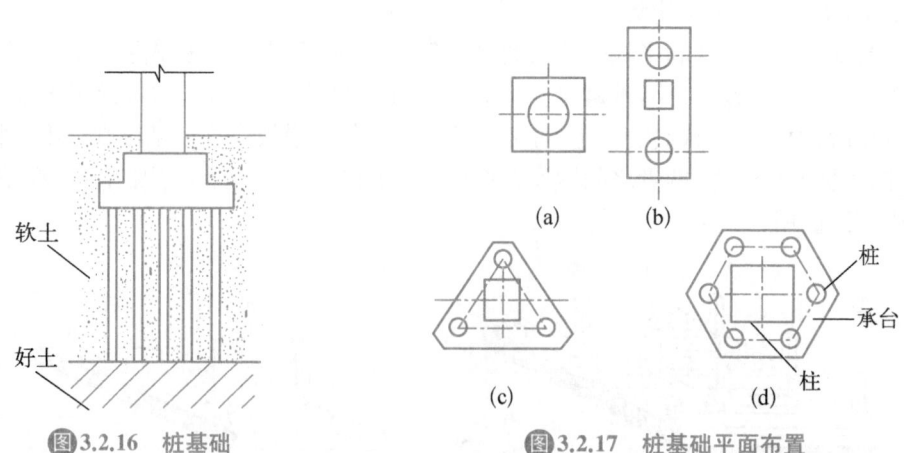

图 3.2.16　桩基础　　　　图 3.2.17　桩基础平面布置

桩基是按设计的点位将桩身置于土中，桩的上端灌注钢筋混凝土承台梁，承台梁上接柱或墙体，以便使建筑荷载均匀地传递给桩基。在寒冷地区，承台梁下一般铺设 100～200 mm 厚的粗砂或焦渣，以防土壤冻胀引起承台的反拱破坏，如图 3.2.18 所示。

桩基础类型很多,按照材料的不同可以分为木桩、混凝土桩、钢筋混凝土桩、钢管桩等,按照施工工艺的不同可以分为预制桩、灌注桩、扩底桩等,按照断面形状的不同可以分为圆桩、方桩、六边形桩等,按照受力方式的不同分为摩擦桩和端承桩,如图 3.2.19 所示。在极限承载力状态下,摩擦桩的桩顶竖向荷载由桩侧阻力承担,而端承桩的桩顶竖向荷载全部由桩端阻力承担。由于摩擦桩和端承桩在支承力、荷载传递等方面都有较大的差异,通常摩擦桩的沉降大于端承桩,会导致墩台产生不均匀沉降,因此,在同一桩基础中,不应同时采用摩擦桩和端承桩。

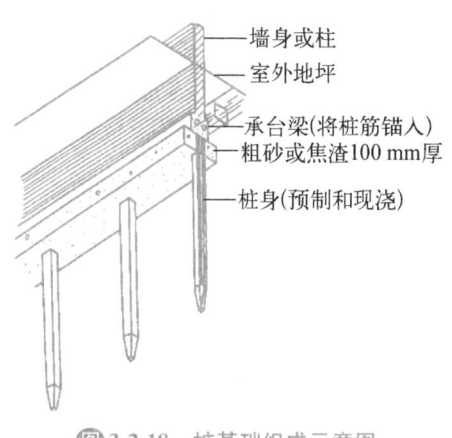

墙身或柱
室外地坪
承台梁(将桩筋锚入)
粗砂或焦渣100 mm厚
桩身(预制和现浇)

图 3.2.18　桩基础组成示意图

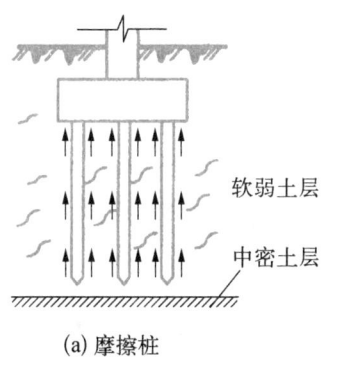
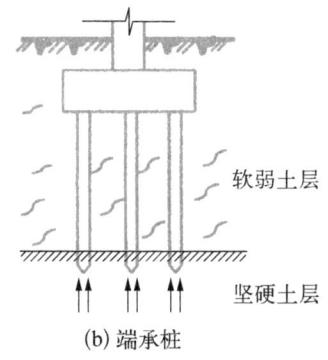

软弱土层

中密土层

软弱土层

坚硬土层

(a) 摩擦桩　　　　　　　　　　(b) 端承桩

图 3.2.19　桩基础的分类(按照受力的不同)

桩基础的承载能力很高,在承受竖直荷载的同时,还能抵抗由风或者地震带来的水平剪力和倾覆力矩,广泛应用于高层建筑,甚至海洋工程、桥梁工程等领域。

四、地下室构造

1. 地下室分类

建筑物中处于室外地面以下的使用空间称为地下室。对于基础埋置深度较大的高层建筑,往往利用基础的埋深来建造地下室,既提高了建筑的用地效率,增加了使用面积,又节省了回填土工作量,可谓经济实用。地下室有很多种分类方法,例如:按结构材料分,有砖混结构地下室和钢筋混凝土结构地下室。下面着重讲解按照使用功能及构造形式分类。

地下室构造

(1) 按照使用功能分类

按照使用功能可将地下室分为普通地下室和人防地下室。

普通地下室一般用作高层建筑的地下停车库、设备用房,根据用途及结构的实际情况可设置一层、二层、三层及多层地下室,如图 3.2.20 所示。与地上房间相比,地下室采光通风不好,而且容易受潮,所以地下室不宜用作居住用房,低标准的建筑多将地下室用作储藏室、仓库、设备间等辅助性用房,而高标准的建筑将地下室进行机械通风、人工照明及防潮防

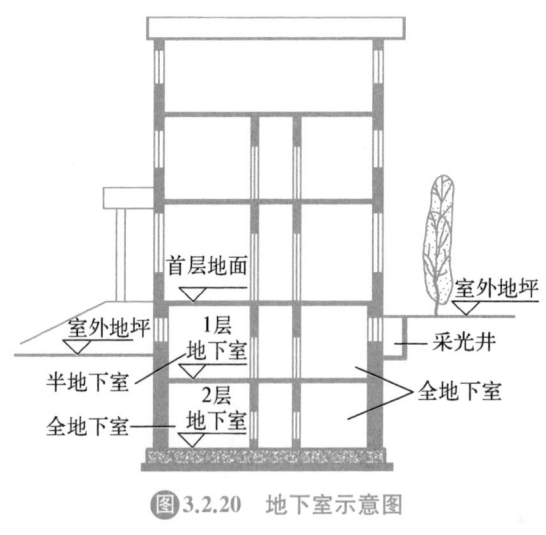

图 3.2.20　地下室示意图

水后,作为商场、餐厅、娱乐场所等功能性用房。

人防地下室是人防工事的一种,包括外墙、缓冲墙、防爆门、封闭墙、防护隔墙等部分组成,用以应付战时情况下人员的隐蔽和疏散,并有具备保障人身安全的各项技术措施。从平时的使用功能上看,也可以用作商场、停车场等,也会有通风、照明、消防、给排水设施,但是在设计、施工及设备设施上与普通地下室有很大的区别。由于战时工程所承受的荷载较大,人防地下室的承重构件(例如:顶板、外墙、底板、柱子和梁)都要比普通地下室的尺寸大。有时为了满足平时的使用功能需要,还需要进行临战前转换设计,例如战时封堵墙、洞口、临战加柱等。另外对重要的人防工程,还必须在顶板上设置水平遮弹层用来抵挡导弹、炸弹的袭击。

（2）按构造形式分类

按构造形式可将地下室分为全地下室和半地下室,如图 3.2.20 所示。

全地下室是指地下室地面低于室外地坪的高度超过该地下室房间净高的 1/2;由于埋入地下较深,对采光通风不利,常用作储藏间、设备间等辅助性用房,但同时也正是因为全地下室受外界因素影响小,可用作精密仪表车间、仓库及人防地下室。

半地下室是指地下室地面低于室外地坪的高度为该地下室房间净高的 1/3~1/2;有一部分在地面以上,易于解决采光通风的问题,所以可以作为办公室、客房等普通地下室使用。

2. 地下室的组成

地下室一般由墙体、底板、顶板、门窗、采光井、楼梯等部分组成,如图 3.2.21 所示。

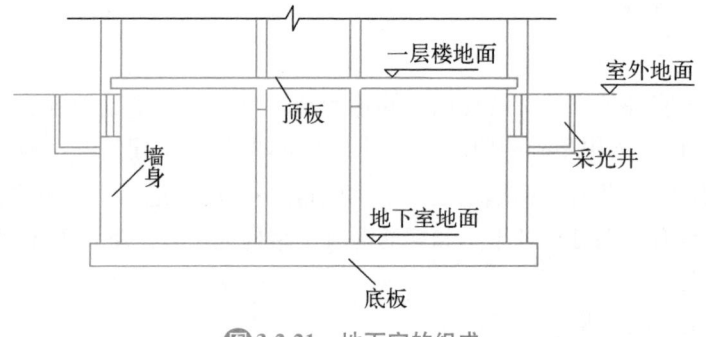

图 3.2.21　地下室的组成

（1）墙体

地下室的外墙不仅承受垂直荷载,还承受土、地下水和土壤冻胀的侧压力,因此地下室的外墙应按挡土墙设计,最常见的是钢筋混凝土墙体,其最小厚度除应满足承载力要求外,还应满足抗渗厚度的要求。《建筑地基基础设计规范》(GB 50007—2011)中规定,筏形基础地下室外墙厚度不应小于 250 mm,内墙厚度不应小于 200 mm。外墙应作防潮或防水处理,当地下水具有防腐性时,还应做防腐处理。

（2）顶板

顶板可选用预制板或者现浇板,防空地下室的顶板,对整体性及承载力要求更高,必须采用现浇板,并按有关规定决定厚度和混凝土强度等级。普通地下室顶板的厚度不宜小于 160 mm,《混凝土结构设计规范（2015 版）》（GB 50010—2010）中规定地下室顶板作为上部结构的嵌固部位时,其楼板厚度不宜小于 180 mm,混凝土强度等级不宜低于 C30。在无采暖的地下室顶板上,即首层地板处应设置保温层,以利首层房间的使用舒适。

（3）底板

一般采用现浇钢筋混凝土底板,当底板处于最高地下水位以上时,可按照一般楼板层处理;但当底板处于最高地下水位以下时,底板不仅承受上部垂直荷载,还承受地下水的浮力作用,因此必须具有足够的强度、刚度、抗渗透能力和抗浮力的能力,所以要求双层配筋,底板下垫层上还应设置防水层,以防渗漏。

（4）门窗

普通地下室的门窗与地上房间门窗相同,地下室外窗如在室外地坪以下时,应设置采光井和防护篦,以利室内采光、通风和室外行走安全。防空地下室应符合相应的等级防护和密闭要求,外门一般采用钢门或混凝土门,并设置相应的防护构造,一般不允许设窗,如需开窗,应设置战时堵严措施。

（5）采光井

当地下室的窗台低于室外地面时,为了保证采光和通风,应在外墙的外侧设置采光井。采光井由侧墙、底板组成,为了安全,井口应设铁箅子,并兼起通风作用;如果井口仅设透光盖,则仅起采光作用,但有利于地下室的保温。一般每个窗户旁单独设置一个采光井,当窗户的距离很近时,也可将采光井连在一起。采光井的底板应做出 1%—3% 的坡度,并通过排水口接入下水道,将水及时排入室外排水管网,如图 3.2.22 所示。

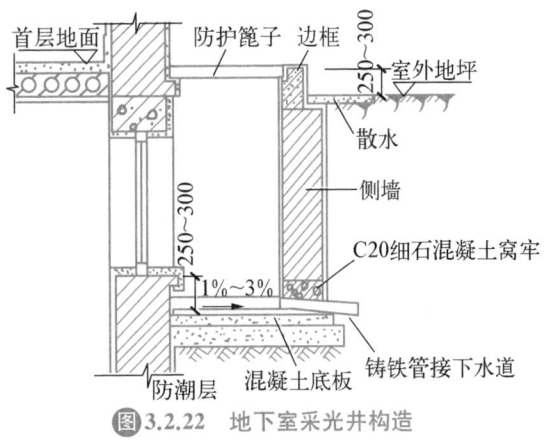

图 3.2.22 地下室采光井构造

（6）楼梯

地下室楼梯一般与地上楼梯结合设置,层高小或用作辅助房间的地下室,也可设置单跑楼梯。人防地下室每个防护单元至少要设置两部楼梯通向地面的安全出口（不包括竖井式出入口、防护单元之间的连通口）,并且必须有一个是独立的安全出口。这个安全出口周围不得有较高建筑物,以防空袭倒塌堵塞出口影响疏散。

3. 地下室的防潮、防水构造

地下室外墙和底板常年都埋于地下,地下水会通过地下室的外墙和底板渗入室内,使地下室潮湿而影响适用,而且含有腐蚀性物质的地下水还会对地下室结构件产生腐蚀,影响其结构耐久性。因此防潮、防水往往是地下室构造处理的关键问题。

当设计最高地下水位低于地下室底板 300～500 mm,且地基范围内的土壤及回填土无形成上层滞水可能时,地下水便不能浸入地下室内部,此时可以只对地下室底板和外墙做防潮处理,只适用于防止下渗的地表水及上升的毛细水等无压水的影响。

当设计最高地下水位高于地下室底板标高,地下室的外墙和底板都浸泡在水中,地下水可以渗入地下室内部,而且外墙和底板将分别承受地下水的侧压力及浮力的荷载影响,此时地下室的外墙、底板必须做防水处理。

1)地下室防潮处理

（1）地下室墙身防潮

当地下室的墙体为钢筋混凝土墙时,由于混凝土本身就具有一定的抗渗性能,结合场地的实际情况,也可不做墙身防潮,但当地下室墙体采用砖、石砌筑的,则必须考虑墙身的防潮问题。

首先,砖、石砌体必须采用强度不低于 M5 的水泥砂浆砌筑,而且保证砂浆均匀饱满。另外,外墙需做一道垂直防潮层和两道水平防潮层。如图 3.2.23(a)所示。其中,垂直防潮层设置在外墙外侧,高度至室外散水处,具体做法一般为:在外墙的外表面刷 20 mm 厚1:2.5 水泥砂浆找平层,再刷冷底子油一道和热沥青两道,然后在防潮层外侧回填低渗透性土壤如黏土、灰土等,并逐层夯实,土层厚度约为 500 mm。两道水平防潮层的其中一道设在地下室地面附近,一般设置在结构层之间,另一道设在室外地面散水以上约 300 mm 的位置。两道水平防潮层和一道垂直防潮层连成一个整体,防止地潮从墙身或勒脚处进入室内。

（2）地下室底板防潮

对于地下室的地面,一般做法是在三合土等垫层上浇筑混凝土,本身已具有很好的防潮效果。当最高地下水位距离地下室地面较近时,应加强地面的防潮处理,一般是在面层及垫层之间加设防潮层,高度上与墙身的防潮层平齐,如图 3.2.23(b)所示。

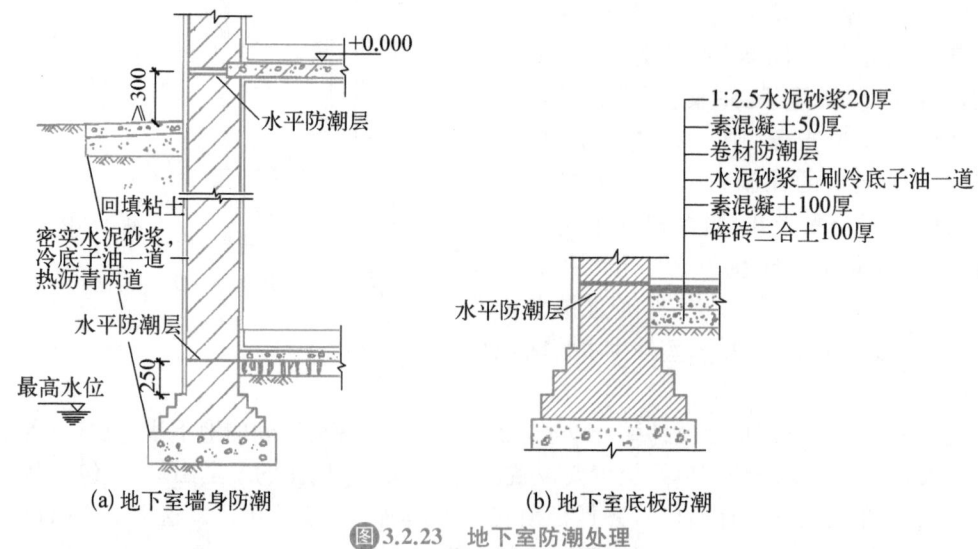

(a)地下室墙身防潮　　　　(b)地下室底板防潮

图 3.2.23　地下室防潮处理

2)地下室防水构造

地下室防水方案应遵循"防、排、截、堵"相结合,因地制宜,尽量做到防水可靠,经济合理。这就要求考虑各种水作用下以及可能的水文地质变化而对地下室防水的影响,同时结合地质、地形、地下工程结构、防水材料供应及当地施工条件等,综合权衡设计最佳防水方案和构造。

地下工程的防水方案大致有隔水法、降排水法及综合防水法三种。隔水法是利用各种防水材料隔绝地下室外围地下水及毛细水的影响;降排水法是人工降低或排出地下水,使地下水位降低至地下室底板以下,直接消除地下水对地下室的影响;综合防水法是采取多种排水措施提高防水可靠性,常用于地下水量较大或地下室防水要求较高的情况。其中,隔水法是地下室防水中最常用的方法,此处着重讲述,可以是通过构件自身防水性能进行防水,也可以是通过防水材料进行防水。

（1）防水混凝土构件自身防水

构件自身防水是指外墙和底板用防水混凝土制作,使其兼具承重、围护及防水三重效果。在混凝土配制过程中,通过改善骨料级配、减少用水量、掺用适当外加剂等措施来提高混凝土的抗渗性,并达到设计抗掺等级,抗渗等级与工程埋置深度有关,不得小于 P6,如表3.2.2 所示。达到防水要求的混凝土,称为防水混凝土。这种防水方法的施工较简单,但是防水混凝土浇筑时对质量要求较高,必须均匀密实,并需要适当的湿养护以防止干缩裂纹。

表 3.2.2　防水混凝土设计抗渗等级

工程埋置深度 H(m)	设计抗渗等级
$H<10$	P6
$10{\leqslant}H<20$	P8
$20{\leqslant}H<30$	P10
$H{\geqslant}30$	P12

防水混凝土的外墙和底板要有一定的厚度,一般不应小于 250 mm,并且迎水面保护层厚度不应小于 50 mm。为防止地下水对防水混凝土外墙的影响,需在墙的外侧进行水泥砂浆抹灰并做辅助防水层,底板必须连续浇筑,一般不留施工缝。防水混凝土结构底板的垫层强度等级不应小于 C15,厚度不应小于 100 mm,在软弱土层中不应小于 150 mm,如图 3.2.24 所示。在遭受剧烈震动、冲击和侵蚀性环境中,应附加柔性防水层或附加防腐蚀性好的保护层,如图 3.2.25 所示。

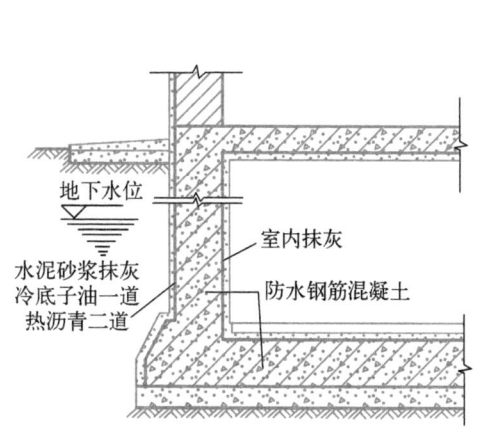

图 3.2.24　钢筋混凝土自防水构造

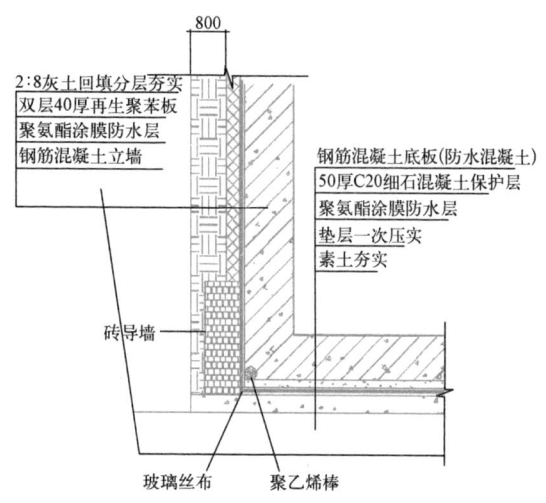

图 3.2.25　底板自防水与涂膜防水结合

（2）各种防水材料防水

根据所选防水材料的不同，可以分为卷材防水、砂浆防水和涂料防水等，其中卷材防水最为常用，所以此处着重介绍卷材防水的构造做法。

① 卷材防水

卷材防水适合用于经常处于地下水环境，且受侵蚀性介质作用或受振动作用的地下工程。卷材防水层的卷材品种可根据实际情况从表 3.2.3 中选用。卷材防水层一般铺设在混凝土结构的迎水面，用在地下室时，应铺设在结构底板垫层至墙体防水设防高度的结构基面上。为了保证防水效果，防水卷材的搭接宽度应符合表 3.2.4 要求。

表 3.2.3 卷材防水层的卷材品种

类别	品种名称
高聚物改性沥青类防水卷材	弹性体改性沥青防水卷材
	改性沥青聚乙烯胎防水卷材
	自粘聚合物改性沥青防水卷材
合成高分子类防水卷材	三元乙丙橡胶防水卷材
	聚氯乙烯防水卷材
	聚乙烯丙纶复合防水卷材
	高分子自粘胶膜防水卷材

表 3.2.4 防水卷材搭接宽度

卷材品种	搭接宽度（mm）
弹性体改性沥青防水卷材	100
改性沥青聚乙烯胎防水卷材	100
自粘聚合物改性沥青防水卷材	80
三元乙丙橡胶防水卷材	100/60（胶粘剂/胶粘带）
聚氯乙烯防水卷材	60/80（单焊缝/双焊缝）
	100（胶粘剂）
聚乙烯丙纶复合防水卷材	100（黏结料）
高分子自粘胶膜防水卷材	70/80（自粘胶/胶粘带）

根据防水层铺贴的位置不同，分为外防水和内防水。外防水是指卷材防水层铺设在地下室外墙的外侧（即迎水面），如图 3.2.26（a）所示，这种方法防水效果较好，但维修不便，常用于新建工程。内防水是指卷材防水层铺设在地下室外墙的内侧，如图 3.2.26（b）所示，这种做法防水效果较差，但施工简单，便于修补，常用于修缮工程。内防水不能保护主体结构，且必须另设一套内衬结构压紧防水层，以抵抗有压地下水的渗透，有时甚至需设置锚栓将防水层及支承结构连成整体，所以一般不采用内防水，当属于暗挖施工，必须采用卷材防水而又无法采用外防水做法时，才考虑采用内防水做法。下面着重讲解外防水做法。

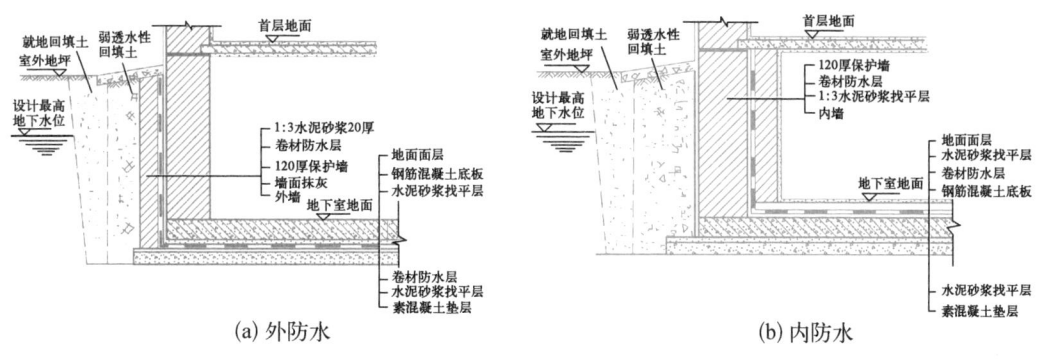

(a) 外防水   (b) 内防水

图 3.2.26 地下室外防水和内防水构造

按保护墙施工先后顺序及卷材铺设位置,又可将外防水分为"外防外贴法"和"外防内贴法"两种。外防外贴法是先在垫层上铺贴底层卷材,四周留出接头,待底板混凝土和立面混凝土浇筑完毕,将立面卷材防水层直接铺设在防水结构的外墙外表面,如图 3.2.27 所示;外防内贴法是先浇筑混凝土垫层,在垫层上将永久性保护墙全部砌好,将卷材防水层直接铺贴在垫层和永久性保护墙上,如图 3.2.28 所示。

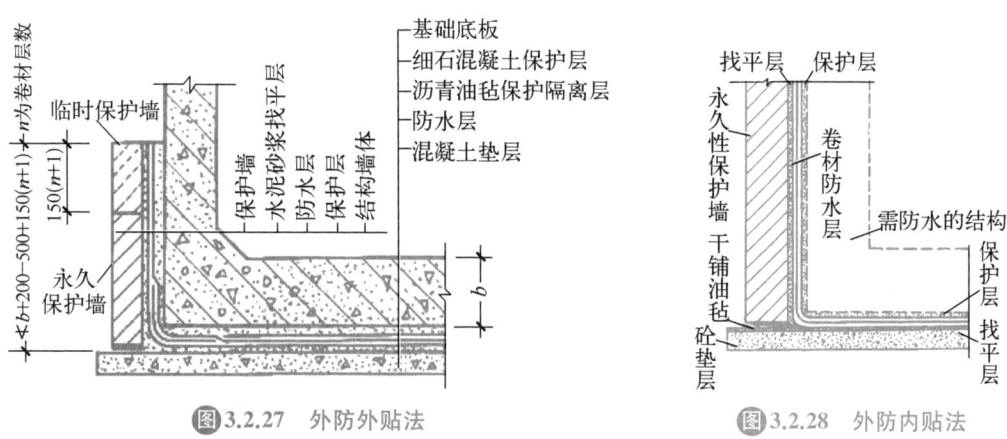

图 3.2.27 外防外贴法   **图 3.2.28** 外防内贴法

外防外贴法较为常见,其施工顺序见图 3.2.27,首先在抹好水泥砂浆找平层的混凝土垫层四周砌筑永久性保护墙,永久性保护墙高度比底板厚度大 200~500 mm,其下部干铺一层卷材作为隔离层,上部用石灰砂浆砌筑临时保护墙,临时保护墙高度跟卷材层数有关,为 150×(卷材层数+1),卷材层数应按照地下水的最大计算水头从表 3.2.5 中选用。然后先铺贴平面卷材(找平后的垫层上),后铺贴立面卷材(一直铺贴至临时保护墙),平、立面交接处防水卷材应交叉搭接,必要时还要设置卷材附加层,这种构造做法称为甩槎,甩槎构造见图 3.2.29(a)。防水层铺贴完经检查合格立即进行保护层施工,再进行主体结构施工。主体结构(底板和墙身)完工后,拆除临时保护墙,再进行接槎做外墙面防水层,接槎构造见图 3.2.29(b)。

表 3.2.5 防水层的卷材层数

最大计算水头/m	卷材所受经常压力/MPa	卷材层数
<3	0.01~0.15	3
3~6	0.05~0.1	4

最大计算水头/m	卷材所受经常压力/MPa	卷材层数
6～12	0.1～0.2	5
＞12	0.2～0.5	6

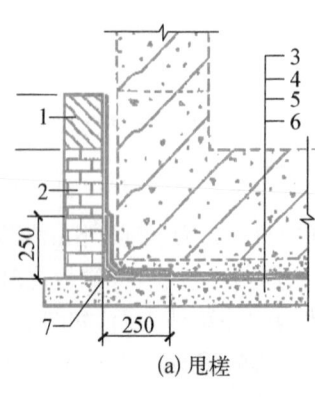 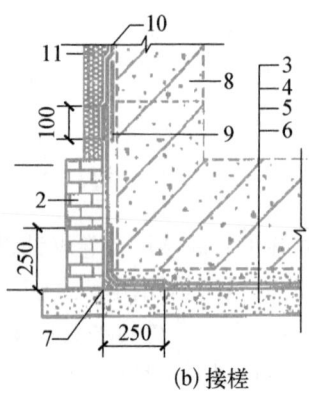

(a) 甩槎　　　　　　　　　　(b) 接槎

图 3.2.29　卷材防水层甩槎、接槎构造

1—临时保护墙；2—永久保护墙；3—细石混凝土保护层；4—卷材防水层；5—水泥砂浆找平层；6—混凝土垫层；
7—卷材加强层；8—结构墙体；9—卷材加强层；10—卷材防水层；11—卷材保护层

② 涂料防水

　　涂料防水是指用刷涂、滚涂的方法将防水涂料涂覆至地下室结构层表面的一种防水做法。防水涂料分为无机防水涂料和有机防水涂料。无机防水涂料一般是在水泥中掺入一定的聚合物，以改变水泥固化后的物理力学性能，这类涂料被认为是刚性防水涂料，不适宜用于受震动或变形大的部位，作为防水层主要用于结构主体的背水面；有机防水涂料包括合成树脂、橡胶沥青类等，固化成膜后具有很好的防水效果，主要用于地下工程主体结构的迎水面。地下室常用的涂料防水做法分为外防外涂和外防内涂，如图 3.2.30 所示。由于涂料防水施工方便，且更适宜对不规则部位的涂刷防水，所以应用也比较广泛，尤其是可以作为补漏措施，与卷材搭配适用。

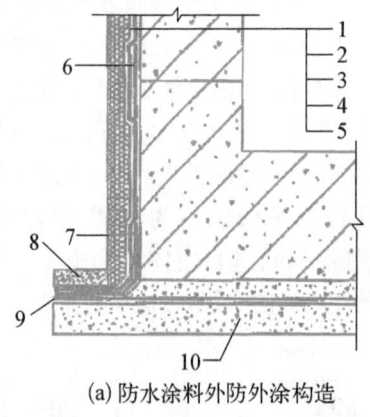 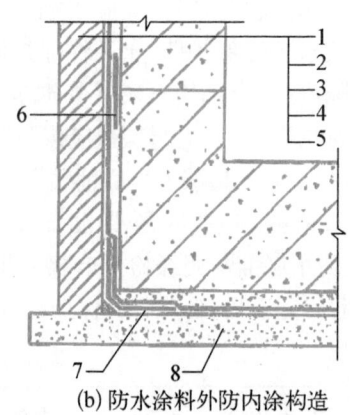

(a) 防水涂料外防外涂构造　　　　　　　(b) 防水涂料外防内涂构造

图 3.2.30　涂料防水构造

1—保护墙；2—涂料保护层；3—涂料防水层；4—找平层；5—结构墙体；6—涂料防水层加强层；
7—涂料防水加强层；8(a)—涂料防水层搭接部位保护层；8(b)—混凝土垫层；9—涂料防水层搭接部位；10—混凝土垫层

③ 水泥砂浆防水

水泥砂浆防水是指分层多次将防水砂浆抹压在地下室的结构层表面,防水砂浆应包括聚合物水泥防水砂浆、掺外加剂或掺合料的防水砂浆,可用于地下工程主体结构的迎水面或背水面。水泥砂浆防水施工方便,经济,也便于检修,但是防水砂浆的抗渗性能较弱,因为属于刚性材料,对结构变形敏感度大,基层的变形会导致防水层的开裂,便失去防水功能,所以不应用于受持续振动、有腐蚀性及温度高于 80 ℃的地下工程防水。

在线题库

扫码自测

自测题

任务 3.3 掌握墙体构造

墙体作用和分类

一、墙体的作用、类型及设计要求

墙体是房屋建筑中不可缺少的重要组成部分。在砖混结构中,墙体兼具承重及围护的重要作用,其造价占总造价的 30%~40%,在其他结构类型的建筑中,墙体可能起围护作用,也可能起承重作用,所占的造价比重一样很大。所以,在建筑工程设计时,需要合理选择墙体材料、结构方案及构造做法。

1. 墙体的作用

民用建筑中的墙体一般具有承重、围护、分隔及装修等方面的作用。一般来说,墙体作用并不唯一,根据墙体所处位置的不同可能兼具多种作用。

(1) 承重作用:墙体首先承受着自重,在有些结构类型的建筑中,比如在砖混结构及剪力墙结构建筑中,墙体还承受着屋顶、楼板传给来的竖向荷载以及风、地震等水平作用。

(2) 围护作用:墙体抵御着风、雨、雪对室内的影响,同时防止太阳辐射、噪声干扰,防止外界气温对室内温度的影响,起保温、隔热、隔声、防水等作用。

(3) 分隔作用:墙体可以将空间分为室内和室外,也可以将建筑内部划分为若干个房间和使用空间,起到有效利用空间及减少相互间干扰的作用。

(4) 装修作用:墙体的装修是整个建筑的装修中的重要组成部分,外部墙体装修直接影响着整个建筑的外观和风格,房间内部墙体的装修也对整个室内装修的风格以及房间的舒适度影响非常大。

2. 墙体的设计要求

墙体的设计时应该考虑的因素很多,比如墙体的强度和稳定性、保温隔热、防火防水、隔声以及经济性。

(1) 具有足够的强度和稳定性

墙体的强度是指墙体承受荷载的能力,它与所采用的材料种类、材料强度等级、墙体的截面积、构造和施工方式有关。作为承重墙的墙体,必须具有足够的强度以保证结构的安全。

墙体属于易失稳的构件,所以稳定性必须通过验算确定。实际上,墙体的稳定性与其高度、长度和厚度有关,高、长且薄的墙体稳定性差,矮、短且厚的墙体稳定好。实际工程中往往通过限制高厚比、增加墙垛、构造柱、圈梁、墙内加筋、提高砌筑大海浆强度等级等措施来提高墙体稳定性。

（2）满足保温隔热等热工方面的要求

在不同的地区对建筑的热工方面的要求不同,例如我国北方地区,冬季气候异常寒冷,要求外墙具有较好的保温性能,以减少室内热损失。而南方地区,夏季气候又异常炎热,要求外墙具有良好的隔热性能。

墙体保温:可通过增加墙体厚度(根据热工计算确定),选择导热系数小的墙体材料(增加热阻)、在保温层高温侧设置隔气层防止冷桥等措施提高外墙保温性能。

墙体隔热:墙体隔热的措施有很多,比如:在外墙的外侧采用浅色且平滑的材料进行装饰,增加太阳光反射,减少外墙对热辐射的吸收;窗口处设置遮阳设施,防止太阳光直射室内;在外墙外表面种植绿色的攀缘植物,吸收太阳光和太阳辐射;在外墙内部设置空气隔层,空气流动带走热量,降低外墙内表面的温度。这些措施都能起到隔热的效果。

在北方的冬季及南方的夏季,建筑的能耗都比较大,若建筑外墙保温隔热性能良好,建筑势必会具有节能的效果。当然,为了响应国家的节能政策,还需要考虑建筑选址、建筑体型设计以及通风日照设计等。

（3）满足隔声要求

为了使建筑的室内有一个安静工作生活环境,墙体必须具有一定的隔声能力。设计中可通过选用容重大的材料、增加墙厚和提高墙体的密实性、在墙中设空气间层等措施提高墙体的隔声能力。

（4）满足防火要求

在墙体的防火设计方面,应符合防火规范中相应的燃烧性能和耐火极限的规定,比如墙体是否承重、墙体所用材料都会影响到耐火极限。当建筑的占地面积或长度较大时,还应按防火规范要求设置防火墙、防止火灾蔓延,尤其是走廊和楼梯间的墙体防火性要求较高。

（5）满足防水防潮要求

在卫生间、厨房、实验室等用水房间的墙体以及地下室的墙体应满足防水防潮要求。通过选用良好的防水材料及恰当的构造做法,保证墙体的坚固耐久,使室内有良好的卫生环境。

（6）满足建筑工业化要求

墙体是建筑(住宅)施工中用工量最大,施工时间长的工序。工业化生产就是在加工厂按照设计要求生产墙体的零部件,根据施工进度运至现场进行装配,后期无需大量的抹灰工作,只需要对结合部位进行处理。工业化生产能够缩短施工工期,降低建筑工程造价、减少环境污染。

3. 墙体的类型

根据墙体在建筑中所处位置、受力情况、砌筑材料、构造方式及施工方法的不同,可将墙体分为不同类型。

（1）按墙体所在位置分类

墙体按在平面位置上所处的位置不同分为外墙和内墙，外墙是位于建筑四周与外界接触的墙，内墙是位于建筑内部的墙；墙体按布置方向又可以分为纵墙和横墙，沿建筑物长轴方向布置的墙称为纵墙，又有外纵墙和内纵墙之分，沿建筑物短轴方向布置的

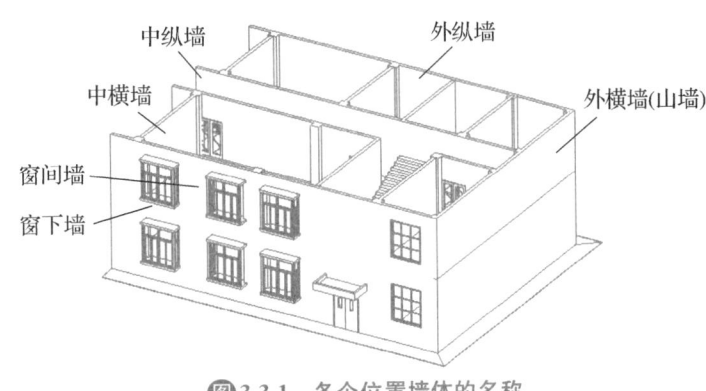

图3.3.1 各个位置墙体的名称

墙称为横墙，又有外横墙和内横墙之分，其中，外横墙又称山墙。另外，按在墙立面所处位置的不同可以分为窗间墙、窗下墙，窗与窗、窗与门之间的墙称为窗间墙；窗洞下部的墙称为窗下墙；屋顶上部的墙称为女儿墙等。各个位置墙体的名称如图 3.3.1 所示。

（2）按受力情况分类

根据墙体的受力情况不同可分为承重墙和非承重墙。凡直接承受楼板、屋顶、梁等传来荷载的墙称为承重墙；不承受这些外来荷载的墙称为非承重墙。

其中，非承重墙又可以分为四种：

① 自承重墙：仅承受自身重量并将其传至基础的墙；

② 隔墙：仅起分隔空间作用，自身重量由楼板或梁来承担的墙；

③ 填充墙：在框架结构中，填充在柱子之间的墙，内填充墙是隔墙的一种；

④ 幕墙：悬挂在建筑物外部的轻质墙称为幕墙，有金属幕、玻璃幕等。

需要注意的是，幕墙和外填充墙虽不能承受楼板和屋顶及梁传来的荷载，但承受着风荷载并把风荷载传给骨架结构。

（3）按材料分类

按墙体所用材料的不同，分为砖墙、砌块墙、钢筋混凝土墙及石材墙。

① 砖墙：墙体用砖和砂浆砌筑而成，砖可以是普通砖、空心砖或多孔砖等；

② 砌块墙：墙体用砌块和砂浆砌筑而成，砌块可以是混凝土砌块、加气混凝土砌块、炉渣混凝土砌块或其他工业废料制作的各种砌块；

③ 钢筋混凝土墙：墙体用钢筋混凝土制成，可以是现浇的，也可以是预制的，多用于高层建筑中承受风荷载和地震作用，也称为剪力墙。

石墙：墙体用石块和砂浆砌筑而成，有乱石墙、整石墙和包石墙，多用于石材资源丰富的山区。

（4）按构造形式分类

按构造形式不同，墙体可分为实体墙、空体墙和复合墙三种。

① 实体墙：是由普通黏土砖或其他实体砌块砌筑而成的墙；

② 空体墙：是内部含有空腔的墙，内部的空腔可以用实体材料组砌形成，如空斗墙，也可用本身带孔的材料砌筑而成，如空心砌块墙、空心板材墙等；如图 3.3.2 所示。

③ 复合墙：由两种以上材料组合而成，一般是由承重部分和保温部分复合而成。例如，墙体用实体材料砌筑，在墙外侧或内侧复合轻质保温材料，形成外保温层或内保温层，如图 3.3.3(a)所示；也可以在墙体预留的空腔内填充轻质的保温隔热材料，将保温层做在

墙体中,如图 3.3.3(b)所示;也可以由隔开的两面实体墙复合成一面墙体,中间的空气层作为保温层,如图 3.3.3(c)所示。

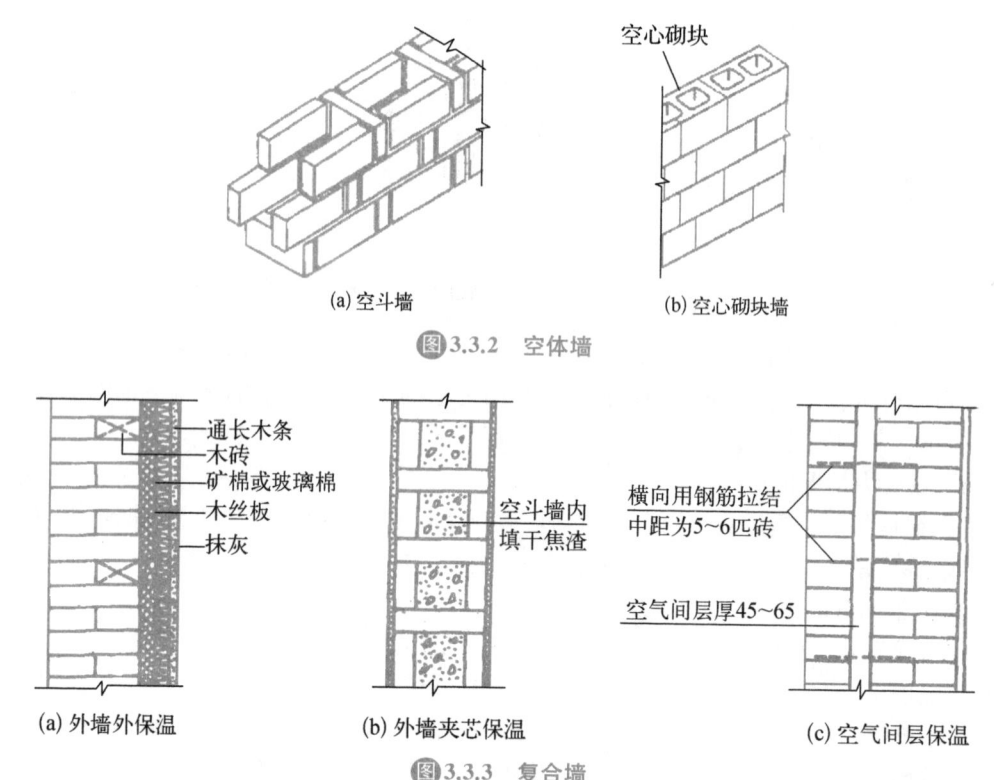

(a) 空斗墙　　　　　　　　　　(b) 空心砌块墙

图 3.3.2　空体墙

(a) 外墙外保温　　　　(b) 外墙夹芯保温　　　　(c) 空气间层保温

图 3.3.3　复合墙

（5）按施工方法分类

根据施工方法不同墙体可分为叠砌式、现浇整体式及预制装配式三种。

① 叠砌式:用砂浆等胶结材料将砖、石、砌块等组砌而成,如实砌砖墙、石墙及砌块墙等,这类墙体机械化程度低,大多由砌筑工人完成,施工周期长,但施工较简单。叠砌式的墙体又称为块材墙。

② 现浇整体式:在施工现场立模板现浇而成,如现浇混凝土墙。这类墙体整理性很好,但现场湿作业,并且需要较长的养护周期,质量不容易保证。现浇整体式的墙体又称为版筑墙。

③ 预制装配式:预先制成墙板,在施工现场安装、拼接而成,如预制混凝土大板墙。这类墙体施工机械化程度高,工期短,适合工业化生产。预制装配式的墙体又称为板材墙。

二、砖墙构造

砖墙是由砖和砂浆按一定的规律和组砌方式砌筑而成的砌体。主要的材料即为砖和砂浆。

1. 砖墙所用材料

（1）砖

砖的种类有很多,比如烧结普通砖、多孔砖及空心砖等。

① 烧结普通砖

烧结普通砖是我国最传统的砌筑材料,期初最主要的生产原料是黏土,黏土砖的成产需要毁田取土，严重破坏了大自然，为了响应国家环保要求，页岩、煤矸石、粉煤灰也作为烧结普通砖的原料。《烧结普通砖》(GB/T 5101—2017)将建筑渣土、淤泥、污泥及其他固体废弃物纳入制砖原料范围。所以，按照主要原料烧结普通砖分为黏土砖(N)、页岩砖(Y)、煤矸石砖(M)、粉煤灰砖(F)、建筑渣土砖(Z)、淤泥砖(U)、污泥砖(W)及固体废弃物砖(G)，主要用于建筑物承重部位。

砖的强度等级分为五级：MU30、MU25、MU20、MU15、MU10，标准砖公称尺寸为：长 240 mm，宽 115 mm，高 53 mm，如图 3.3.4 所示，砌墙时的灰缝尺寸为 10 mm，形成了 4∶2∶1 的尺寸关系。常用配砖的规格为：175 mm×115 mm×53 mm。砖的产品标记按照产品英文缩写、类别、强度等级及标准编号顺序编写。例如：烧结普通砖，强度等级为 MU15 的黏土砖，其标记为：FCB N MU15 GB/T 5101。

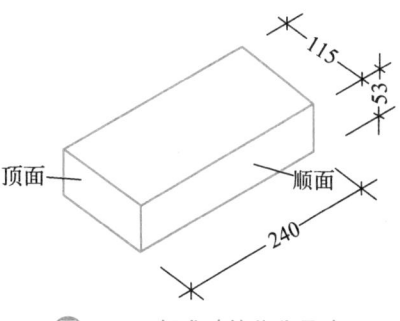

图3.3.4　标准砖的公称尺寸

② 烧结多孔砖

烧结多孔砖是用黏土(N)、页岩(Y)、煤矸石(M)、粉煤灰(F)、淤泥(江河湖淤泥)(U)及其他固体废弃物(G)等为主要原料经焙烧制成，主要用于建筑物承重部位，多孔砖孔多且小而密，孔洞率不小于 25%，如图 3.3.5 所示。因为烧结多孔砖更加环保，很大程度上替代了烧结普通砖。

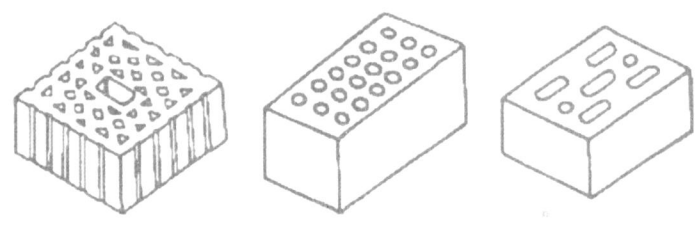

图3.3.5　烧结多孔砖

国家标准《烧结多孔砖和多孔砌块》(GB/T 13544—2011)中明确了多孔砖的长度、宽度、高度尺寸应符合下列要求：290、240、190、180、140、115、90(单位 mm)。例如 240 mm(长)×115 mm(宽)×90 mm(高)及 190 mm(长)×190 mm(宽)×90 mm(高)等。根据多孔砖的抗压强度分为 MU30、MU25、MU20、MU15、MU10 五个强度等级，多孔砖的密度等级分为 1 000、1 100、1 200、1 300 四个等级。

平面图实例视频

多孔砖的产品标记按产品名称、品种、规格、强度等级、密度等级和标准编号顺序编写。例如：规格尺寸 290 mm×140 mm× 90 mm，强度等级 MU25、密度 1 200 级的黏土烧结多孔砖，其标记为：烧结多孔砖 N290×140×90 MU25 1 200 GB 13544—2011。

③ 烧结空心砖

烧结空心砖也是用黏土(N)、页岩(Y)、煤矸石(M)、粉煤灰(F)、淤泥(江河湖淤泥)(U)、建筑渣土(Z)及其他固体废弃物(G)等为主要原料经焙烧制成，主要用于建筑物非承重部位，空

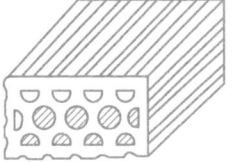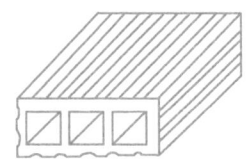

图3.3.6　烧结空心砖

心砖的孔少而大,孔洞率大于40%,如图3.3.6所示。

国家标准《烧结空心砖和空心砌块》(GB/T 13545—2014)中明确了空心砖的长度、宽度、高度尺寸应符合下列要求:

长度规格尺寸(mm):390、290、240、190、180(175)、140;

宽度规格尺寸(mm):190、180(175)、140、115;

高度规格尺寸(mm):180(175)、140、115、90。

例如290 mm(长)×190 mm(宽)×90 mm(高)及240 mm(长)×180 mm(宽)×115 mm(高)等。根据空心砖的抗压强度分为MU10、MU7.5、MU5、MU13.5四个强度等级,空心砖的密度等级分为800、900、1 000、1 100四个等级。从空心砖的强度等级及密度等级可以看出,较多孔砖来说,空心砖的密度小且抗压强度小,所以常用在非承重部位。

空心砖的产品标记按产品名称、品种、规格(长度×宽度×高度)、密度等级、强度等级和标准编号顺序编写。例如:规格尺寸290 mm×190 mm×90 mm、强度等级MU7.5、密度800级的页岩烧结空心砖,其标记为:烧结空心砖 Y(290×190×90)800 MU7.5 GB 13545—2014。

(2)砂浆

砂浆是砌筑用的黏结物质,是由一定比例的沙子和胶结材料(水泥、石灰膏、黏土等)加水拌和而成。常用的砂浆有水泥砂浆、混合砂浆(或叫水泥石灰砂浆)、石灰砂浆和黏土砂浆。

水泥砂浆是由水泥、砂和水按一定配比制成,属于水硬性材料,强度高但和易性差,适用于潮湿环境或水中的砌体(地下室和基础);石灰砂浆是由石灰膏、砂和水按一定配比制成,属于气硬性材料,遇水后强度会降低,可塑性好,适用于砌筑次要部位的地上砌体;混合砂浆是在水泥、石灰膏、砂、适当掺合料(如粉煤灰、硅藻土等)和水按照一定配比制成,以节约水泥或石灰用量,并改善砂浆的和易性,一般用于强度要求不高、不受潮湿的砌体和抹灰层,广泛应用于民用建筑的地上砌体。黏土砂浆是由黏土、砂和水按照一定比例配置,其强度很低,仅适用于土坯墙的砌筑,多用于乡村民居。

砂浆强度等级分为M2.5、M5、M7.5、M10、M15、M20、M25、M30七个等级。砂浆的强度除受砂浆本身的组成材料、配合比、施工工艺、施工及硬化时的条件等因素影响外,还与砌体材料的吸水率有关。设计时应该根据建筑结构的实际情况选择合适的砂浆种类以及强度等级。

2. 砖墙厚度及组砌方式

砖墙是由砖和砂浆按一定的规律和组砌方式砌筑而成的砌体,下面以烧结普通砖为例介绍砖墙的尺寸及组砌方式。我们知道,一块烧结普通砖的尺寸为240 mm×115 mm×53 mm,灰缝通常为10 mm,这种特殊的4∶2∶1的尺寸关系使得砖与砖的组合特别的方便,如图3.3.7所示。

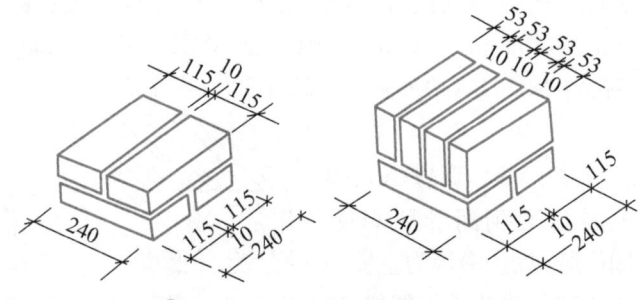

图3.3.7 烧结普通砖的尺寸关系

（1）砖墙的厚度

我们习惯上以砖墙的厚度来称呼墙体的类型，比如半砖墙、一砖墙、一砖半墙等，这是以砖长为基数来称呼的，又比如 12 墙、24 墙、37 墙等。这是以墙体厚度的标志尺寸来称呼的，图 3.3.8 中给出了五种厚度墙体的排砖方式，了解砖组合的规律有利于避免在施工时剁砖，节约材料。表 3.3.1 中给出了五种墙体厚度的组成，其中构造尺寸是指墙体的设计厚度，墙体砌成之后的实际厚度与构造尺寸的差值应在允许范围内，而为了符合模数制的规定，图纸上标注的厚度尺寸却是标志尺寸，所以需要大家能够熟悉每种厚度墙体的构造尺寸与标志尺寸之间的关系。

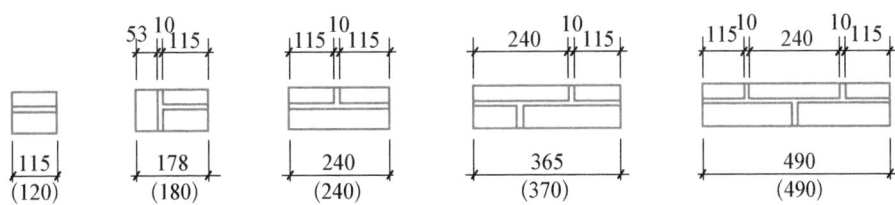

图 3.3.8　五种厚度墙体的排砖方式（括号内为标志尺寸）

表 3.3.1　砖墙厚度的组成（mm）

砖墙断面					
尺寸组成	115×1	115×1+53+10	115×2+10	115×3+20	115×4+30
构造尺寸	115	178	240	365	490
标志尺寸	120	180	240	370	490
工程称谓	一二墙	一八墙	二四墙	三七墙	四九墙
习惯称谓	半砖墙	3/4 砖墙	一砖墙	一砖半墙	两砖墙

（2）砖墙的组砌方式

砖墙的组砌方式是指砖在砖墙中的排列方式。为了保证墙体的强度和稳定性，以及保温、隔声等要求，砌筑时应该注意以下几点：

① 砌筑方法包括"三一"砌筑法（即一铲灰、一块砖、一揉压的砌筑方法）、挤浆法、刮浆法、满口灰法；

② 砖缝砂浆应饱满，水平灰缝饱满度不得低于 80%，厚薄均匀，灰缝厚度要求控制在 8～12 mm 为宜；

③ 砖缝应该横平竖直、上下错缝、内外搭接、避免形成竖向通缝，影响砖砌体的强度和稳定性，如图 3.3.9 所示；

④ 当墙体转角或者纵横墙不能同时砌筑时，应采用马牙槎，不能采用母槎。也可以留成斜槎，斜槎水平投影长度不小于高度的 2/3，如图 3.3.10 所示；

⑤ 当外墙面作清水墙时，组砌还应考虑墙面图案美观。

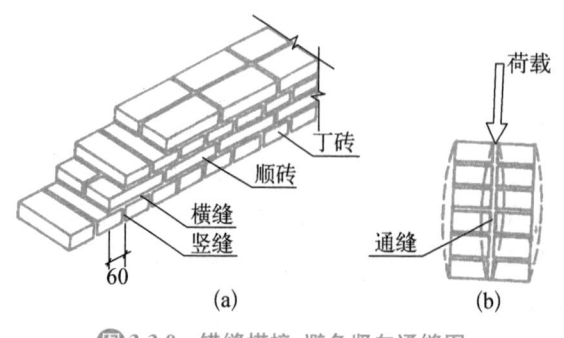

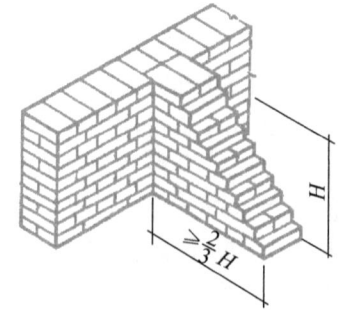

图3.3.9 错缝搭接、避免竖向通缝图   图3.3.10 纵横墙不同时砌筑时留斜槎

在砖墙的组砌中,长边平行于墙面砌筑的砖称为顺砖,垂直于墙面砌筑的砖称为丁砖,如图3.3.9(a)所示。实体砖墙通常采用一顺一丁、多顺一丁、十字式(也称梅花丁)的砌筑方式,也可以全顺、两平一侧式,如图3.3.11所示。空体墙砌筑可以采用一眠一斗、一眠二斗式、一眠三斗、甚至无眠空斗的组砌方法,如图3.3.12所示。

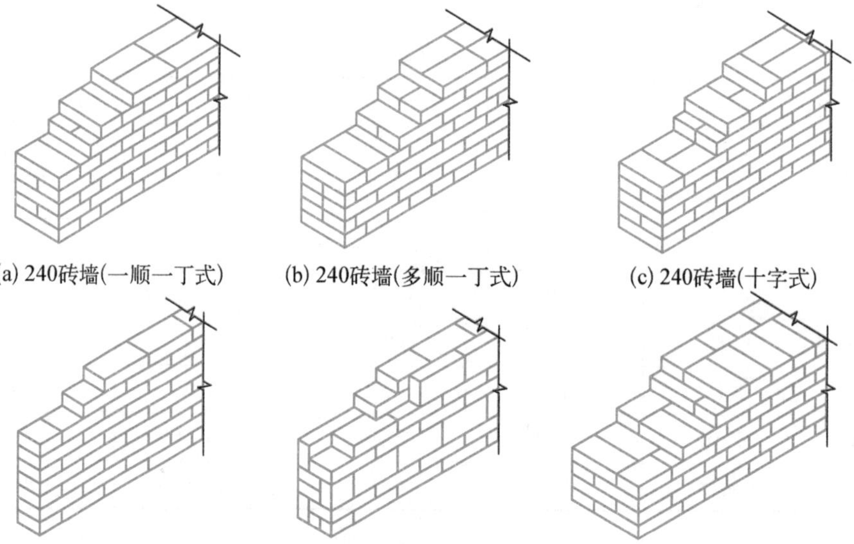

(a) 240砖墙(一顺一丁式)   (b) 240砖墙(多顺一丁式)   (c) 240砖墙(十字式)

(d) 120砖墙(全顺式)   (e) 180砖墙(两平一侧式)   (f) 370砖墙

图3.3.11 实体砖墙的组砌方式

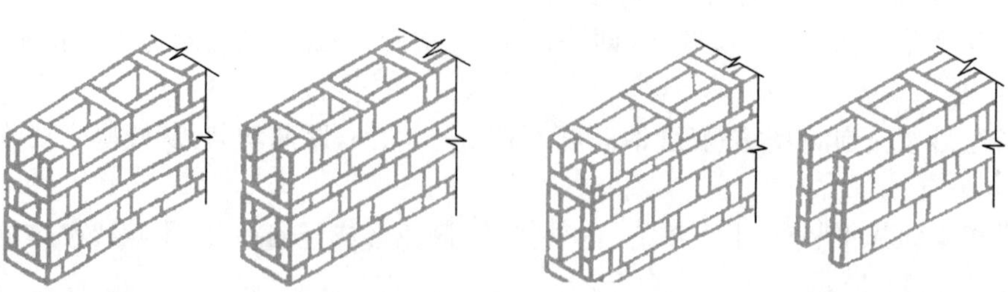

(a) 一眠一斗   (b) 一眠两斗   (c) 一眠三斗   (d) 无眠空斗

图3.3.12 空体砖墙的组砌方式

可见,砖墙的组砌方法多样,可以结合墙体厚度、整体性、稳定性和承载力等方面的要求合理选择。

3. 砖墙的细部构造

(1) 勒脚

砖墙细部构造

勒脚一般是指建筑物的外墙墙脚部位的加厚部分,它是与室外地面(或散水)相接触外墙的保护构造。勒脚的作用是防止外界对墙脚的碰撞,防止地面水、屋檐滴下的雨水对墙脚的侵蚀,从而保护墙面,提高建筑物的耐久性,同时也能使建筑的外观更加美观。所以要求勒脚坚固、防水和美观。勒脚的高度没有严格的规定,一般按室内外高差取值。

一般采用以下几种构造作法,如图 3.3.13 所示。

① 用 20~30 mm 厚 1∶3 水泥砂浆或者 1∶2 水泥白石子水刷石或斩假石抹面,适用于要求不高的一般性建筑,如图 3.3.13(a)所示。

② 用天然石材或人工石材贴面,如花岗石板、水磨石板等、面砖等,适用于标准较高的建筑,如图 3.3.13(b)所示。

③ 用强度高、耐久性和防水性好的材料砌筑整个墙脚,如条石、混凝土等,如图 3.3.13(c)所示。

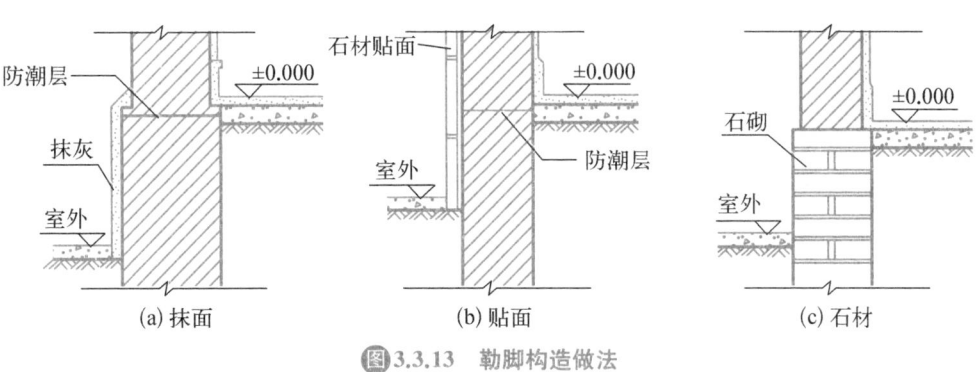

(a) 抹面　　　　　　　　(b) 贴面　　　　　　　　(c) 石材

图 3.3.13　勒脚构造做法

(2) 墙身防潮层

墙身防潮层是在墙脚部位设置的具备防潮功能的构造层。我们知道,墙脚部位与回填土或地基紧密接触,而砖墙抗渗透能力有限,难免会受到地下潮气的影响,尤其是外墙还会遭到雨水的侵蚀,如图 3.3.14 所示。所以必须在内外墙脚部位连续设置防潮层,主要作用是防止土壤中的水分沿基础墙上升,或者位于勒脚处的地面水渗入墙内,使墙身受潮,影响墙体的耐久性及室内(尤其是一层)的舒适度。防潮层在构造形式上有水平防潮层和垂直防潮层之分。

① 防潮层的具体位置

水平防潮层一般应在室内地面不透水垫层(如混凝土)范围以内,通常设置在室内地坪以下 60 mm 处(即-0.060 标高处),而且至少要高于室

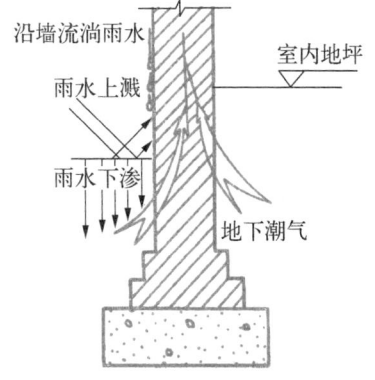

图 3.3.14　地下潮气对墙身的影响

外地坪 150 mm,以防雨水溅湿墙身。水平防潮层的位置过高或过低都起不到阻止地下潮气顺着墙体进入室内的作用,如图 3.3.15 所示。

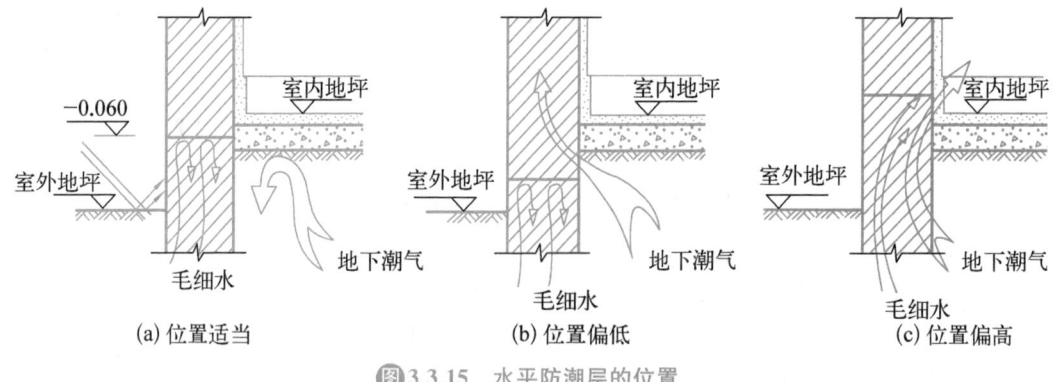

(a) 位置适当　　　　　　　(b) 位置偏低　　　　　　　(c) 位置偏高

图 3.3.15　水平防潮层的位置

但是当地面垫层为透水材料时(如碎石、炉渣等),水平防潮层的位置应平齐或高于室内地面 60 mm(即+0.060 m 处)。另外,当相邻两个房间的室内地面存在高差时,应在墙身内设置高低两道水平防潮层,并在靠土壤一侧设置垂直防潮层,以避免回填土中的潮气侵入墙身。这三种情况墙身防潮层位置如图 3.3.16 所示。

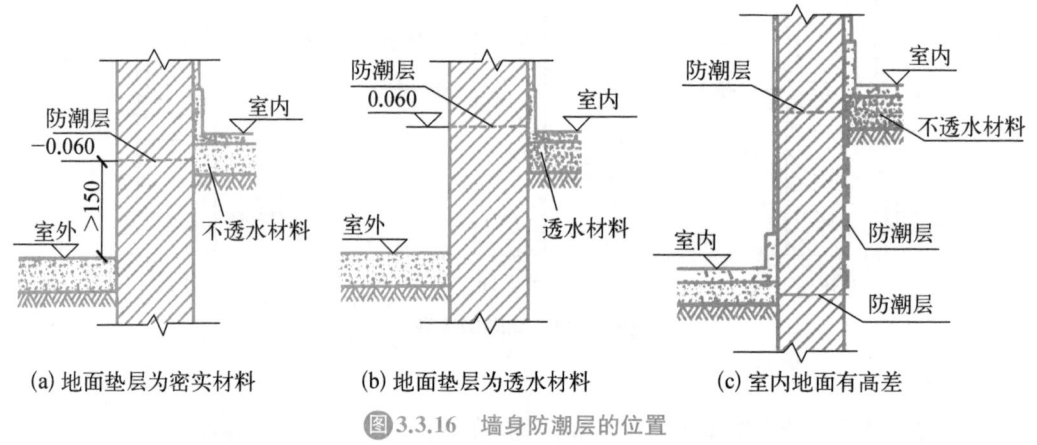

(a) 地面垫层为密实材料　　　(b) 地面垫层为透水材料　　　(c) 室内地面有高差

图 3.3.16　墙身防潮层的位置

② 防潮层的施工做法

可以用作墙身防潮层的材料可以是防水砂浆、细石混凝土及防水卷材。其中防水砂浆防潮层及细石混凝土防潮层属于刚性防潮层,而防水卷材防潮层属于柔性防潮层。具体构造做法如下。

防水砂浆防潮层:在防潮层位置抹 20 mm 厚防水砂浆,防水砂浆是用 1∶3 水泥砂浆掺 5％的防水剂配制而成;也可以在防潮层位置用防水砂浆砌筑 4～6 皮砖,如图 3.3.17(a)所示。用防水砂浆作防潮层适用于抗震地区、独立砖柱和振动较大的砖砌体中,但砂浆开裂或不饱满时会影响防潮效果。

细石混凝土防潮层:在防潮层位置铺设 60 mm 厚 C15 或 C20 细石混凝土,由于混凝土材料受震动易开裂,常常在细石混凝土防潮层中配置钢筋以抗裂,如图 3.3.17(b)所示。由于混凝土密实性好,有一定的防水性能,并与砌体结合紧密,故适用于整体刚度要求较高的建筑中。

防水卷材防潮层：在防潮层位置先抹 10～20 mm 厚的水泥砂浆找平层,然后铺改性沥青防水卷材或高分子防水卷材,卷材沿长度铺设,搭接≥100 mm,如图 3.3.17(c)所示。卷材防潮层具有一定的韧性、延伸性和良好的防潮性能,但日久易老化失效,同时由于卷材使墙体隔离,削弱了砖墙的整体性和抗震能力,故不适用于刚度要求高的建筑或地震地区。

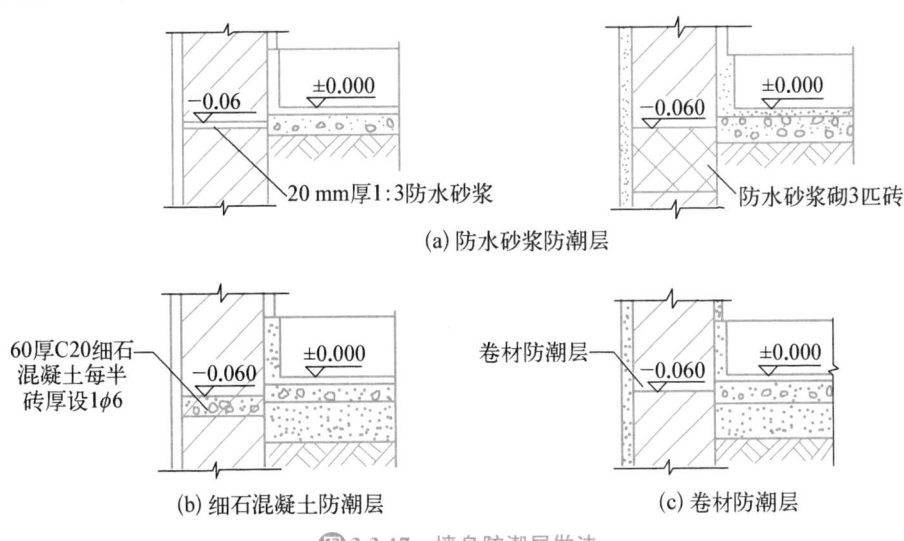

(a) 防水砂浆防潮层

(b) 细石混凝土防潮层

(c) 卷材防潮层

图 3.3.17 墙身防潮层做法

(3) 散水与明沟

① 散水

散水是设置在外墙四周的勒脚处(室外地坪上)有一定坡度的排水坡。散水的作用是将勒脚附近的雨水及时排走,避免雨水冲刷或渗透到地基而造成基础下沉或影响房屋耐久性。

散水的构造做法：散水可用水泥砂浆、混凝土、砖、块石等材料做面层,其宽度一般为600～1 000 mm,坡度一般为 3%～5%,如图 3.3.18 所示。

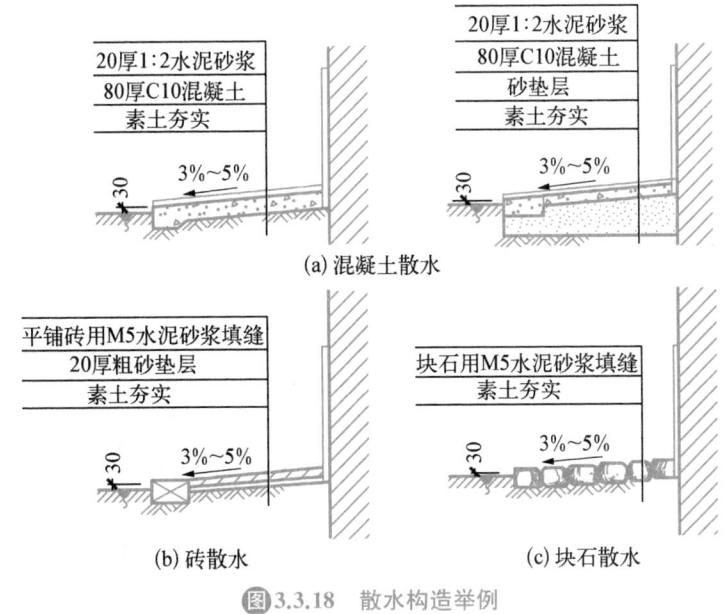

(a) 混凝土散水

(b) 砖散水

(c) 块石散水

图 3.3.18 散水构造举例

由于散水与勒脚施工时间不同,在勒脚与散水交接处留有缝隙,为防止雨水沿缝隙向下渗,缝内填粗砂或米石子,表面再填充建筑嵌缝油膏。另外,为了防止地基不均匀沉降拉动散水面层而出现裂缝,散水整体面层纵向距离每隔 6~12 m 做一道伸缩缝,缝的处理与勒脚与散水相交处相同。

② 明沟

明沟是设置在外墙四周散水坡以外的不加沟盖板的排水沟。明沟的作用是及时将地面水和雨水有组织地把引向集水井,然后汇入排水系统,防止水渗透到基础和地基,影响到房屋的耐久性。

明沟的构造做法:明沟可用素混凝土现浇或砖石铺砌而成,宽度约为 180 mm,深度约为 150 mm,表层一般用水泥砂浆抹面。沟底应设置不小于 0.4% 的坡度,以保证排水通畅。明沟适合于降雨量较大的南方地区,其构造见图 3.3.19。

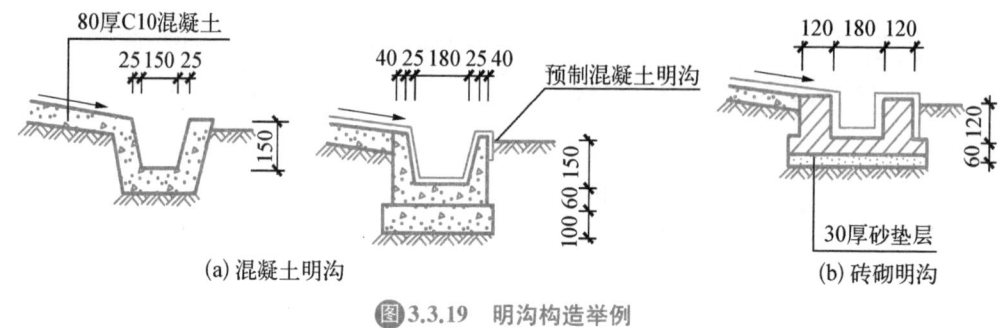

(a) 混凝土明沟　　　　　　　　　(b) 砖砌明沟

图 3.3.19　明沟构造举例

(4) 门窗过梁

过梁是在门窗洞口上部设置的横梁,用来支承洞口上部砌体传来的各种荷载,并把这些荷载传给洞口两侧的墙体,如图 3.3.20 所示。可见,过梁是承重构件,所以必须要满足强度和刚度的要求。

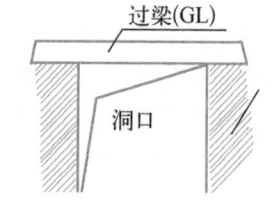

图 3.3.20　过梁的放置位置

按照所用材料可将过梁分为三种,即钢筋混凝土过梁、砖砌过梁及钢筋砖过梁。由于钢筋混凝土过梁承载能力好,使用最为广泛。砖砌平拱过梁和钢筋砖过梁由于承载能力的问题使用受限,下面介绍三种过梁的构造要求。

① 钢筋混凝土过梁

钢筋混凝土过梁承载力强,适用于门窗洞口较宽(大于 2 m)、上部荷载集中的情况,而且《砌体结构设计规范》(GB 50003—2011)中规定,振动荷载较大或可能产生不均匀沉降的房屋,应采用钢筋混凝土过梁。

长度:钢筋混凝土过梁一般不受跨度的限制,其长度跟门窗洞口的设计宽度有关,在支座处长度(或称搁置长度)一般为 250 mm,即过梁在洞口两侧伸入墙内的长度取 250 mm。所以,过梁长度(L)=门窗洞口宽度(Ln)+250×2,如图 3.3.21 所示。

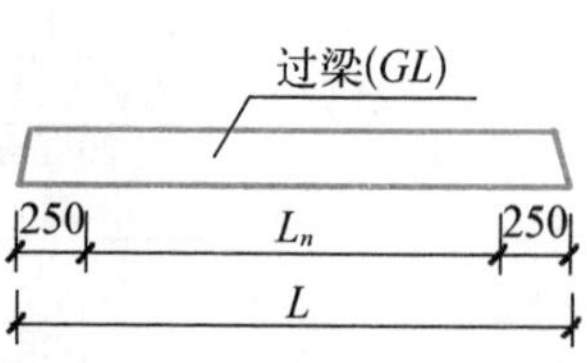

图 3.3.21　过梁长度示意图

宽度和高度:钢筋混凝土过梁的宽度一般与墙厚相同,而高度及配筋应根据结构计算确定。考虑到砖墙的施工方便,梁高的设计尺寸一般与砖的皮数相适应,如 120 mm、180 mm、

240 mm 等，即为 60 mm 的整倍数，如图 3.3.22 所示。

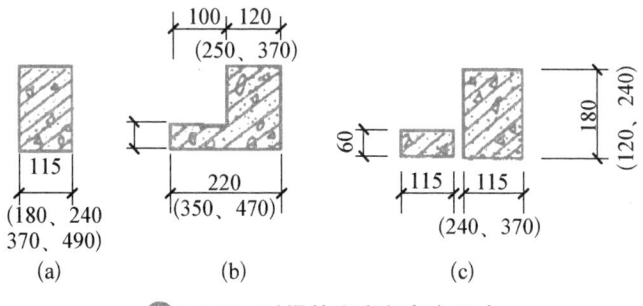

图 3.3.22　过梁的宽度和高度尺寸

钢筋混凝土过梁可以现浇，也可以预制，实际工程中多用预制过梁。常用的过梁断面形式有矩形和 L 形，如图 3.3.22(a)(b)所示。其中矩形多用于内墙和混水墙，而 L 形多用于外墙和清水墙。由于混凝土的导热系数远大于砖的导热系数，在寒冷地区，为防止钢筋混凝土过梁产生冷桥问题，也可将外墙洞口的过梁断面做成 L 形或组合式过梁，组合式过梁见图 3.3.22（c）。

为简化构造、节约材料，可将过梁与圈梁、出窗套、悬挑雨棚或遮阳板配合设计，如图3.3.23 所示，为了防止雨水沿门窗过梁向外墙内侧流淌，过梁底部的外侧抹灰时要做滴水。

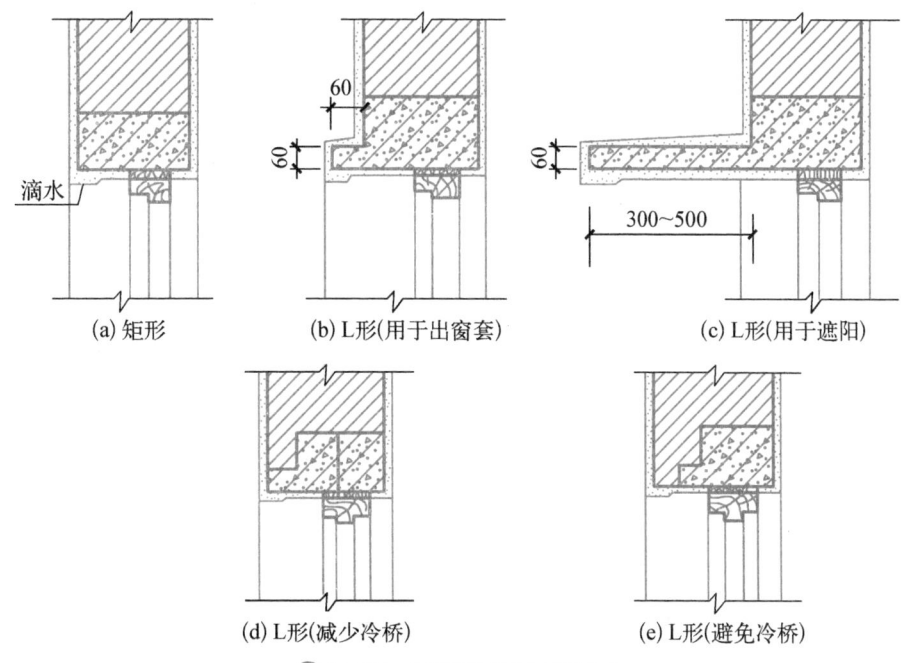

图 3.3.23　钢筋混凝土过梁形式

② 砖拱过梁

砖拱过梁分为平拱和弧拱，工程中常用的是砖砌平拱过梁。砖砌平拱过梁是在门窗洞口上部过梁的位置将砖立砌而成的，它利用灰缝上大下小，使砖向两边倾斜，上部灰缝宽度不宜大于 15 mm，下部宽度不应小于 5 mm，这样相互挤压形成拱的作用来承担荷载，如图 3.3.24 所示。砖砌平拱过梁的高度不应小于一砖长（240 mm），中部起拱高度为洞口跨度的 1/50。砖砌平拱过梁截面计算高度内的砂浆不宜低于 M5，净跨宜不大于 1.2 m，不应超过 1.8 m。

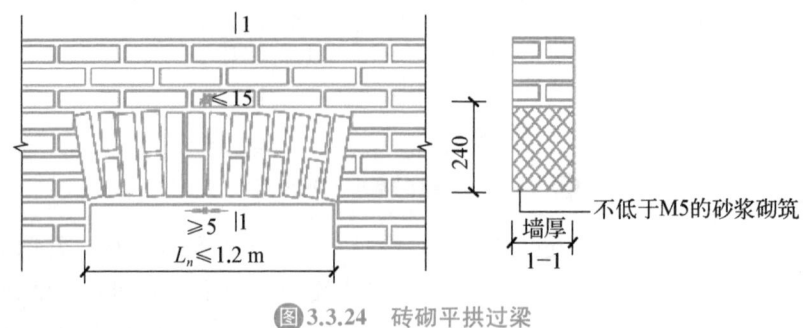

图 3.3.24　砖砌平拱过梁

③ 钢筋砖过梁

钢筋砖过梁是配置了钢筋的平砌砖过梁。《砌体结构设计规范》（GB 50003—2011）中规定，钢筋砖过梁底面砂浆层处的钢筋，其直径不应小于 6 mm，间距不宜大于 120 mm，钢筋伸入支座砌体内的长度不宜小于 240 mm，砂浆层的厚度不宜小于 30 mm。当然，根据结构设计需要，可以砌一层砖夹一层钢筋，也可以砌两层砖夹一层钢筋。

钢筋砖过梁的高度为洞口上部不小于 1/4 洞口净宽（且不应小于 5 皮砖），该高度范围内的砌体要用不低于 M5 的砂浆砌筑。钢筋砖过梁一般用于荷载不大、跨度较小的门窗、设备洞口等处的过梁，无需立模板，施工简单快捷，但其净跨宜不大于 1.5 m，不应超过 2 m，如图 3.3.25 所示。

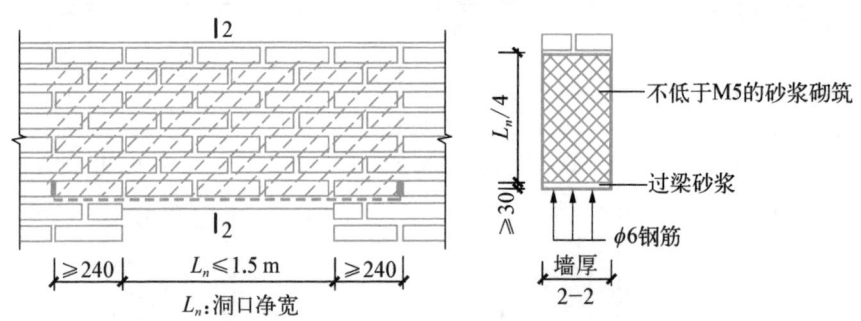

图 3.3.25　钢筋砖过梁

（5）窗台

按照窗在外墙的安装部位，有与外墙内平、外平或居中三种形式，其中内平形式用户使用不便，而外平形式构造处理不当容易造成渗漏水，这两种均较少采用，而居中形式使用最为广泛，所以一个窗户的窗台有两部分：外窗台和内窗台，如图 3.3.26 所示。其中，外窗台可以防止窗洞底部积水，并流向室内。内窗台可以排除窗上的凝结水，以保护室内墙面，还可以存放东西、摆放花盆等。另外，为防止雨水会顺窗台流入室内，窗台应设计成外低内高的形式，一般来说，内窗台应比外窗台高 10 mm。下面分别介绍外窗台和内窗台的构造做法。

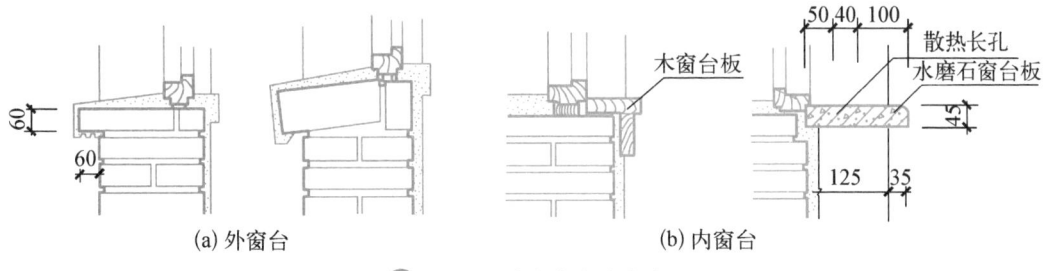

(a) 外窗台　　　　　　　　　　　(b) 内窗台

图 3.3.26　外窗台和内窗台

① 外窗台

为了防止雨水积聚在窗下,侵入墙身甚至向室内渗透,外窗台应该设置排水构造,外窗台的面层应该为不透水材料且要向外形成不小于 20% 的坡度,以利于排水。

外窗台的构造做法有悬挑窗台和不悬挑窗台两种。当窗不会受雨水冲刷或者外墙面材为面砖、石材等易冲洗的材料时,可做成不悬挑窗台,直接用水泥砂浆抹面成坡即可,如图 3.3.27(a)所示;悬挑窗台可采用顶砌一皮砖出挑 60 mm,然后水泥砂浆抹面成坡,如图 3.3.27(b)所示,也可采用一砖斜砌并出挑 60 mm,这种做法已自带坡度,也可再用水泥砂浆做面层,如图 3.3.27(c)所示,还可以采用钢筋混凝土窗台,通常是预制窗台板构件,现场进行装配,施工较简单,如图 3.3.27(d)所示。为了避免雨水顺着外窗台坡度流向外墙面而污染外墙面,挑窗台底部边缘处抹灰时应做宽度和深度均不小于 10 mm 的滴水线或滴水槽,如图 3.3.27(b)所示。

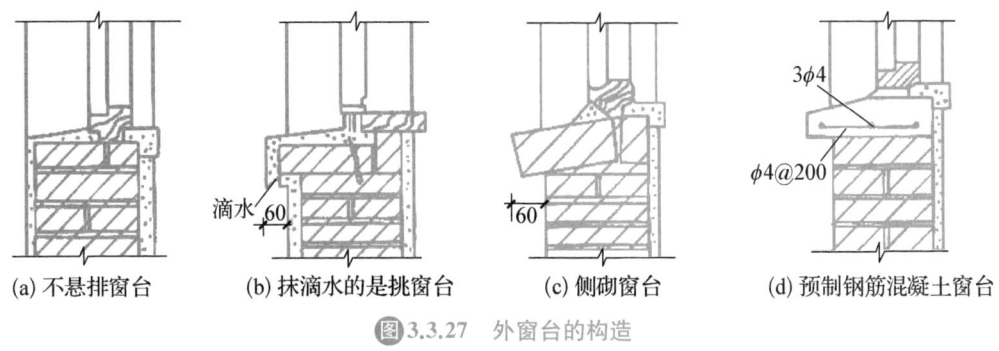

(a) 不悬排窗台　　(b) 抹滴水的是挑窗台　　(c) 侧砌窗台　　(d) 预制钢筋混凝土窗台

图 3.3.27　外窗台的构造

② 内窗台

位于室内的窗台称为内窗台,因无需排水构造,所以内窗台一般为水平放置,可结合室内装修做成水泥砂浆抹灰、木板或贴面砖等多种饰面形式。在寒冷地区室内如为暖气采暖时,为便于安装暖气片,窗台下应预留凹龛,此时应采用预制水磨石板或预制钢筋混凝土窗台板形成内窗台。

(6) 墙身加固措施

墙体属于易失稳构件,尤其是对于砖混结构的承重墙来说,在承受上部集中荷载的同时,墙上的门窗洞口及墙体长度很大等因素,均会造成墙体的强度及稳定性有所降低,所以,应该对墙身采取加固措施以加强结构的整体性,提高结构的抗震性能。

① 增加壁柱和门垛

壁柱:是凸出墙体的砖砌体柱,又称墙柱,它与墙体同时施工,并与墙体共同承受各种荷载。当墙体长度和高度超过一定限度而影响墙体稳定性时,或者墙体的某个部位承受荷受较集中(如窗间墙)而强度不能满足要求时,常在墙身局部适当位置增设壁柱,使之和墙体共同承担荷载并稳定墙身,如图 3.3.28(a)所示。壁柱的尺寸应根据结构计算确定,为方便砌筑施工,需符合砖规格,例如 120 mm×370 mm、240 mm×370 mm、240 mm×490 mm 等。

门垛:当在墙体转角处或在丁字墙交接处开设门窗洞口时,为便于门框的安置和保证墙体的稳定性,在门靠墙转角处或丁字接头墙体的一边应设门垛。门垛凸出墙面的尺寸一般为 120 mm、240 mm 或者其他符合所用砌块的模数,宽度同墙厚,如图 3.3.28(b)所示。

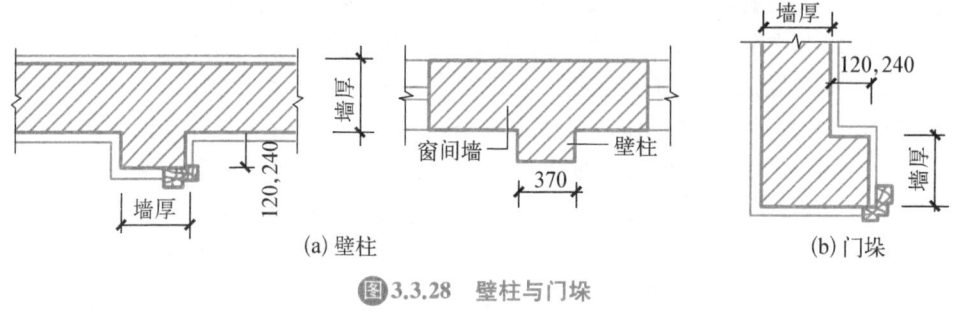

(a) 壁柱   (b) 门垛

图 3.3.28 壁柱与门垛

② 设置圈梁

圈梁是沿外墙四周及部分内墙的水平方向设置的连续闭合的梁,如图 3.3.29 所示。圈梁配合楼板和构造柱共同作用,增加房屋的整体空间刚度和稳定性,减轻地基不均匀沉降对房屋的破坏,提高抗震能力。圈梁通常设置在基础墙、檐口和楼板处,在基础及檐口处设置的圈梁对抵抗地基不均匀沉降最为有效。圈梁的数量和位置与建筑物的高度、层数、地基状况和地震强度有关。在抗震设防地区,通常与构造柱一起形成骨架,提高房屋的抗震性能。

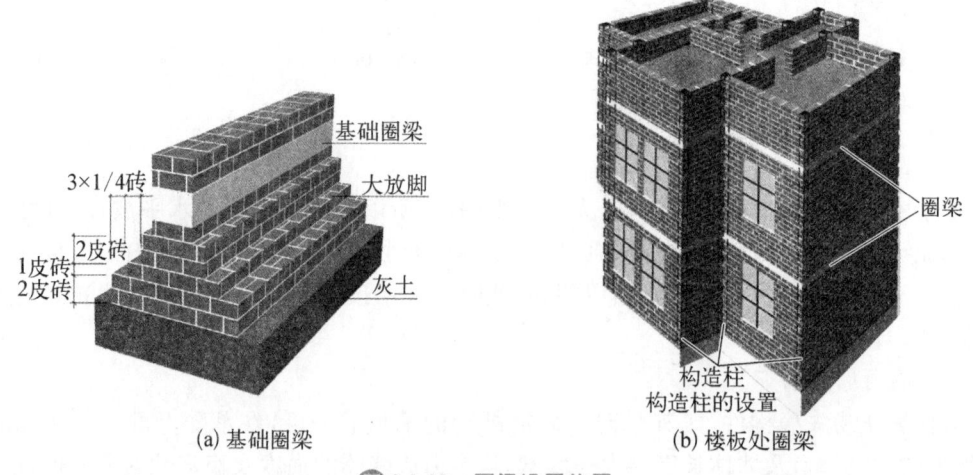

(a) 基础圈梁   (b) 楼板处圈梁

图 3.3.29 圈梁设置位置

圈梁有钢筋砖圈梁和钢筋混凝土圈梁两种。

钢筋砖圈梁将前述的钢筋砖过梁沿外墙和部分内墙一周连通砌筑而成,该类圈梁高为 4～6 皮砖,砌筑砂浆的强度等级不低于 M5,圈梁底部和顶部灰缝内应铺设钢筋,其不少于 $6\phi6$,钢筋砖圈梁多用于非抗震区,如图 3.3.30(a)所示。

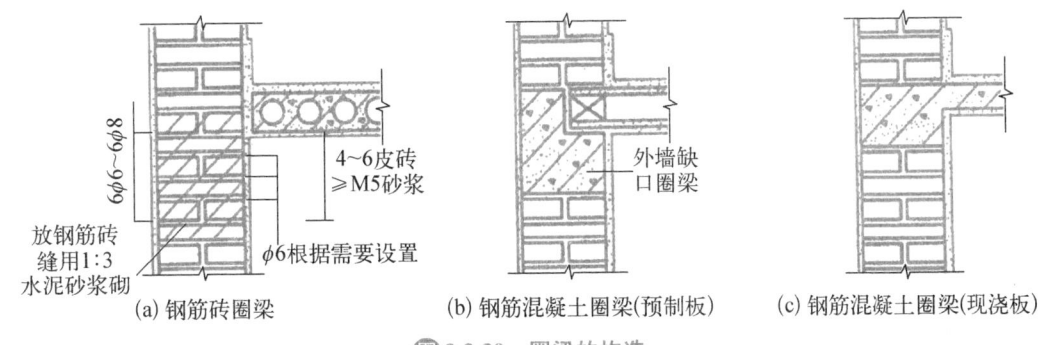

图 3.3.30　圈梁的构造

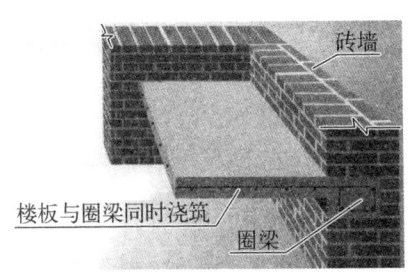

图 3.3.31　圈梁宽度小于墙厚

但对于有地基不均匀沉降或较大振动荷载的房屋,应该设置钢筋混凝土圈梁。若建筑采用预制板,则圈梁外侧应加高,做成带缺口的形式,以防楼板因受力的作用而发生水平移动,如图 3.3.30(b)所示。若楼板是现浇的,应该与圈梁同时浇筑,使两者成为一个整体,便于共同作用,如图 3.3.30(c)所示。外墙圈梁一般与楼板相平,内墙圈梁一般在板下。圈梁的高度一般不小于 120 mm,宽度同墙厚,当墙厚大于 240 mm 时,圈梁宽度可适当减小,但不宜小于墙厚的 2/3,如图 3.3.31 所示。

圈梁最好与门窗过梁合二为一,也就是说门窗洞口上部的圈梁可以兼过梁的作用,在特殊情况下,当遇有门窗洞口致使圈梁局部截断时,应在洞口上部增设相同截面的附加圈梁。附加圈梁与圈梁搭接长度不应小于其垂直间距的二倍,且不得小于 1m,如图 3.3.32 所示,附加圈梁的配筋和混凝土强度等级均不宜小于被截断圈梁的标准。但对有抗震要求的建筑物,圈梁不宜被洞口截断。

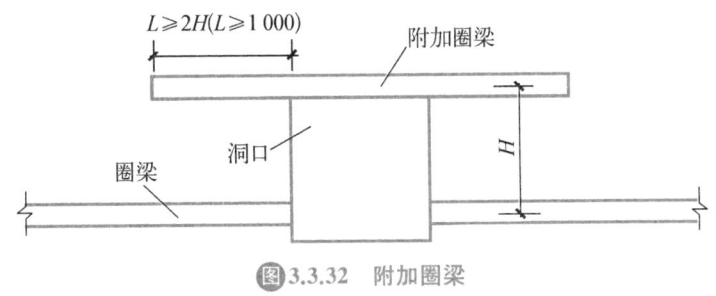

图 3.3.32　附加圈梁

③ 设置构造柱

钢筋混凝土构造柱是从抗震角度考虑设置的,一般设在外墙转角、内外墙交接处、较大洞口两侧及楼梯、电梯四角等。由于房屋的层数和地震烈度不同,构造柱的设置要求也有所不同。构造柱必须与圈梁紧密连接形成空间骨架,如图 3.3.33 所示,以增强房屋的整体刚度,提高墙体抵抗变形的能力,并使砖墙在受震开裂后,也能裂而不倒。

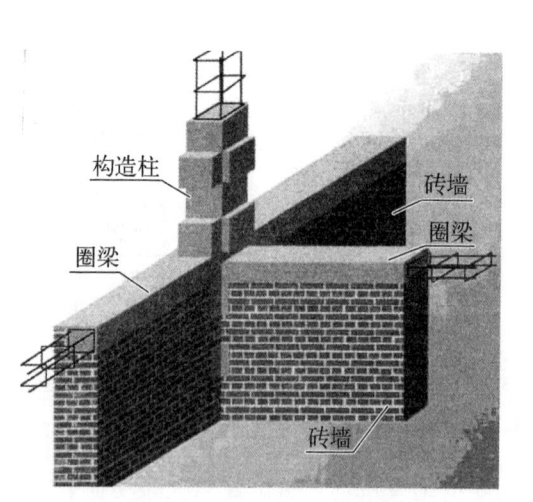
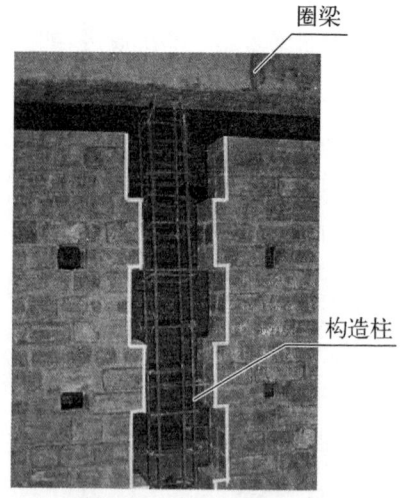

图 3.3.33 构造柱与圈梁连接

构造柱的最小截面尺寸为 240 mm×180 mm;纵向钢筋多为 $4\phi12$,箍筋 $\phi6$,间距不大于 250 mm。为加强构造柱与墙体的连接,该处墙体宜砌成马牙槎,两侧的墙体应作到"五进五出",即每 300 mm 高伸出 60 mm,每 300 mm 高再收回 60 mm,并应沿墙高每隔 500 mm 设 $2\phi6$ 拉结钢筋,每边伸入墙内不少于 1m,如图 3.3.34 所示。

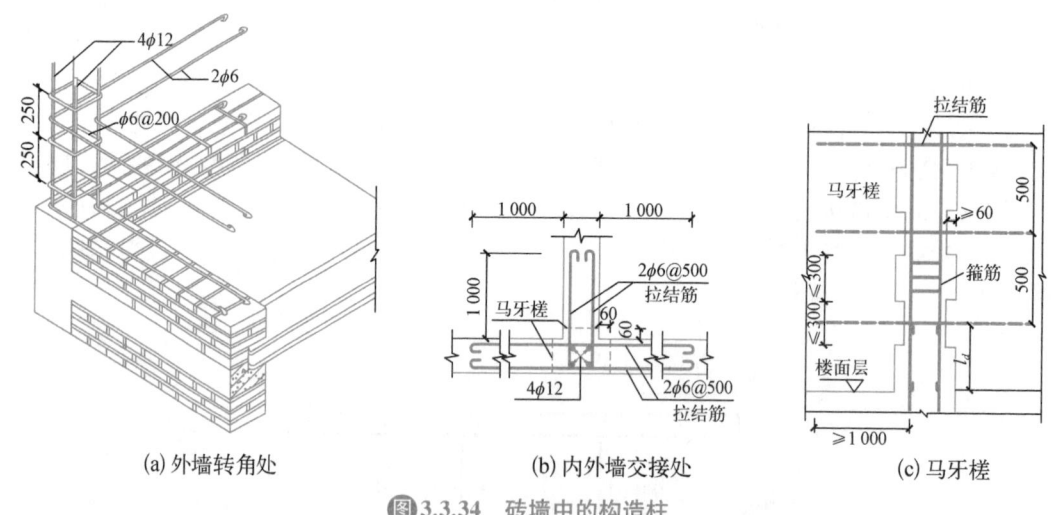

(a) 外墙转角处   (b) 内外墙交接处   (c) 马牙槎

图 3.3.34 砖墙中的构造柱

构造柱可不单独设基础,构造柱的下端一般伸入基础梁内,如图 3.3.35 所示,无基础梁时应伸入底层地坪以下 500 mm 处,而上端应伸入顶层圈梁,也可贯通到女儿墙与压顶连接。构造柱的施工时应先放置构造柱钢筋骨架,后砌墙,随着墙体的升高而逐段支模板、浇筑柱身,如图 3.3.36 所示。

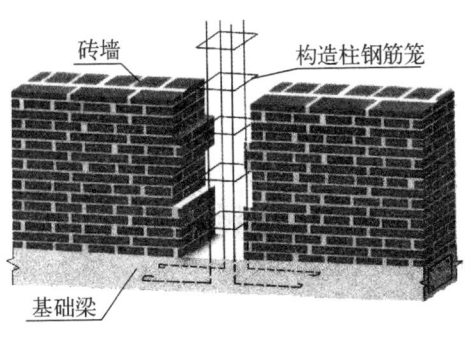

图3.3.35　构造柱伸入基础梁

图3.3.36　构造柱现场图片

砌块种类

三、砌块墙构造

1. 砌块墙的材料及砌筑要求

砌块墙是由砌块和砂浆按一定的规律和组砌方式砌筑而成的砌体,多用在框架结构建筑中的填充墙的砌筑。砌块墙主要的材料即为砌块和砂浆。砌块是利用混凝土、工业废料(炉渣,粉煤灰等)或地方材料制成的人造块材,与普通黏土砖相比,具有不占耕地、保护环境、外形尺寸大,砌筑速度快的优点,符合建筑工业化发展中墙体改革的要求。

（1）砌块的分类

① 按材料分类:可以分为普通混凝土砌块、轻集料混凝土砌块、粉煤灰砌块、蒸压加气混凝土砌块和石膏砌块等等。下面以普通混凝土小型砌块及蒸压加气混凝土砌块为例进行介绍。

《普通混凝土小型砌块》(GB/T 8239—2014)中规定,普通混凝土小型砌块是以水泥、矿物掺合料、砂、石、水等为原材料,经搅拌、振动成型、养护等工艺制成的小型砌块,砌块的外形宜为直角六面体,常用规格尺寸如表 3.3.2 所示。砌块的抗压强度等级根据实心砌块或空心砌块以及承重砌块或非承重砌块有关,具体规定如表 3.3.3 所示。普通混凝土小型砌块作为烧结砖的替代材料,抗压强度较高,适用于地震设计烈度为 8 度及以下地区的一般民用与工业建筑物的内墙和外墙,如果在砌块的空心配置钢筋,也可用于高层建筑砌体的砌筑。

表 3.3.2　普通混凝土小型砌块的规格尺寸

单位:mm

长度	宽度	高度
390	90、120、140、190、240、290	90、140、190

注:其他规格尺寸可由供需双方协商确定。采用薄灰缝砌筑的块型,相关尺寸可作相应调整。

表 3.3.3　普通混凝土小型砌块的强度等级

单位:MPa

砌块种类	承重砌块（L）	非承重砌块（N）
空心砌块（H）	7.5、10.0、15.0、20.0、25.0	5.0、7.5、10.0
实心砌块（S）	15.0、20.0、25.0、30.0、35.0、40.0	10.0、15.0、20.0

《蒸压加气混凝土砌块》(GB 11968—2006)中规定,蒸压加气混凝土砌块是由水泥、生石灰、粉煤灰、砂、石、水并添加适量的发气剂和其他外加剂,经混合搅拌、浇筑成型、胚体静停与切割后,再经蒸压或常压蒸气养护制成的。常用的规格尺寸如表 3.3.4 所示。强度级别有:A1.0、A2.0、A2.5、A3.5、A5.0、A7.5、A10 七个级别。蒸压加气混凝土砌块的单位体积重量约是黏土砖的三分之一,保温性能是黏土砖的 3~4 倍,隔音性能是黏土砖的 2 倍,抗渗性能是黏土砖的一倍以上,耐火性能是钢筋混凝土的 6~8 倍。该类砌块较适用于各类建筑地面(± 0.000 m)以上的内外填充墙,不得使用在长期浸水或经常干湿交替的部位,如地下外墙、屋顶女儿墙等,也不得使用在受化学侵蚀的环境或砌体表面经常处于 80 ℃ 以上的高温环境。

表 3.3.4　蒸压加气混凝土砌块的规格尺寸

单位:mm

长度 L	宽度 B	高度 H
600	100、120、125、150、180、200、240、250、300	200、240、250、300

注:如需需要其他规格,可由供需方双协商解决。

其他材料的砌块均有各自的国家规范,若需了解,可自行查阅。

② 按在组砌中的作用和位置分类:可以分为主砌块和辅助砌块。

③ 按构造形式分类:可以分为实心砌块和空心砌块,实心砌块的空心率应小于 25%,而空心砌块的空心率大于 25%,空心砌块的形式很多,不同孔形、不同材料的砌块构造尺寸也不相同,而且各地尺寸均不统一,如图 3.3.37 所示。

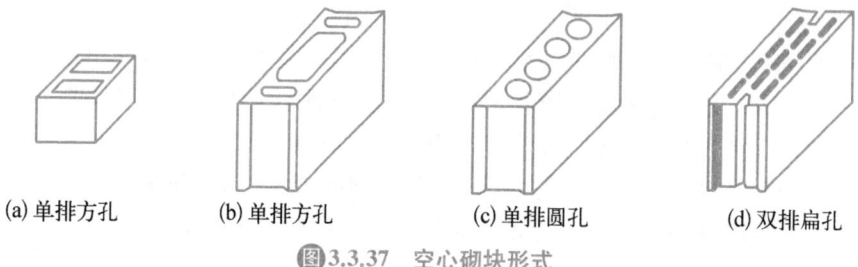

(a) 单排方孔　　　　(b) 单排方孔　　　　(c) 单排圆孔　　　　(d) 双排扁孔

图 3.3.37　空心砌块形式

④ 按尺寸和质量的大小分类:可以分为小型砌块、中型砌块和大型砌块。一般按照砌块的高度来判定,小型砌块高度为 115 mm～380 mm,中型砌块高度为 380 mm～980 mm,大型砌块高度大于 980 mm。小型砌块小而轻,适合人工搬运和砌筑,但大型砌块大而重,所以需要大型机具进行搬运和砌筑,在实际工程中中小砌块应用居多。

(2) 砌块墙砌筑要求

① 使用专用砌筑砂浆

同砖砌体一样,用砌块砌墙时,也必须使砌块横平竖直、上下错缝、内外搭接、砂浆饱满、厚薄均匀,用实心砌块及空心砌块砌筑的墙体如图 3.3.38 所示。对于实心砌块,的确容易满足这些要求,但是对于空心砌块来说,要做到灰缝砂浆饱满并不容易。因为除去孔洞外,砌块两侧的壁厚通常只有各 30 mm 左右,而且砌筑时上一皮砌块的重量往往容易将砂浆挤入孔洞内,如图 3.3.38 所示,这就导致了用普通的砌筑砂浆砌筑的空心砌块砌体墙的灰缝容易开裂,所以,《墙体材料应用统一技术规范》(GB 50574—2010)中给出了常用的每一种砌块的专用砂浆,例如,代号为 Mb5.0 的砂浆代表强度为 5.0 MPa 的混凝土小型空心砌块专用砌筑砂浆,代号为 Ma5.0 的砂浆代表强度为 5.0 MPa 的蒸压加气混凝土专用砌筑砂浆。

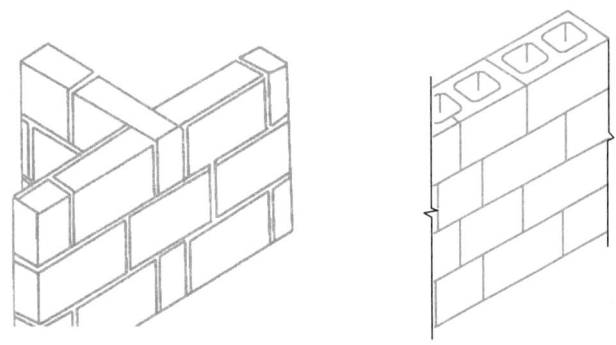

图3.3.38　实心砌块墙体和空心砌块墙体

② 通过配筋提高砌体强度和刚度

有的空心砌块空心率非常大,很大的孔洞内非常适合配置钢筋。做法是在错缝后上下仍保持对齐的孔洞中插入钢筋,同时在每皮或隔皮砌块间的灰缝中置入钢筋网片,每砌筑若干皮砌块后就在所有孔洞中灌入细石混凝土,孔洞周边的壁充当了混凝土的模板,这样就做成了配筋砌体。这样的配筋砌体墙的水平抗剪能力虽不及现浇钢筋混凝土剪力墙,但整体刚度大大优于普通的砌体墙,可以大大提升砌体墙承重的建筑物高度,如图 3.3.39 所示。

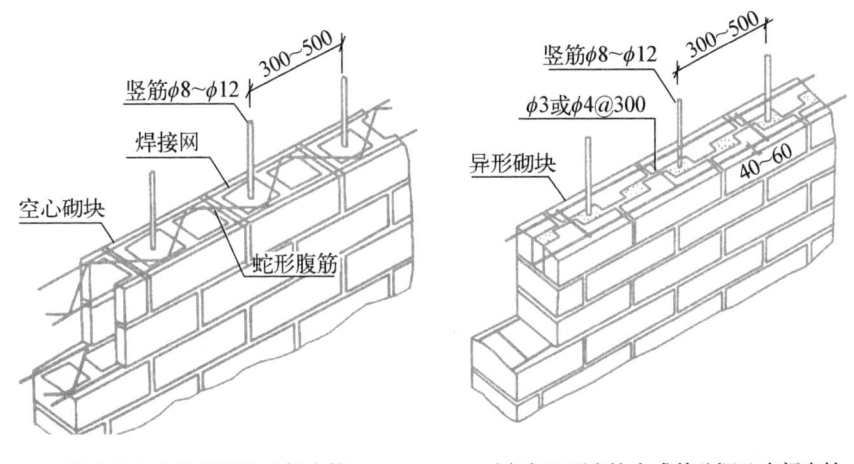

(a) 在空心砌块孔洞及皮间布筋　　　　(b) 在异形砌块合成的孔洞及皮间布筋

图3.3.39　用空心砌块做配筋砌体

③ 恰当处理砌块墙接缝

砌块的体积普遍比砖块大,故墙体接缝更显得重要。在中型砌块的两端一般设有封闭式的灌浆槽,在砌筑、安装时,必须使竖缝填灌密实,水平缝砌筑饱满,使上、下、左、右砌块能更好地连接;一般砌块需采用 M5 级砂浆砌筑,灰缝的宽度主要根据砌块材料和规格大小确定,一般情况下,小型砌块为 10~15 mm,中型砌块为 15~20 mm,而且砂浆饱满度不得小于80%,砂浆不饱满(甚至假缝、透明缝)可能引起外墙墙体渗漏,以及内墙的抗剪切强度不足。

当竖缝宽大于 30 mm 时，须用 C20 细石混凝土灌实。

砌块墙的转角处，应隔皮纵、横墙砌块相互搭接，如图 3.3.40(a)所示。砌块墙的 T 字交接处，应使横墙砌块隔皮断面露头。如图 3.3.40(b)所示。由于砌块在厚度方向几乎没有搭接，因此在长度方向错缝搭接要求比较高，中型砌块上下皮搭接长度不少于砌块高度的 1/3，且不小于 150 mm。小型空心砌块上下皮搭接长度不小于 90 mm。当搭接长度不足时，应在水平灰缝内设置不小于 2ϕ4 的钢筋网片，且网片每端均超过该垂直缝不小于 300 mm，如图 3.3.40(c)所示。为加强砌块墙转角及 T 字交接处墙体的强度和稳定性，也需在水平灰缝中增设 ϕ4 的钢筋网片，如图 3.3.40(d)、(e)所示。

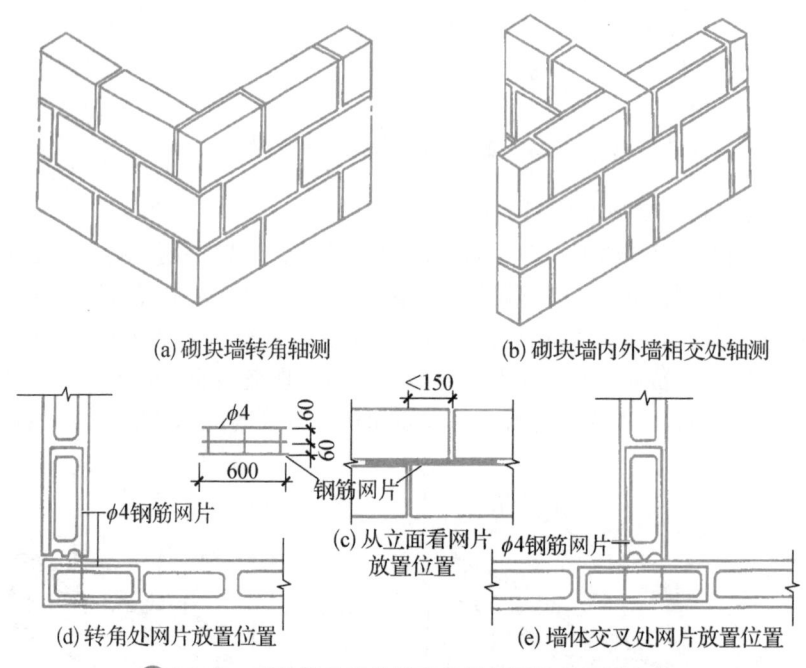

(a) 砌块墙转角轴测　　　　　　　　(b) 砌块墙内外墙相交处轴测

(c) 从立面看网片放置位置

(d) 转角处网片放置位置　　　　　　　(e) 墙体交叉处网片放置位置

图 3.3.40　砌块墙体砌块搭接处钢筋网片的设置方法

另外，《砌体结构工程施工质量验收规范》(GB 50203—2011)中规定，为了减少施工过程中砌筑砂浆中水分过早的丢失，通常需要提前将砌块进行浇水处理，砌筑过程中也可向砌筑面适量浇水湿润，保证砌块有相应的含水率，砌筑砂浆铺设长度不应大于 2 m，避免因砂浆失水过快引起灰缝开裂。在炎热的气候条件下，还要对砂浆尚未结硬的墙体采取洒水等养护措施，每天的砌筑高度不宜超过 1.8 m。

④ 砌块墙砌至接近梁底或板底应留一定的空隙

作为填充墙的砌块，是在承重主体结构验收合格后进行砌筑的，为了防止梁或板受弯产生的挠度使墙体产生裂缝，砌块墙砌至接近梁底或板底应留一定的空隙，《砌体结构工程施工质量验收规范》(GB 50203—2011)中规定，填充墙与承重主体结构的空(缝)隙部位施工，应在填充墙砌筑 14 天后进行。

例如，填充墙砌至接近梁底、板底时，应在填充墙砌筑 14 天后，再将其补砌挤紧，防止上部砌体因砂浆收缩而开裂。具体做法为：当上部空隙小于等于 20 mm 时，用 1：2 水泥砂浆嵌填密实；稍大的空隙用细石混凝土镶填密实；大空隙用烧结标准砖或多孔砖宜成 60°

角斜砌挤紧,但砌筑砂浆必须密实,不允许出现平砌或砌筑砂浆不密实形成孔洞的现象,如图 3.3.41 所示。斜砌的做法可以使墙体顶部更加密实,抹灰后不易开裂。

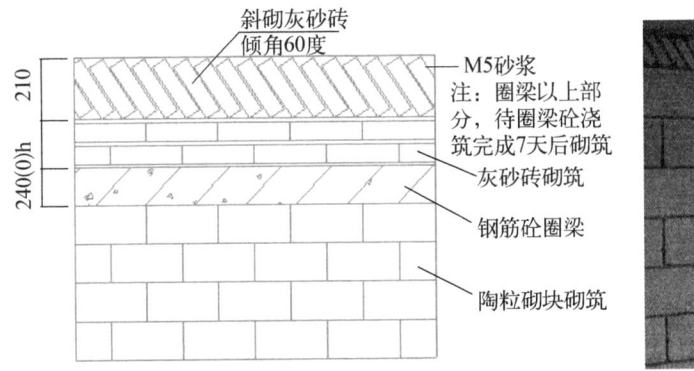

图 3.3.41　砌块墙与梁的缝隙用砖斜砌

另外,由于砌块吸水性强,易受潮,在易受水部位,如檐口、窗台、勒脚、落水管附近,应做好防潮处理。特别是在勒脚部位,除了应设防潮层以外,对砌块材料也有一定的要求,通常应选用密实而耐久的材料,不能选用吸水性强的砌块材料。

2. 砌块墙的排列与组合

由于砌块的尺寸比较大,尤其是中型及大型砌块,现场是需要吊装机具的,施工砌筑不够灵活。因此,在进行设计时,就应该进行砌块的预排列,并给出砌块排列组合图,如图 3.3.42 所示。施工前应提前排砖、截砖,达到节能降耗、减少环境污染的目的。对砌块进行排列组合时,应该力求整齐、有规律性,兼顾立面效果及施工方便性。砌块排列组合时要遵循下列原则:

(1) 优先选用大规格的砌块做主砌块,并且尽量提高主要砌块的使用率,减少局部补填砖的数量,以保证施工质量。

(2) 结合墙面尺寸和门窗及构造柱的布置情况,对墙面进行合理的分块,正确选择砌块的规格尺寸,尽量减少砌块的规格类型。应尽量提高主块的使用率,避免镶砖或少镶砖。

(3) 上下皮应错缝搭接,内外墙和转角处砌块应彼此搭接,以加强整体性。

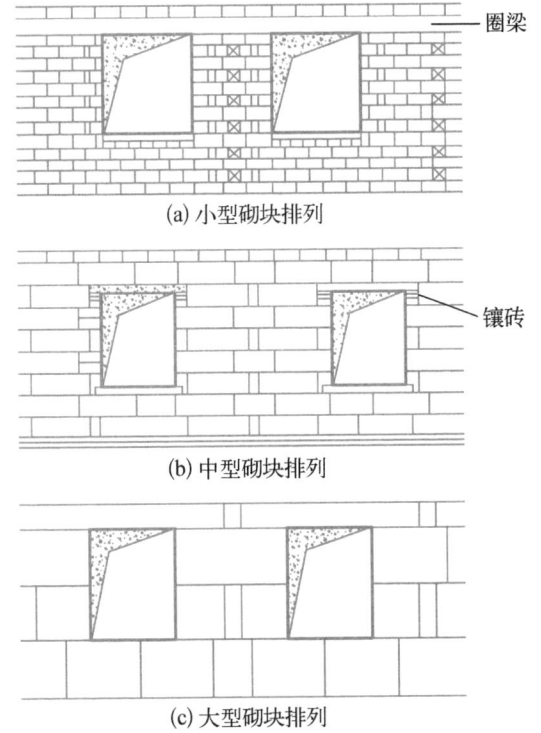

(a) 小型砌块排列

(b) 中型砌块排列

(c) 大型砌块排列

图 3.3.42　砌块的排列组合示例

(4) 空心砌块上下皮应孔对孔、肋对肋,错缝搭接。

3. 砌块墙加固措施

(1) 设置圈梁

在受较大振动的建筑中,为加强砌块墙的整体性,应按照《建筑抗震设计规范》

（GB 50011—2010）的要求设置圈梁，而且，根据《砌体结构设计规范》（GB 50003—2011）中明确规定，混凝土砌块砌体中的圈梁设计应该符合下列构造要求。

混凝土砌块砌体房屋圈梁的截面宽度宜取墙宽且不应小于 190 mm，配筋宜符合表 3.3.5 的要求，箍筋直径不小于 $\phi6$；基础圈梁的截面宽度宜取墙宽，截面高度不应小于 200 mm，纵筋不应少于 $4\phi14$。

表 3.3.5　混凝土砌块砌体房屋圈梁配筋要求

配筋	烈度		
	6、7	8	9
最小纵筋	$4\phi10$	$4\phi12$	$4\phi14$
箍筋最大间距(mm)	250	200	150

与砖砌体相同，当圈梁与过梁位置接近时，砌块墙内经过门窗洞口上部的圈梁可以兼过梁用。圈梁分现浇和预制两种。现浇圈梁整体性好，更有利于加固墙身，但施工复杂且工期长；预制圈梁一般采用 U 型预制块，槽壁用作模板，在预制块的凹槽内配置钢筋，再浇筑混凝土，如图 3.3.43 所示。

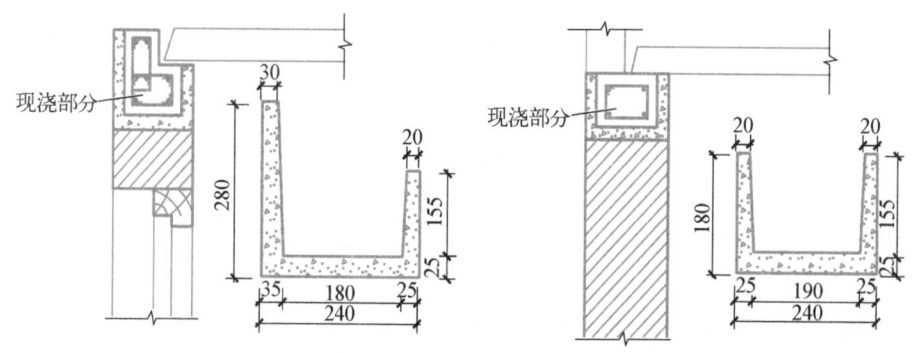

图 3.3.43　砌块预制圈梁

（2）设置构造柱

为了保证砌块墙的整体刚度和稳定性，应在外墙转角处、必要的内外墙交接处或者墙体过长处（大于 5 m）设置构造柱，图 3.3.44 所示为转角处构造柱。构造柱应与圈梁有完好的连接，使得砌块墙在水平方向（依靠圈梁）及垂直方向（依靠构造柱）形成骨架，以增强建筑的抗震能力，如图 3.3.45 所示。

图 3.3.44　砌块墙转角处构造柱

图 3.3.45　构造柱与圈梁相连

砌块墙砌筑时,应按要求留设马牙槎,马牙槎宜先退后进,进退尺寸不小于 60 mm,高度宜为 1～2 层砌块高度,且在 300 mm 左右,如图 3.3.46 所示。为保证砌块墙的稳定性,应在砌体的水平灰缝中预埋 $2\phi6$ 的拉结筋,使构造柱与砌块墙形成有效连接。拉结筋的竖向间距应为 500～1 000 mm,埋入每边砌体中的长度不应小于 1 000 mm。当有抗震要求时,拉结筋的末端还应做 90 度弯钩,如图 3.3.47 所示。

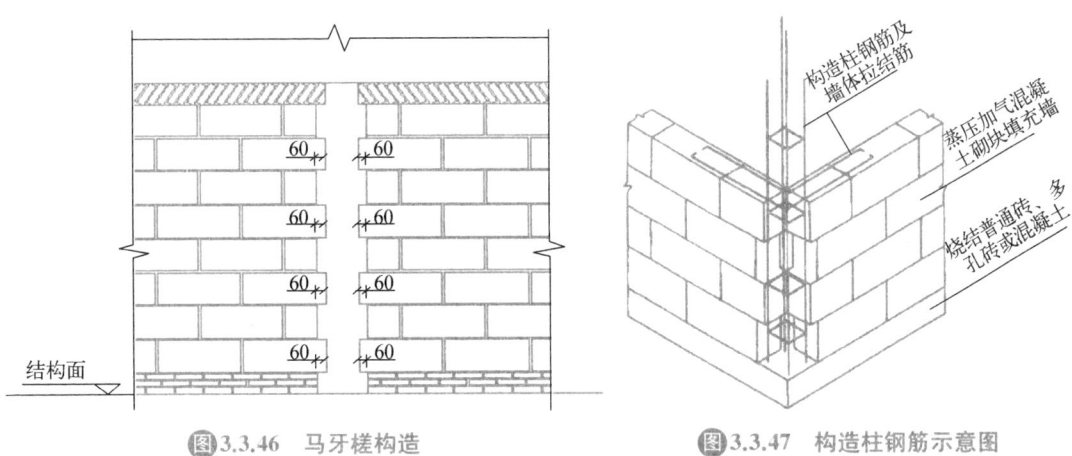

图3.3.46　马牙槎构造　　　　图3.3.47　构造柱钢筋示意图

另外,在多用水房间(比如厨房、卫生间、浴室等)采用蒸压加气混凝土砌块及轻骨料混凝土小型砌块砌筑墙体时,墙体底部应现浇混凝土坎台,其高度宜为 150 mm,如图 3.3.47 所示,该高度是考虑踢脚线(板)便于遮盖砌块墙底部可能产生的收缩裂缝。在易受潮的环境中,为了保证砌块墙的耐久性,在砌筑砌块墙之前,常常先砌筑 3 皮砖砌烧结普通砖或多孔砖,如图 3.3.46 所示。

（3）设置芯柱

砌块芯柱是在砌块内部空腔中插入竖向钢筋并浇灌混凝土后形成的砌体内部的钢筋混凝土小柱。在砌块墙中设置芯柱的作用类似于构造柱,可以提高砌块墙的整体性和刚度。《砌体结构设计规范》(GB 50003—2011)中规定,混凝土砌块房屋应按表 3.3.6 的要求设置钢筋混凝土芯柱。

表 3.3.6　混凝土砌块房屋芯柱设置要求

房屋层数				设置部位	设置数量
6 度	7 度	8 度	9 度		
≤五	≤四	≤三		外墙四角和对应转角;楼、电梯间四角;楼梯斜梯段上下端对应的墙体处;大房间内外墙交接处;错层部位横墙与外纵墙交接处;隔 12 m 或单元横墙与外纵墙交接处	外墙转角,灌实 3 个孔;内外墙交接处,灌实 4 个孔;楼梯斜段上下端对应的墙体处,灌实 2 个孔
六	五	四	一	同上;隔开间横墙(轴线)与外纵墙交接处	

续　表

房屋层数				设置部位	设置数量
6度	7度	8度	9度		
七	六	五	二	同上； 各内墙(轴线)与外纵墙交接处； 内纵墙与横墙(轴线)交接处和洞口两侧	外墙转角,灌实5个孔； 内外墙交接处,灌实4个孔； 内墙交接处,灌实4~5个孔； 洞口两侧各灌实1个孔
	七	六	三	同上； 横墙内芯柱间距不宜大于2 m	外墙转角,灌实7个孔； 内外墙交接处,灌实5个孔； 内墙交接处,灌实4~5个孔； 洞口两侧各灌实1个孔

注：外墙转角、内外墙交接处、楼电梯间四角等部位,应允许采用钢筋混凝土构造柱替代部分芯柱。

混凝土砌块墙体的混凝土芯柱,尚应满足下列要求:

① 混凝土砌块砌体墙转角处、纵横墙交接处、墙段两端和较大洞口两侧宜设置不少于单孔的芯柱,如图3.3.48及图3.3.49所示。芯柱多利用空心砌块上下孔洞对齐,并在孔中用ϕ12~14的钢筋分层插入,再用C20细石混凝土分层灌实。构造柱与砌块墙连接处的拉结钢筋网片,每边伸入墙内不少于600 mm。混凝土小型砌块可采用ϕ4点焊钢筋网片,沿墙高每隔600 mm设置,中型砌块可采用ϕ6钢筋网片,并隔皮设置。

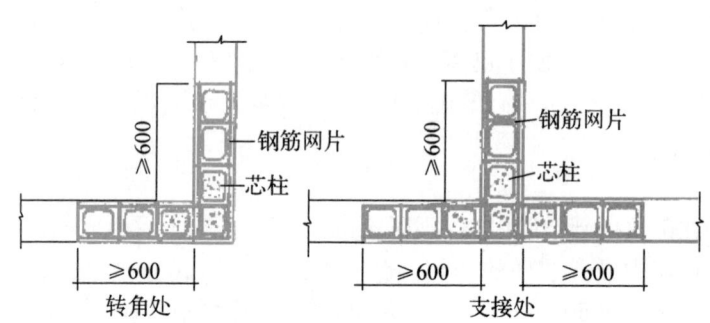

图 3.3.48　砌块墙转角处及纵横墙交接处设置芯柱(平面图)

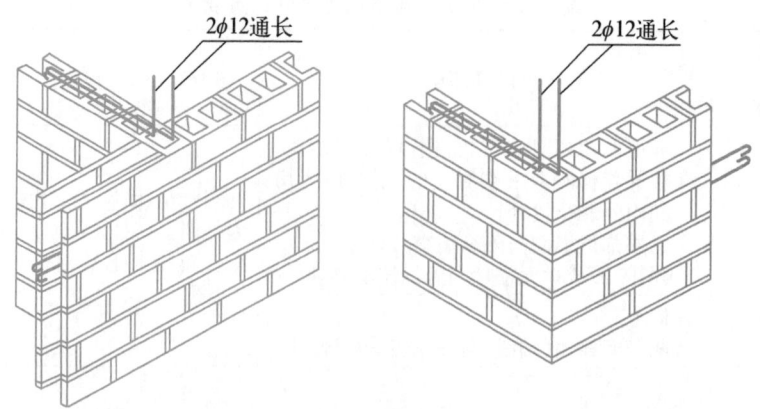

图 3.3.49　砌块墙转角处及纵横墙交接处设置芯柱(立体图)

② 有错层的多层房屋,错层部位墙中部的钢筋混凝土芯柱间距宜适当加密,在错层部位纵横墙交接处宜设置不少于 4 孔的芯柱;在错层部位的错层楼板位置尚应设置现浇钢筋混凝土圈梁。

③ 为提高墙体抗震受剪承载力而设置的芯柱,宜在墙体内均匀布置,最大间距不宜大于 2.0 m。

④ 梁支座处墙内宜设置芯柱,芯柱灌实孔数不少于 3 个。

四、建筑墙面的装修构造

墙面装修是建筑装修中的重要内容,对墙面进行装修,可以保护墙体、提高墙体的耐久性,同时可以改善墙体的热工性能、光环境、卫生条件等使用功能,丰富建筑的艺术形象。

墙体装修分为室外装修和室内装修。室外装修直接与外界接触,所以应选择强度高、耐水性好、抗冻性强、抗腐蚀、耐风化的建筑材料;而室内装修应根据房间的功能要求及装修标准来确定。按照材料和施工方式的不同,常见的墙面装修可分为抹灰类、贴面类、涂料类、裱糊类和铺钉类等五大类。

1. 抹灰类墙面装修

抹灰可分为一般抹灰和装饰抹灰两类。

(1) 一般抹灰

一般抹灰所用材料有石灰砂浆、水泥石灰砂浆、水泥砂浆、聚合物水泥砂浆以及麻刀灰、纸筋灰、石膏灰等。按照适用要求、质量标准和操作工序的不同,又分为普通抹灰、中级抹灰和高级抹灰。为了保证抹灰牢固、抹面平整,一般抹灰施工应该分层(底层、中层和面层)进行,如图 3.3.50 所示,如果一次抹灰太厚,由于内外收水快慢不同,容易出现干裂、起鼓和脱落现象。另外,由于

墙面抹灰视频

不同的材料基层上的抹灰收水快慢也不相同,所以材料分界线处也很容易出现裂纹,所以常在不同材料基层交接处铺贴钢丝网,以防止裂缝出现,如图 3.3.51 所示。

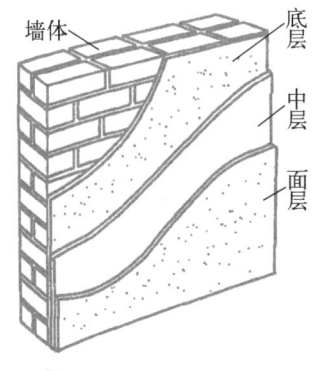

图 3.3.50 墙体分层抹灰

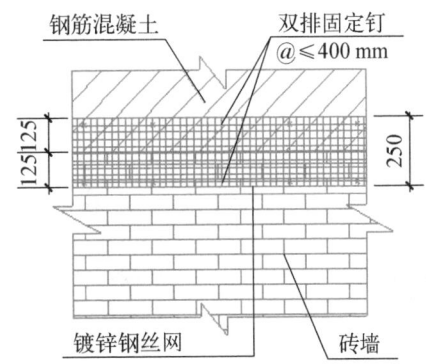

图 3.3.51 不同材料基层交接处铺贴钢丝网

① 底层抹灰主要起到与基层墙体黏结和初步找平的作用。

② 中层抹灰目的在于进一步找平以减少打底砂浆层干缩后可能出现的裂纹。

③ 面层抹灰主要起装饰作用,因此要求面层表面平整、无裂痕、颜色均匀。

抹灰施工应该严格控制抹灰的厚度,例如外墙抹灰一般为 20~25 mm,内墙抹灰 15~

20 mm,顶棚为 12～15 mm,这不仅是为了取得良好的技术经济效益,更是为了保证抹灰层的质量,抹灰层过薄达不到预期装饰效果,过厚会由于自重大导致下坠脱离基体而形成空鼓,还会因砂浆内外收水速度差异过大导致表面产生裂缝。

为了有效控制墙面抹灰层的厚度和垂直度,同时保证抹灰面平整,可以在平整的基层(墙体)上,每隔 1 200 mm～1 500 mm 用砂浆做若干个四方形标准块(称为灰饼),待灰饼稍干后在上下灰饼之间用砂浆抹上一条宽 100 mm 左右的垂直灰埂,即为标筋(又称冲筋),作为底、中层抹灰的依据,如图 3.3.52 所示。

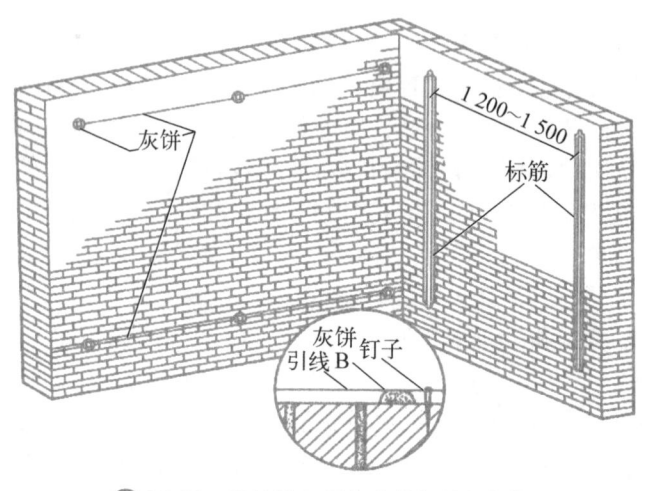

图 3.3.52 墙体抹灰操作中的标筋和灰饼

(2)装饰抹灰

装饰抹灰一般是指采用水泥、石灰砂浆等抹灰的基本材料,对墙面作一般抹灰,然后通过一定的施工操作方法,将水刷石、斩假石、干粘石、假面砖、水泥拉毛等材料直接做成饰面层,如图 3.3.53(a)及 3.3.53(b)所示,也可以是通过机械喷涂、弹涂、滚涂、彩色抹灰等,使抹灰更富有装饰效果。

外墙面构造

(a)斩假石墙面　　　　　　　　(b)水刷石墙面

图 3.3.53 抹灰类墙面装修

以斩假石饰面为例,其分层构造做法如图 3.3.54 所示。外墙抹灰中,在昼夜温差的作用下周而复始的热胀冷缩,会导致大面积的墙面粉刷开裂,所以常常按照立面设计在抹灰面层做分格,称为引条线,如图 3.3.53 所示,设置引条线同时方便了外墙抹灰的施工操作。引条线的做法是底灰上埋设梯形、三角形或半圆形的木引条,待面层抹灰完成后,取出木引条,便可留下变形需要的空隙,形成引条线。引条线需要用水泥砂浆勾缝,也可用密封膏嵌缝,以提高其抗渗能力,如图 3.3.55 所示。

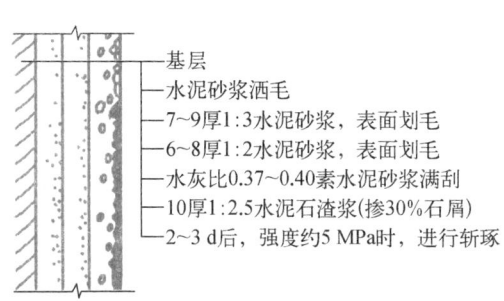
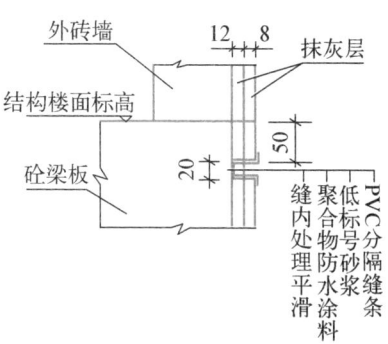

图3.3.54　斩假石饰面的构造做法　　**图3.3.55　外墙抹灰分格缝构造**

　　内墙抹灰中,对门厅、走廊、厨房、卫生间等等人群活动频繁、易受碰撞的墙面或有防水、防潮要求的墙身,常做墙裙对墙身进行保护。墙裙高度一般为 1.2～1.8 m。墙裙的做法较多,常见的有水泥砂浆抹灰、水磨石、贴瓷砖、铺钉胶合板、喷(刷)油漆等。同时,对经常易受碰撞的内墙阳角,常抹以高约 2 m,每边宽约 50 mm 的 1∶2 水泥砂浆,俗称水泥砂浆护角,如图 3.3.56 所示。因为墙的阳角往外凸,很容易损坏,所以可以将阳角处做圆滑处理或者直接上护角条来达到保护的效果,如图 3.3.56(c)所示。

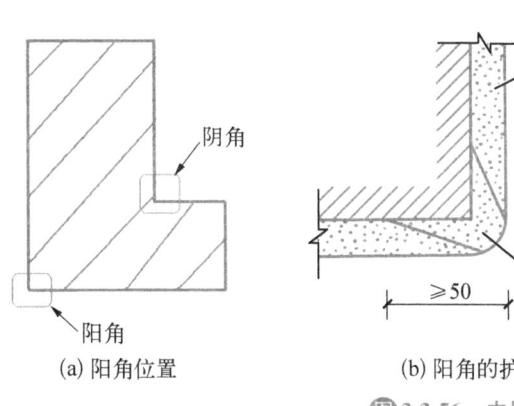
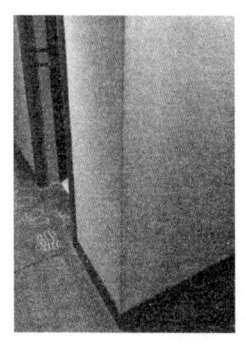

(a) 阳角位置　　　　　　(b) 阳角的护角构造　　　　　(c) 阳角处护角条

图3.3.56　内墙阳角

2. 贴面类墙面装修

贴面类装修指在内外墙面上粘贴各种饰面砖、饰面板或者壁纸墙布等。

(1) 饰面砖墙面装修构造

　　常用饰面砖有瓷瓦、陶瓷锦砖(马赛克)、玻璃锦砖(玻璃马赛克)等。由于饰面砖具有独特的卫生易清洗和清新美观的装饰效果,在家庭装修中常用于厨房,卫生间等的墙面。

　　饰面砖贴面的施工工序包括在基层上做打底层,然后做黏结层,最后做面砖贴面,如图 3.3.57(a)所示。以瓷砖贴面为例,瓷砖应提前放入水中浸泡,安装前取出晾干或擦干净,安装时先抹 15 mm 厚 1∶3 水泥砂浆打底并划毛,再用 1∶0.3∶3 水泥石灰混合砂浆或用掺有 107 胶(水泥用量的 5%～7%)的 1∶2.5 水泥砂浆满刮 10 mm 厚于面砖背面,使其紧粘于墙上,如图 3.3.57(b)所示。

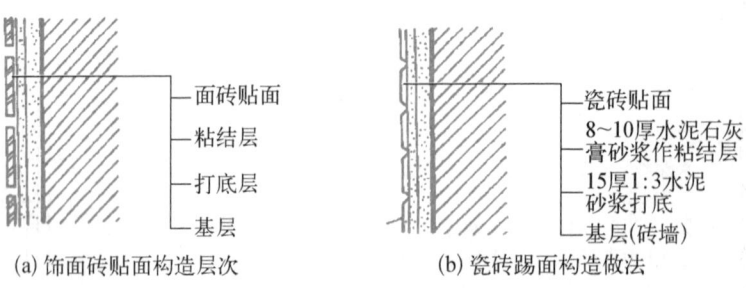

(a) 饰面砖贴面构造层次　　　　(b) 瓷砖踢面构造做法

图 3.3.57　饰面砖贴面构造

锦砖也称为马赛克,有陶瓷锦砖和玻璃锦砖之分。它的尺寸较小,根据其花色品种,可拼成各种花纹图案。陶瓷锦砖常常用于家庭装饰,玻璃锦砖常用在游泳池、科技馆、酒吧及俱乐部等公共场合。铺贴时先按设计的图案将小块材正面向下贴在(500×500) mm² 大小的牛皮纸上,然后牛皮纸面向外将马赛克贴于饰面基层上,待半凝后将纸洗掉,同时修整饰面。

饰面砖墙面装修的实例如图 3.3.58 所示。

图 3.3.58　饰面砖墙面装修实例

（2）饰面板墙面装修构造

常见天然板材饰面有花岗石、大理石和青石板等,具有强度高、耐久性好,但价格较高,多用于外墙饰面或者高级装饰,而内墙饰面特别是家庭装修中很少采用。常见人造石板有预制水磨石板、人造大理石板等,因其装饰效果好,价格相对低廉,应用较为广泛。饰面板与基层的连接方法有湿挂法和干挂法。

湿挂法是采用墙面加钢筋网片,用铜丝固定板材,分层灌注水泥砂浆粘贴,属于传统施工工艺,如图 3.3.59 所示。湿挂法施工简单、成本低,但是会因为水泥砂浆粘贴板材后碳酸氢钙析出(泛白霜)或者出现水渍,使墙面石材变色,形成色差,而且还由于温度变化等原因,易造成墙面空鼓、开裂、甚至脱落等质量通病,所以逐渐被干挂法所取代。

干挂法是在主体结构上设主要受力点,以金属挂件将饰面石材直接吊挂于墙面上,不需再灌浆粘贴,如图 3.3.60 所示。这种方法可以有效地避免传统湿贴工艺出现的板材面泛白、变色,以及板材空鼓、开裂、脱落等现象,明显提高了建筑物的安全性和耐久性;而且在一定程度上改善施工人员的劳动条件,减轻了劳动强度,也有助于加快工程进度。

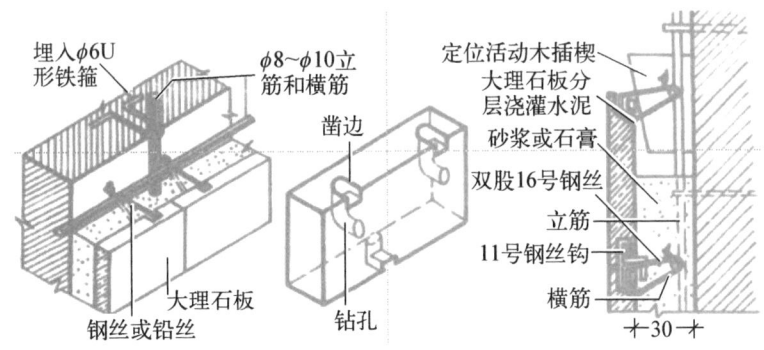

图 3.3.59 石材湿挂示意图

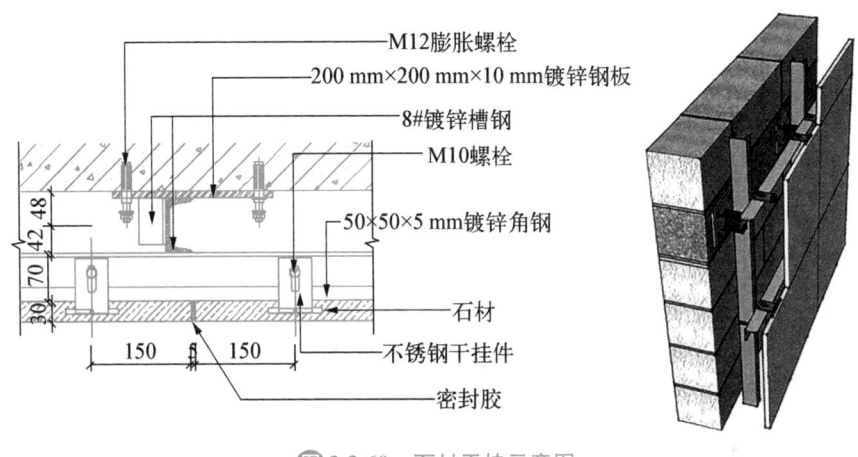

图 3.3.60 石材干挂示意图

3. 涂料类墙面装修

涂料类墙面装修系指喷涂、刷于基层表面后,能与基层形成完整而牢固的保护膜的涂层饰面装修,是墙面装修中最简便的一种形式。

涂料按其主要成膜物的不同,可以分为有机涂料和无机涂料两大类。

(1) 无机涂料

常用的无机涂料有石灰浆、大白浆、可赛银浆、硅酸盐无机涂料等。石灰浆耐久性、耐水性以及耐污染性较差,但是价格低,施工、维修方便,主要用于装饰档次较低的室内墙面、顶棚饰面。

硅藻泥涂料是一种新兴的无机涂料,它的主要成分是硅藻土,是一种天然的绿色环保涂料,本身无任何污染,无异味。除此之外,硅藻泥涂料还具有手工工艺、调节湿度、净化空气、防火阻燃、吸音降噪、保温隔热、保护视力、墙面自洁、超长寿命等多种特性和功能,适用于别墅、酒店、家居、公寓、医院等内墙装饰。尽管硅藻泥存在着天然环保和性能优越等优点,但硅藻泥产品本身也是有缺陷的,主要表现在耐水性差,不耐擦洗,硬度不足,不适合过于潮湿的环境使用等,目前应用于外墙的并不多。

(2) 有机涂料

有机合成涂料依其主要成膜物质和稀释剂的不同,可分为溶剂型涂料、水溶性涂料和乳液型涂料三种。

溶剂型涂料是以高分子合成树脂为主要成膜物质，以有机溶剂为稀释剂，加入一定量颜料、填料及辅料，经辊轧塑化，研磨搅拌溶解配制而成的一种挥发性涂料。这类涂料一般有较好的硬度、光泽、耐水性、耐蚀性以及耐老化性。但施工时有机溶剂挥发污染环境，施工时要求基层干燥，除个别品种外，在潮湿基层上施工易产生起皮、脱落。这类涂料主要用于外墙饰面。

水溶性涂料有聚乙烯醇水玻璃内墙涂料、聚乙烯醇缩甲醛内墙涂料等。聚乙烯醇涂料是以聚乙烯醇树脂为主要成膜物质。这类涂料的优点是不掉粉，造价低，施工方便，使用较为普遍，主要用于内墙饰面。由丙烯酸树脂、彩色砂粒、各类辅助剂组成的真石漆涂料是一种具有较高装饰性的水溶性涂料，其膜层质感与天然石材相似，色彩丰富，具有不燃、防水、耐久性好等优点，且施工简便，对基层的限制较少，适用于宾馆、剧场、办公楼等场所的内外墙饰面装饰。

乳液涂料是以各种有机物单体经乳液聚合反应后生成的聚合物作为主要成膜物质配成的涂料。当填充料为细小粉末时，所配制的涂料能形成类似油漆漆膜的平滑涂层.习惯上称为"乳胶漆"。乳液涂料以水为分散介质，无毒、不污染环境。由于涂膜多孔而透气，可在初步干燥的抹灰基层上涂刷。涂膜干燥快，对加快施工进度、缩短工期十分有利。另外，所涂饰面可以擦洗、易清洁、装饰效果好。乳液涂料施工须按所用涂料品种性能及要求（如基层平整、光洁、无裂纹等）进行。

4. 裱糊类墙面装修

裱糊类墙面装修是将各种装饰性的墙纸、墙布、织锦等材料裱糊在内墙面上的一种装修饰面，广泛应用于室内墙面装修。墙纸品种很多，目前国内使用最多的是塑料墙纸和玻璃纤维墙布等。

（1）基层处理：在基层刮腻子，以使裱糊墙纸的基层表面达到平整光滑。同时为了避免基层吸水过快，还应对基层进行封闭处理，处理方法为：在基层表面满刷一遍按 1∶0.5～1∶1 稀释的 107 胶水。

（2）裱贴墙纸：粘贴剂通常采用 107 胶水。其配合比为：107 胶∶羧甲基纤维素（2.5%）水溶液∶水＝100∶（20～30）∶50。铺贴时应从上向下，并用刷子赶走墙纸中的气泡。墙纸拼贴时应采用对花处理。

5. 铺钉类墙面装修

铺钉类装修系指采用天然木板或各种人造薄板借助于镶钉胶等固定方式对墙面进行装饰处理。板材类墙面由骨架和面板组成，如图 3.3.61 所示。骨架有木骨架和金属骨架，面板有硬木板、胶合板、纤维板、石膏板等各种装饰面板和近年来应用日益广泛的金属面板。

五、建筑外墙保温构造

从建筑的舒适性及节能的角度考虑，建筑外墙应该做好保温构造。保温材料与屋面

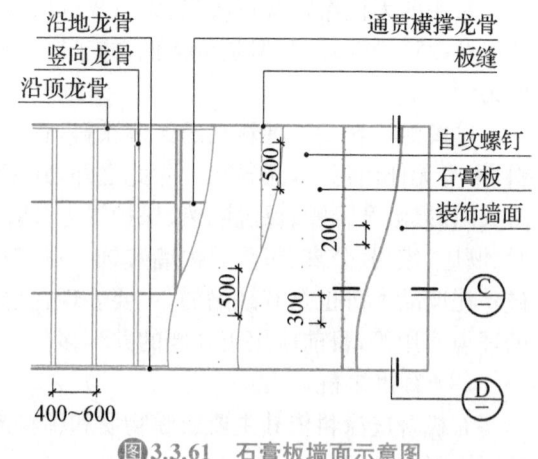

图 3.3.61　石膏板墙面示意图

保温所用材料相似,比如水泥膨胀珍珠岩保温板、发泡聚苯乙烯保温板、挤塑型聚苯乙烯保温板、玻璃棉或岩棉保温板等,但基层墙体在大多数情况下不可能向屋面那样托着保温层,而且还有诸多变形因素会作用在外墙上,所以保温层与墙体的连接方法与屋面有较大区别。另外,由于外墙对于饰面的要求往往比屋面高,而且饰面材料与保温材料以及隔蒸汽层、防水层等构造层次之间的排列都需要综合考虑安全、美观、方便等诸多因素。所以外墙的保温层与墙体的连接构造显得格外重要。

根据保温层在建筑外墙中所处的相对位置,可分为内保温(保温层设在外墙的内侧)、外保温(保温层设在外墙的外侧)、中保温(保温层设在外墙的夹层空间中),如图 3.3.62 所示。在民用建筑中一般采用外墙保温构造。

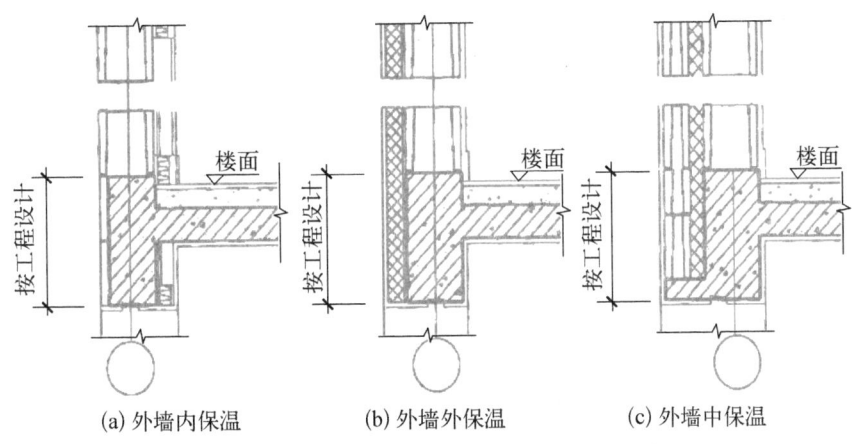

(a) 外墙内保温   (b) 外墙外保温   (c) 外墙中保温

图3.3.62 外墙保温层设置位置示意图

1. 外墙外保温构造

外墙外保温是将保温层设置在外墙的外侧,由于整个外墙面是连续的,不像内墙面那样可以被楼板隔开,所以整个外墙处于保温层的保护之下,保温效果更有保证。而且保温层做在外墙的外侧,不占用室内使用面积。但是外墙面又会直接受到阳光的照射和雨雪的侵袭,所以外保温构造在对抗变形因素的影响和防止材料脱落,以及防火等安全方面的要求更高。常用的外墙保温构造有以下几种:

(1) 保温浆料外粉刷

保温浆料外粉刷是先在外墙表面做一道界面砂浆,然后粉聚苯颗粒保温浆料等保温砂浆。如果保温砂浆的厚度较大,应当在里面钉入镀锌钢丝网,以防止开裂(满铺金属网时应有防雷措施)。保护层及饰面用聚合物砂浆加上耐碱玻纤布,最后用柔性耐水腻子嵌平,涂表面涂料,如图 3.3.63 所示。

在高聚物砂浆中加入玻纤网格布是为了防止外粉刷空鼓、开裂。注意玻纤布应该做在高聚物砂浆的层间,其原理与应当将钢筋埋在混凝土中制成钢筋混凝土,而不是将钢筋附在混凝土表面是一样的。其中保护层中的玻纤布在门窗洞等易开裂处应加铺一道,或者改用钉入法固定的镀锌钢丝网来加强。

(2) 外贴保温板材

用于外墙外保温的板材最好是自防水及阻燃性的,如阻燃性挤塑性聚苯板和聚氨酯外墙保温板等,可以省去做隔汽层及防水层的麻烦,又较安全。外墙保温板黏结时,应用机械锚固件辅助连接,以防止脱落。一般挤塑性聚苯板需加钉四个钉/m^2;发泡型聚苯板需加钉 1.5 个钉/m^2。此外,鉴于防火方面的需要,在高层建筑 60 m 以上高度的墙面上,窗口以上的一截保温应用矿棉板来做。外贴保温板的外墙外保温构造的基本做法是:用黏结胶浆与辅助机械锚固方法一起固定保温板,保护层用聚合物砂浆加上耐碱玻纤布,饰面用柔性耐水腻子嵌平,涂表面涂料。如图 3.3.64 所示。

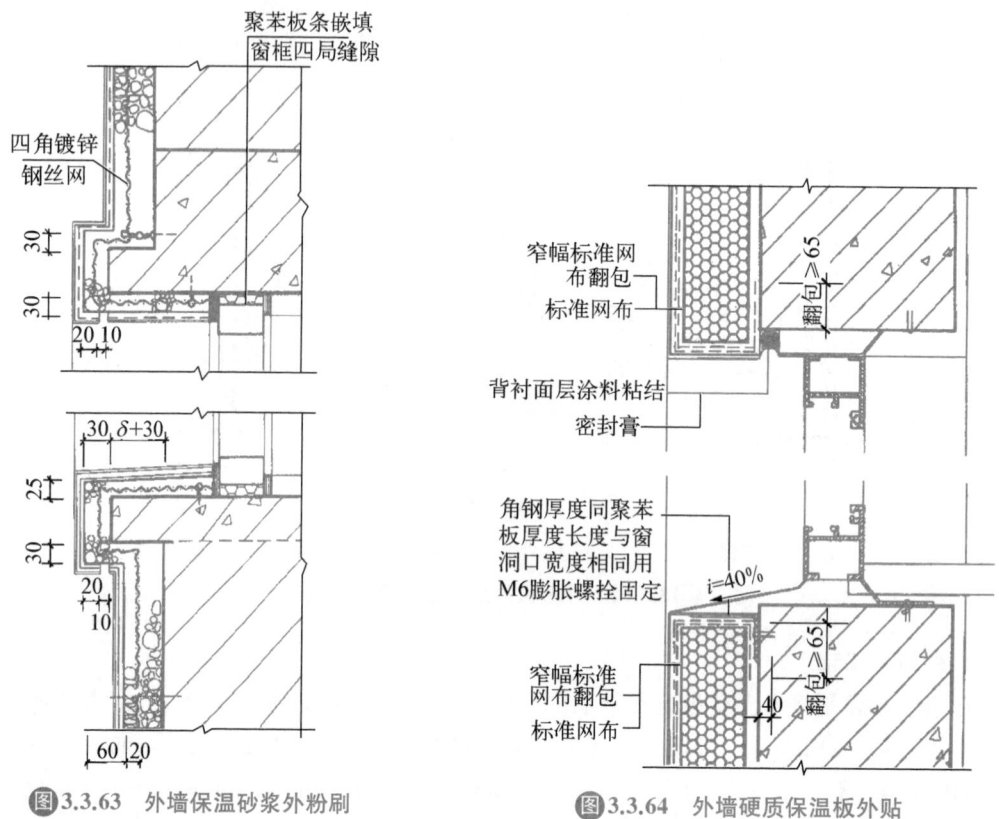

图 3.3.63　外墙保温砂浆外粉刷　　　　图 3.3.64　外墙硬质保温板外贴

图 3.3.65 为一种将结构构件和保温、装饰一体化设计的方法。图中的挤塑型聚苯板被做成可以插接的模板,装配后在里面现浇钢筋混凝土墙体。调整跨越内外两层模板的塑料固定件的型号,还可以按照结构要求改变钢筋混凝土墙体的厚度。同时,固定件插入聚苯模板中的部分又可以作为墙筋来固定外装饰面板。这种构造虽然材料费用较高,但工业化程度高,施工方便,可以节省大量现场人工,保温效果也非常好。

对于例如砌体墙上的圈梁、构造柱等热桥部位,可以利用砌块厚度与圈梁、构造柱的最小允许截面厚度尺寸之间的差,将圈梁、构造柱的与外墙的某一侧做平,然后在其另一侧圈梁、构造柱部位墙面的凹陷处填入一道加强保温材料,如聚苯保温板等,厚度应与墙面做平为宜,如图 3.3.66 所示。当加强保温材料做在外墙外侧时,考虑适应变形及安全的因素,聚苯保温板等应该用钉加强。

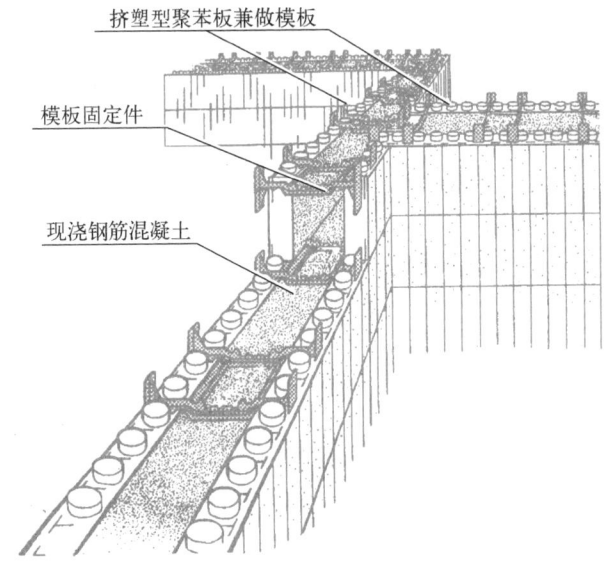

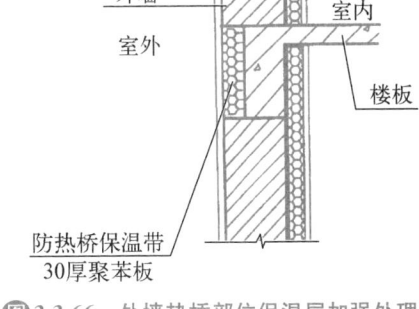

图 3.3.65　保温层及现浇混凝土外墙结合　　图 3.3.66　外墙热桥部位保温层加强处理

2. 外墙内保温构造

外墙内保温的优点是不影响外墙外饰面及防水等构造的做法,但需要占据较多的室内空间,减少了建筑物的使用面积,而且用在居住建筑上,会给用户的自主装修造成一定的麻烦。做在外墙内侧的保温层,一般有以下几种构造做法:

(1) 硬质保温制品内贴

具体做法是在外墙内侧用胶贴剂粘贴增强石膏聚苯复合保温板等硬质建筑保温层,然后在其表面抹粉刷石膏,并在里面压入中碱玻纤涂塑网格布(满铺),最后用腻子嵌平,做涂料,如图 3.3.67 所示。由于石膏的防水性能较差,因此在卫生间、厨房等潮湿的房间内不宜使用增强聚苯石膏板。

(2) 保温层挂装

具体做法是先在外墙内侧固定衬有保温材料的保温龙骨,在龙骨的间隙中填入岩棉等保温材料,然后在龙骨表面安装纸面石膏板,如图 3.3.68 所示。

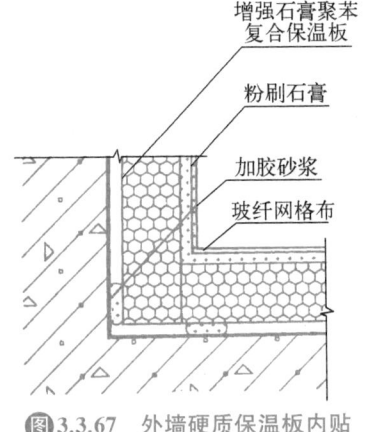

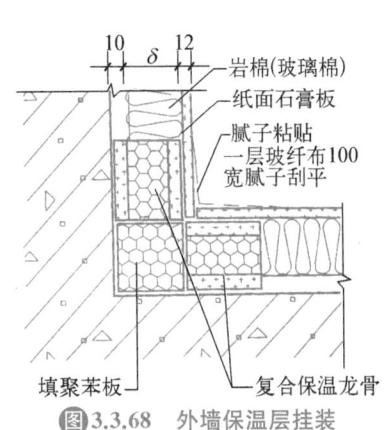

图 3.3.67　外墙硬质保温板内贴　　图 3.3.68　外墙保温层挂装

3. 外墙中保温构造

在按照不同的使用功能设置多道墙板或者做双层砌体墙的建筑物中，外墙保温材料可以放置在这些墙板或砌体墙的夹层中，或者并不放入保温材料，只是封闭夹层空间形成静止的空气间层，并在里面设置具有较强反射功能的铝箔等，起到热量外流的作用。

图 3.3.69 是在基层外墙板与装饰面板之间的夹层中铺钉保温板的实例。类似这样的做法，保温板可以在现场安置，也可以预先在工厂叠加在基层板上后，再运到现场安装。由于在两层墙板之间的连接件处存在热桥，可以在节点处喷发泡聚氨酯，这样

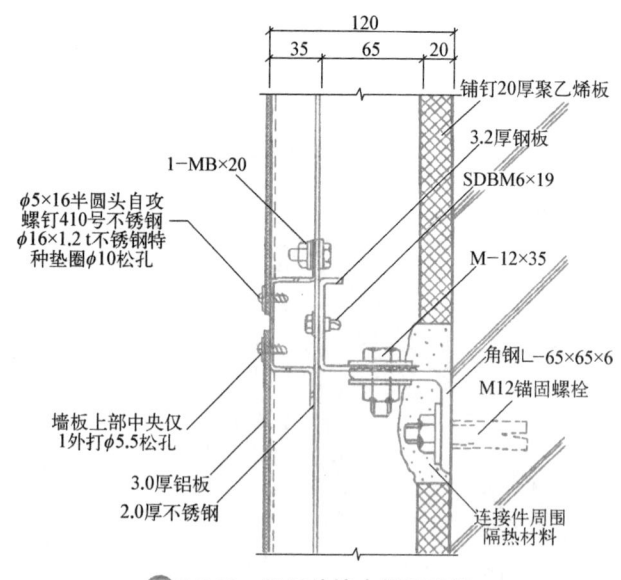

图 3.3.69 双层外墙中保温实例

同时堵塞了连接件处的螺栓孔洞，防水的效果也很好。如果在基层板上不放保温板，完全用约 20～30 mm 的发泡聚氨酯来代替它，不但保温效果不会受影响，基层板缝也可不用做特殊的防水处理，是整体处理的好办法。图 3.3.70 是在双层砌块墙体的中间夹层中放置保温材料的例子。

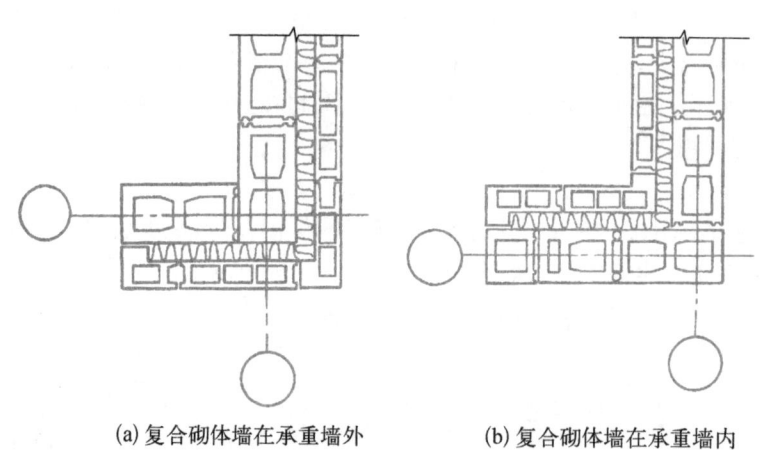

(a) 复合砌体墙在承重墙外　　　　(b) 复合砌体墙在承重墙内

图 3.3.70　双层砌体墙中保温层做法示意

自测题

任务 3.4　掌握楼地层构造

一、楼地层设计要求和构造组成

楼地层包括楼层和地层,楼层是房屋层与层之间的水平分隔构件。楼层和地层是供人们在上面活动使用的,因而具有相同的面层类型。但由于楼层和地层所处的位置和受力不同,因而结构受力层不同。楼层的承重受力构件是楼板,楼层的使用荷载及其自重通过楼板传给墙或柱,再传给基础;地层是建筑物底层与土壤相接的水平构件,和楼层一样,它承受作用在底层地面上的全部荷载,并将荷载均匀地传给地基。

1. 楼地层的设计要求

（1）强度和刚度要求

强度要求是指楼地层应保证在自重和活荷载作用下安全可靠,不发生任何破坏。刚度要求是指楼地层在一定荷载作用下不发生过大变形。楼地层应具有足够的强度和刚度,在荷载作用下不破坏,以保证安全和正常使用。

（2）隔声要求

楼层和地层应具有一定的隔声能力。楼层的隔声量一般在 40 dB～50 dB。提高楼层隔声能力的措施有以下几种:

① 选用空心构件来隔绝空气传声;

② 在楼板面铺设弹性面层,如橡胶、地毡等;

③ 在面层下铺设弹性垫层;

④ 在楼板下设置吊顶棚。

（3）热工及防火要求

一般楼层和地层应有一定的蓄热性,即地面应有保温的感觉。防火要求楼地层应根据建筑物的等级、对防火的要求等进行设计。建筑物的耐火等级对构件的耐火极限和燃烧性能有一定的要求。楼层承重构件应尽量采用耐火和半耐火材料制造,保证在火灾发生时,在一定时间内不至于因楼板塌陷而给生命和财产带来损失。

（4）防水、防潮要求

对于厨房、厕所、卫生间等一些地面潮湿、易积水房间,应处理好楼地层的防渗问题。

（5）便于在楼层和地层中敷设各种管线

（6）经济要求

一般楼地层约占建筑物总造价的 20%～30%,选用楼板时应考虑就地取材和提高装配化的程度。

此外,楼地层还应考虑经济、美观和建筑工业化等方面的要求。

2. 楼地层的组成

楼板层主要由三部分组成:面层、结构层和顶棚,根据使用的实际需要可在楼板层里设置附加层。如图 3.4.1(a)(b)所示。

地坪层的基本组成部分有面层、垫层、和基层三部分,对有特殊要求的地坪,常在面层和垫层之间增设附加层。如图 3.4.1(c)所示。

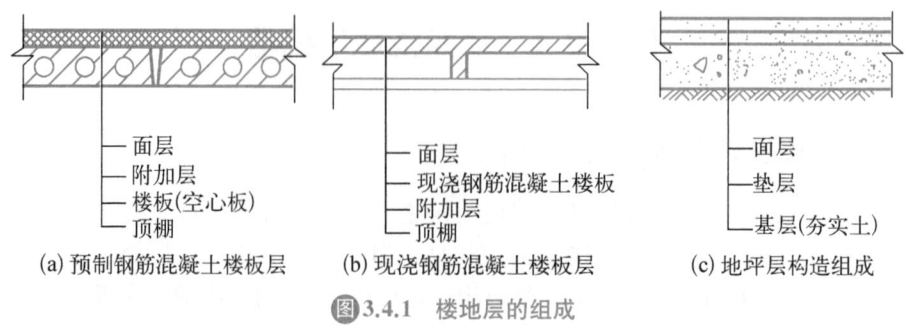

(a) 预制钢筋混凝土楼板层　　(b) 现浇钢筋混凝土楼板层　　(c) 地坪层构造组成

图 3.4.1　楼地层的组成

二、钢筋混凝土楼板层构造

楼板层包括面层、结构层、附加层、楼板顶棚层，如图 3.4.1(a)(b)所示。面层位于楼板层的最上层，起着保护楼板层、分布荷载和绝缘的作用，同时对室内起美化装饰作用，其构造做法同地坪面层。结构层位于面层和顶棚层之间，主要功能在于承受楼板层上全部荷载并将这些荷载传给墙或柱；同时还对墙身起水平支撑作用，以加强建筑物的整体刚度。附加层又称功能层，通常甚至在面层和结构层之间，或结构层和顶棚之间，主要作用是隔声、隔热、保温、防水、防潮、防腐蚀、防静电等。根据需要，有时和面层合二为一，有时又和吊顶合为一体。楼板顶棚层位于楼板层最下层，主要作用是保护楼板、安装灯具、遮挡各种水平管线，改善使用功能、装饰美化室内空间。

1. 楼板结构层的构造要求

楼板结构层一般采用钢筋混凝土楼板。钢筋混凝土楼板按其施工方法不同，可分为现浇式、装配式和装配整体式三种。现浇式楼板是在现场支模板、绑钢筋、浇混凝土、养护等过程形成的钢筋混凝土楼板。装配式钢筋混凝土楼板系指在构件预制加工厂或施工现场外预先制作，然后运到工地现场进行安装的钢筋混凝土楼板。预制板的长度一般与房屋的开间或进深一致，为 3 M(1 M＝100 mm)的倍数；板的宽度一般为 1 M 的倍数；板的截面尺寸须经结构计算确定。预制板只能两边支承，杜绝第三边支承，即预制板的长边应与墙边平行。装配整体式又叫装配式，即将预制板、梁等构件吊装就位后，在其上或者与其他部位相接处浇筑钢筋混凝土连结成整体。下面只介绍现浇钢筋混凝土楼板的构造，装配式和装配整体式楼板的构造，若感兴趣可参考其他教材。

现浇钢筋混凝土楼板是在施工现场通过支模、绑扎钢筋、浇注混凝土、养护等工序而成型的楼板。它具有整体性好、抗震，容易适应不规则形状和留孔洞等特殊要求的建筑，但有模板用量大，施工速度慢等缺点。近年来由于工具式模板的采用，现场机械化程度的提高，在高层建筑中得到较普遍的应用。

现浇钢筋混凝土楼板按受力和传力情况可分为板式、梁板式、无梁楼板以及压型钢板组合楼板等。

(1) 板式楼板

在墙体承重建筑中，当房间较小，楼面荷载可直接通过楼板传给墙体，而不需要另设梁。楼板内不设置梁，将板直接搁置在墙上的称为板式楼板。

楼板的分类

板有单向板与双向板之分,如图 3.4.2 所示。当板的长边与短边之比大于 2 时,板基本上沿短边方向传递荷载,这种板称为单向板,板内受力钢筋沿短边方向加置。双向板长边与短边之比不大于 2,荷载沿双向传递,短边方向内力较大,长边方向内力较小,受力主筋平行于短边,并摆在下面。板式楼板底面平整、美观、施工方便。适用于小跨度房间,如走廊、厕所和厨房等。

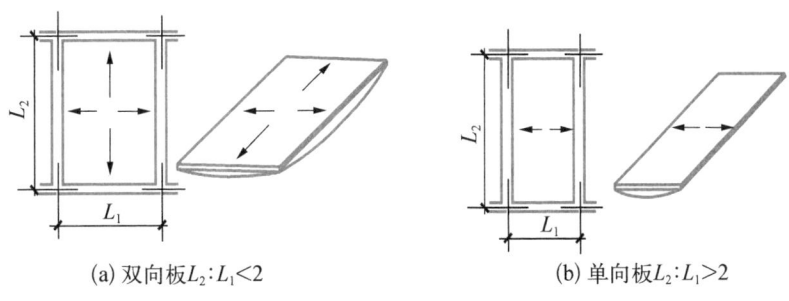

(a) 双向板$L_2:L_1<2$　　　　　　　　　　(b) 单向板$L_2:L_1>2$

图3.4.2　四面支撑现浇板受力示意图

（2）肋梁楼板

肋梁楼板是最常见的楼板形式之一,如图 3.4.3 所示。当板为单向板时,称为单向板肋梁楼板,当板为双向板时,称为双向板肋梁楼板。梁有主梁、次梁之分,次梁与主梁一般垂直相交,板搁置在次梁上,次梁搁置在主梁上,主梁搁置在墙或柱上。肋梁楼板主次梁布置对建筑的使用、造价和美观等有很大影响。

（3）井式楼板

井式楼板是肋梁楼板的一种特殊形式。当房间尺寸较大,并接近正方形时,常沿两个方向布置等距离、等截面高度的梁(不分主次梁),板为双向板,形成井格形的梁板结构,纵梁和横梁同时承担着由板传递下来的荷载。井式楼板的跨度一般为 6～10 m,板厚为 70～80 mm,井格边长一般在 2.5 m 之内。井式楼板有正井式和斜井式两种。梁与墙之间成正交梁系的为正井式,图 3.4.4(a)所示;长方形房间梁与墙之间常作斜向布置形成斜井式,图 3.4.4(c)所示。井式楼板常用于跨度为 10 m 左右、长短边之比小于 1.5 的公共建筑的门厅、大厅。如果在井格梁下面加以艺术装饰处理,抹上线腰或绘上彩画,则可使顶棚更加美观。

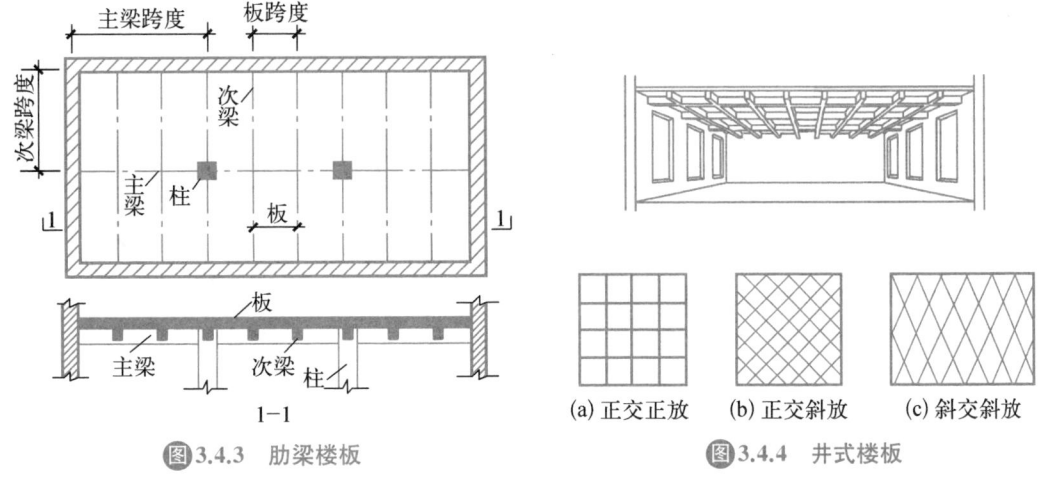

1—1

图3.4.3　肋梁楼板

(a) 正交正放　　(b) 正交斜放　　(c) 斜交斜放

图3.4.4　井式楼板

（4）无梁楼板

无梁楼板是将楼板直接支承在柱上，不设主梁和次梁。柱网一般布置为正方形或矩形，柱距以 6 m 左右较为经济，如图 3.4.5 所示。为减少板跨、改善板的受力条件和加强柱对板的支承作用，一般在柱的顶部设柱帽或托板。由于其板跨较大，板厚不宜小于 120 mm，一般为 160～200 mm。

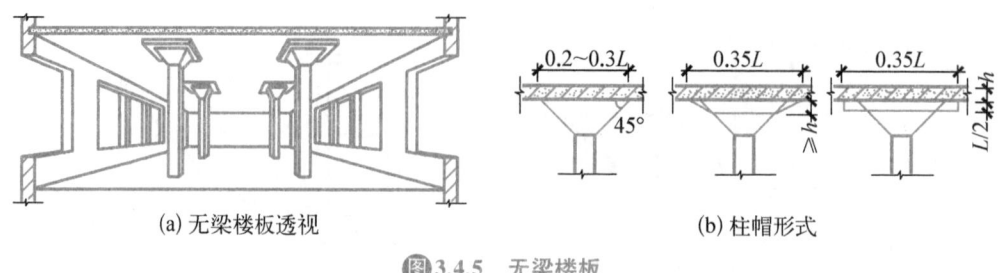

(a) 无梁楼板透视   (b) 柱帽形式

图3.4.5　无梁楼板

无梁楼板楼层净空较大，顶棚平整，采光通风和卫生条件较好，适宜于活荷载较大的商店、仓库和展览馆等建筑。

（5）压型钢板组合楼板

压型钢板组合楼板是以截面为凹凸相间的压型薄钢板做衬板与现浇混凝土浇筑在一起构成的楼板结构。压型钢板既起到现浇混凝土的永久模板作用，同时板上的肋条能与混凝土共同工作，可以简化施工程序，加快施工速度，并且具有刚度大、整体性好的优点，同时还可利用压型钢板肋间空间敷设电力或通讯管线。它适用于需有较大空间的高、多层民用建筑及大跨度工业厂房中。

压型钢板组合楼板是由钢梁、压型钢板和现浇混凝土三部分组成，基本构造形式见图3.4.6。压型钢板双面镀锌，截面一般为梯形，板薄却刚度大。为进一步提高承载能力和便于敷设管线，可采用压型钢板下加一层钢板或由两层梯形板组合成箱形截面的压型钢板，如图 3.4.7 所示，压型钢板板宽为 500～1 000 mm，肋高 35～150 mm。压型钢板之间常采用自攻螺栓、膨胀铆钉或压边咬接等方式进行连接。

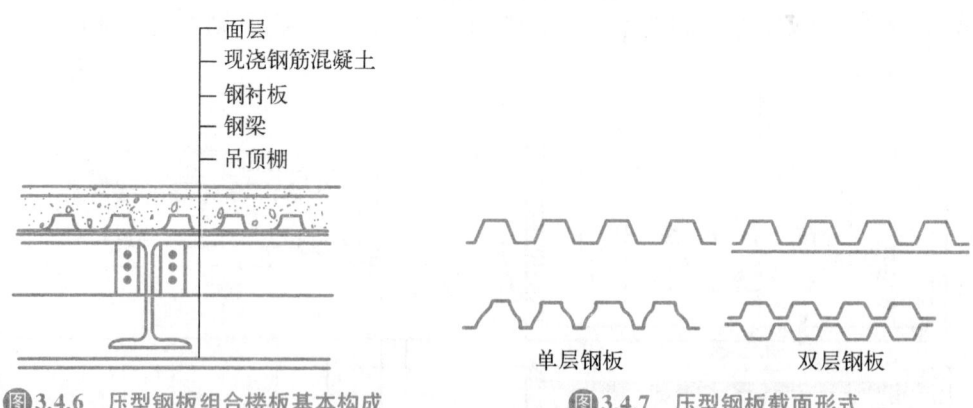

图3.4.6　压型钢板组合楼板基本构成   图3.4.7　压型钢板截面形式

压型钢板组合楼板的整体连接是由栓钉（又称抗剪螺钉）将钢筋混凝土、压型钢板和钢梁组合成整体。栓钉是组合楼板的抗剪连接件，楼面的水平荷载通过它传递到梁、柱上，所以又称剪力螺栓，其规格和数量是按楼板与钢梁连接的剪力大小确定的。栓钉应与钢梁焊接（如图 3.4.8 所示）。

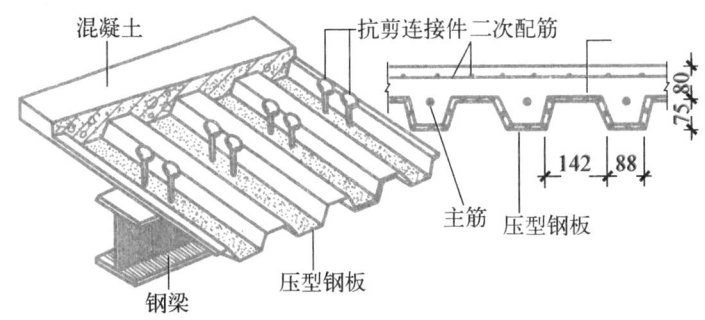

图3.4.8　压型钢板与钢梁之间的连接

2. 面层的构造要求

此处的面层包括楼板层的面层（楼面）及地坪层的面层，通称为地面。它们在构造要求及做法上基本相同，均属室内装修范畴，因此归纳在一起叙述。

1）面层的功能要求

面层是人们日常生活、工作和生产时，必须接触的部分，也是建筑中直接承受荷载，经常受到摩擦、清扫和冲洗的装修部分。因此，对面层应有一定的功能要求。

（1）具有足够的坚固性：即要求在各种外力作用下不易被磨损、破坏、且要求表面平整、光洁、易清洁和不起灰。

（2）具有较好的保温性：作为人们经常接触的地面，应给人以温暖舒适的感觉，寒冷季节不致感到寒冷。

（3）具有一定的弹性：当人们行走时不致有过硬的感觉，同时有弹性的地面对减弱撞击声亦有利。

（4）满足隔声要求：隔声要求主要体现在楼地面。可通过选择楼地面垫层的厚度与材料类型来达到。

（5）其他要求：对有水作用的房间，地面应防潮防水；对有火灾隐患的房间，应防火耐燃烧；对有化学物质作用的房间，则要求具有耐腐蚀的能力等。

综上所述，在进行面层的设计或施工时，应根据房间的使用功能和装修标准，选择适宜的面层和附加层，从构造设计到施工质量确保地面具有坚固、耐磨、平整、不起灰、易清洁、有弹性、防火、保温、防潮、防火、防腐蚀等特点。

2）面层的构造做法

根据面层所用的材料及施工方法的不同，常用地面可分为四大类型，即整体地面、块材地面、卷材地面和涂料地面。

楼地面做法

（1）整体地面

用现场浇注的方法做成整片的地面称为整体地面，具有构造简单，造价较低的特点。常用的有水泥砂浆地面、水磨石地面、菱苦土地面等。

① 水泥砂浆地面

水泥砂浆地面通常是用水泥砂浆抹压而成的。它原料供应充足方便，造价低，耐磨、防水，但有吸水性差、易结露、易起灰、无弹性、热传导性高等缺点，是目前应用最广泛的一种低档地面。

水泥砂浆地面有单层和双层构造之分。单层做法是先刷素水泥砂浆结合层一道,再用 15～20 mm 厚 1：2.5 水泥砂浆压实抹光(如图 3.4.9、图 3.4.10 所示)。双层做法是先以 15～20 mm 厚 1：3 水泥砂浆打底、找平,再以 5～10 mm 厚 1：2 或 1：2.5 的水泥砂浆抹面(如图 3.4.11、图 3.4.12 所示)。分层构造虽增加了施工程序,却容易保证质量,减少了表面干缩时产生裂纹的可能。当前以双层水泥砂浆地面居多。

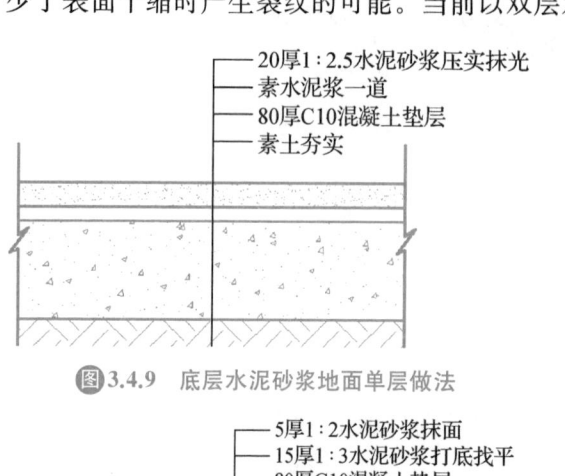

图 3.4.9 底层水泥砂浆地面单层做法　　图 3.4.10 楼板层水泥砂浆地面单层做法

图 3.4.11 底层水泥砂浆地面双层做法　　图 3.4.12 楼板层水泥砂浆地面双层做法

② 水磨石地面

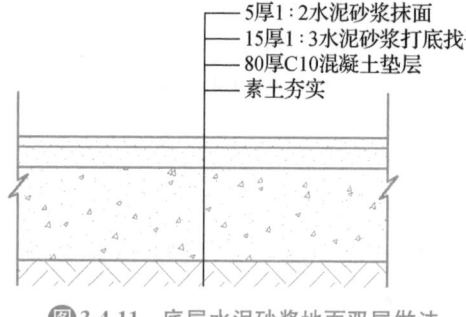

水磨石地面是用水泥作胶结材料、大理石或白云石等中等硬度石料的石屑作骨料而形成的水泥石屑浆浇抹硬结后,经磨光打蜡而成。其性能与水泥砂浆地面相似,但耐磨性更好、表面光洁、不易起灰。常用于卫生间、厨房、公共建筑的门厅、走廊、楼梯间以及标准较高的房间。

水磨石地面的常规做法是底层用 10～15 mm 厚 1：3 水泥砂浆打

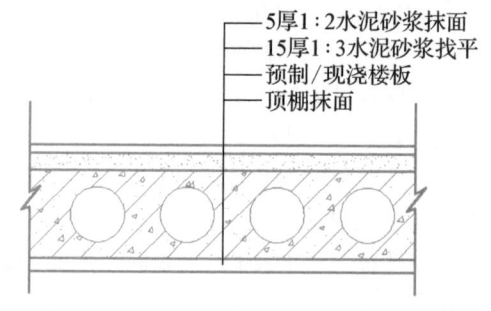
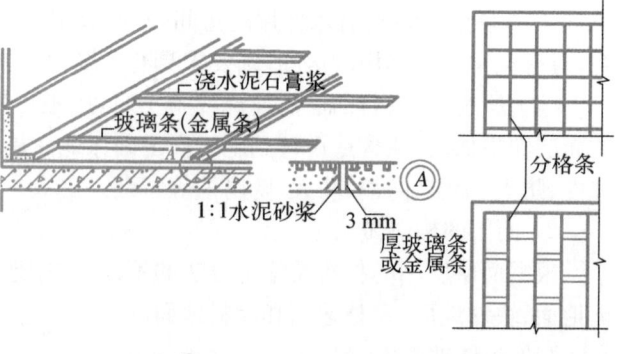

图 3.4.13 水磨石地面

底、找平,按设计图采用 1：1 水泥砂浆固定分格条(玻璃条、铜条或铝条等),面层 1：2～1：2.5 水泥石碴浆抹面,厚度 12 mm,浇水养护约一周后用磨石机磨光,再用草酸清洗,打蜡保护,如图 3.4.13 所示。水磨石地面分格的作用是将地面划分成面积较小的区格,减少开裂的可能,分格条形成的图案增加了地面的美观,同时也方便了维修。

（2）块材地面

块材地面是指利用各种人工和天然块材铺贴而成的地面。这种地面易清洁,经久耐用,花色品种多,装饰效果强,但功效低,价格高,属于中高档地面。块材地面按面层材料不同有陶瓷板块地面、石板地面、木地面等。

① 陶瓷板块地面

用于地面的陶瓷板块有缸砖、陶瓷锦砖、釉面陶瓷地砖、瓷土无釉砖等。这类地面的特点是表面致密光洁、耐磨、耐腐蚀、吸水率低、不变色,但造价偏高,一般适用于有水作用的房间以及有腐蚀的房间,如厕所、盥洗室,浴室和实验室等。

缸砖等陶瓷板块地面的铺贴方式是在结构层或垫层找平的基础上,撒素水泥面(洒适量清水),用 5～10 mm 厚 1：1 水泥浆铺平拍实,再用干水泥擦缝,如图 3.4.14 所示。

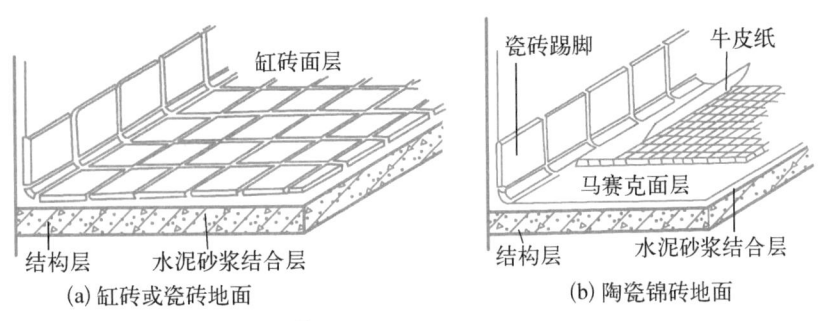

（a）缸砖或瓷砖地面　　（b）陶瓷锦砖地面

图 3.4.14　陶瓷板块地面

② 石板地面

石板地面包括天然石地面和人造石地面。

天然石有大理石和花岗石等。人造石有预制水磨石板、人造大理石板等。磨光花岗石板的耐磨性与装饰效果极佳,但价格十分昂贵,是高档的地面装饰材料。

石板地面尺寸较大,一般为 300 mm × 300 mm～500 mm × 500 mm,铺设时需预先试铺,合适后再正式粘贴,粘贴表面的平整度要求高。其构造做法是在混凝土垫层上先用 20～30 mm 厚 1：3～1：4 干硬性水泥砂浆找平,再用 5～10 mm 厚 1：1 水泥砂浆铺贴石板,缝中灌稀水泥浆擦缝。

③ 木地面

木地面的主要特点是有弹性、不起灰、不返潮、易清洁、保温性好,但耐火性差,保养不善时易腐朽,且造价较高,是一种高级地面装饰材料。一般用于装修标准较高的住宅、宾馆、体育馆、健身房、剧院舞台等建筑中。

木地面按构造方式有空铺式和实铺式两种。空铺木地面耗木料多,目前已少用。

实铺木地面有铺钉式和粘贴式两种做法。

铺钉式实铺木地面有单层和双层做法,单层做法是将木地板直接钉在钢筋混凝土基层上的木搁栅上,而木搁栅绑扎在预埋于钢筋混凝土楼板内或混凝土垫层内的 10 号双股镀锌铁丝上。木搁栅为 50 mm × 70 mm 方木,中距 400 mm,50 mm × 50 mm 横撑,中距 800 mm。若在木搁栅上加设 45°斜铺木毛板,再钉长条木板或拼花地板,就形成了双层做法。为了防腐可在基层上刷冷底子油一道,热沥青玛蹄脂(SMA)两道,木龙骨及横撑等均满涂氟化钠防腐剂。另外,还应在踢脚板处设置通风口,使地板下的空气疏通,以保持干燥,如图 3.4.15

(a)(b)所示。粘贴式实铺木地面是将木地面用黏结材料直接粘贴在钢筋混凝土楼板或混凝土垫层上的砂浆找平层上。其做法是先在钢筋混凝土基层上用 20 mm 厚 1∶2.5 水泥砂浆找平,然后刷冷底子油和热沥青各一道作为防潮层,再用胶粘剂随涂随铺 20 mm 厚硬木长条地板。当面层为小席纹拼花木地板时,可直接用胶粘剂刷在水泥砂浆找平层上进行粘贴,如图 3.4.15(c)所示。

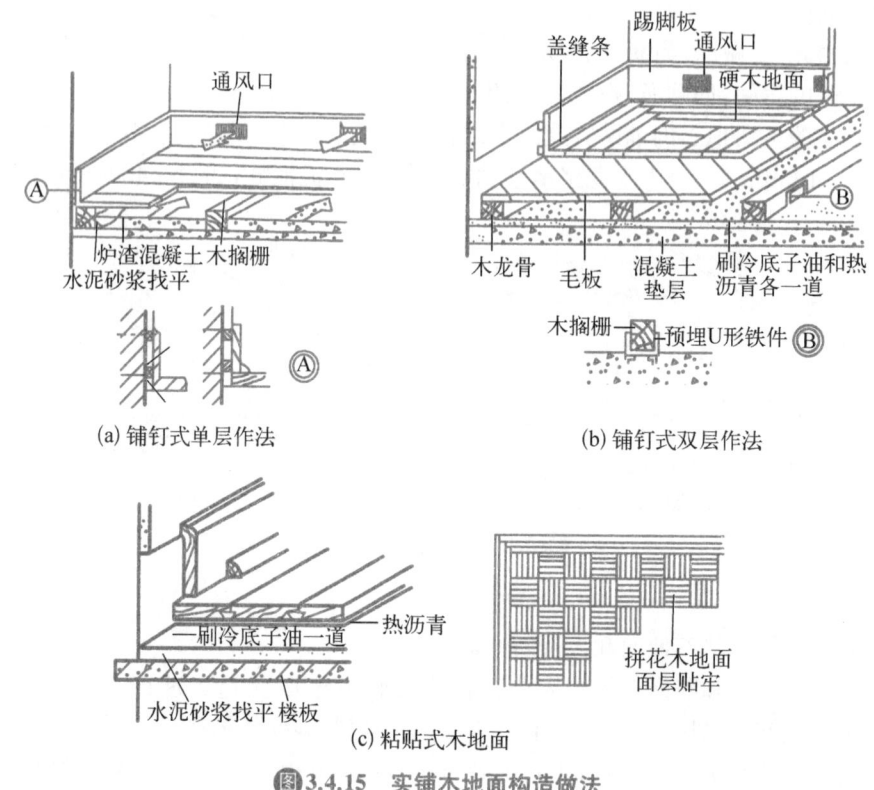

(a) 铺钉式单层作法

(b) 铺钉式双层作法

(c) 粘贴式木地面

图 3.4.15 实铺木地面构造做法

当地面采用实铺式木地面时,须在混凝土垫层上设防潮层,木地板做好后应油漆打蜡以保护地面。

(3) 卷材地面

卷材地面是用成卷的铺材铺贴而成。常见卷材有软质聚氯乙烯塑料地毡、橡胶地毡以及地毯等。

软质聚氯乙烯塑料地毡的规格一般为宽 700～2 000 mm 长 10～20 mm,厚 1～6 mm,可用黏结剂粘贴在水泥砂浆找平层上,也可干铺。塑料地毡的拼接缝隙,通常切割成 V 形,用三角形塑料焊条焊接。

橡胶地毡是以橡胶粉为基料,掺入填充料,防老剂、硫化剂等制成的卷材。它耐磨、防滑、耐湿、绝缘、吸声并富有弹性。橡胶地毡可以干铺,也可以用黏结剂粘贴在水泥砂浆找平层上。

地毯类型较多,按地毯面层材料不同有化纤地毯、羊毛地毯、棉织地毯等。地毯柔软舒适、吸音、隔声、保温、美观而且施工简便,是理想的地面装修材料,但价格较高。铺设方法有固定和不固定两种。固定式通常是将地毯用黏结剂粘贴在地面上,或将地毯用四周钉牢。为增加地面的弹性和消声能力,地毯下可铺设一层泡沫橡胶衬垫。

（4）涂料地面

涂料地面是利用涂料涂刷或涂刮而成。它是水泥砂浆地面的一种表面处理形式，用以改善水泥砂浆地面在使用和装饰方面的不足。

地板漆是传统的地面涂料，它与水泥砂浆地面黏结性差、易磨损、脱落，目前已逐步被人工合成高分子材料所取代。

人工合成高分子涂料是由合成树脂代替水泥或部分代替水泥，再加入填料、颜料等搅拌混合而成的材料，经现场涂布施工，硬化以后形成整体的涂料地面。它的突出特点是无缝、易于清洁，并且施工方便，造价较低，可以提高地面的耐磨性、韧性和不透水性。适用于一般建筑水泥地面装修。

3. 顶棚层构造的构造要求

顶棚是楼板层下面的装修层。对顶棚的基本要求是光洁、美观，能通过反射光照来改善室内采光和卫生状况。对某些房间还要求具有防火、隔声、保温、隐蔽管线等功能。

顶棚、阳台、雨篷

顶棚按构造方式不同有直接式顶棚和悬吊式顶棚两种类型。

（1）直接式顶棚

直接式是指直接在楼板底直接喷刷、和贴面。

① 喷刷顶棚：室内装饰要求不高时，可在楼板底面填缝刮平后直接喷刷大白浆、石灰浆等涂料，以增加顶棚的反射光照作用。

② 抹灰顶棚：当楼板底面不够平整或室内装修要求较高时，可在楼板底抹灰后再喷刷涂料。顶棚抹灰可用纸筋灰、水泥砂浆和混合砂浆等，其中纸筋灰应用最普遍。纸筋灰抹灰应先用混合砂浆打底，再用纸筋灰罩面。

③ 贴面顶棚：对于某些有保温、隔热、吸声要求的房间，以及楼板底不需要敷设管线而装修要求又高的房间，可于楼板底面用砂浆打底找平后，用黏结剂粘贴墙纸、泡沫塑料板、铝塑板或装饰吸音板等，形成贴面顶棚。

（2）悬吊式顶棚

悬吊式顶棚是指悬挂在屋顶或楼板下，由骨架和面板所组成的顶棚，简称吊顶或吊顶棚。吊顶构造复杂、施工麻烦、造价较高，一般用于装修标准较高而楼板底部不平或楼板下面敷设管线的房间，以及有特殊要求的房间。

吊顶龙骨是用来固定面板并承受其重量，一般由主龙骨（又称主搁栅）和次龙骨（又称次搁栅）两部分组成。主龙骨通过吊筋与楼板相连，一般单向布置；次龙骨固定在主龙骨上，其布置方式和间距视面层材料和顶棚外形而定。主龙骨按所用材料不同分为金属龙骨和木龙骨两种。为节约木材，减轻自重以及提高防火性能，现多采用薄钢带或铝合金制作的轻型金属龙骨。面板有木质板、石膏板和铝合金板等。

金属龙骨吊顶一般以轻钢或铝合金型材作龙骨，具有自重轻、刚度大、防火性能好、施工安装快、无湿作业等特点，得到广泛应用。

主龙骨一般是通过 $\phi 6$ 钢筋或 $\phi 8$ 螺栓悬挂于楼板下，间距为 $900\sim 1\,200$ mm，主龙骨下挂次龙骨。龙骨截面有 U 形、⊥形和凹形。为铺钉装饰面板和保证龙骨的整体刚度，应在龙骨之间增设横撑，间距视面板类型及规定而定。最后在次龙骨上固定面板。

面板有各种人造板和金属板。人造板一般有纸面石膏板、浇注石膏板、水泥石棉板、铝塑板等；金属板有铝板、铝合金板、不锈钢板等，形状有条形、方形、长方形、折棱形等。面板可借用自攻螺丝固定在龙骨上或直接搁放于龙骨内，如图3.4.16所示。

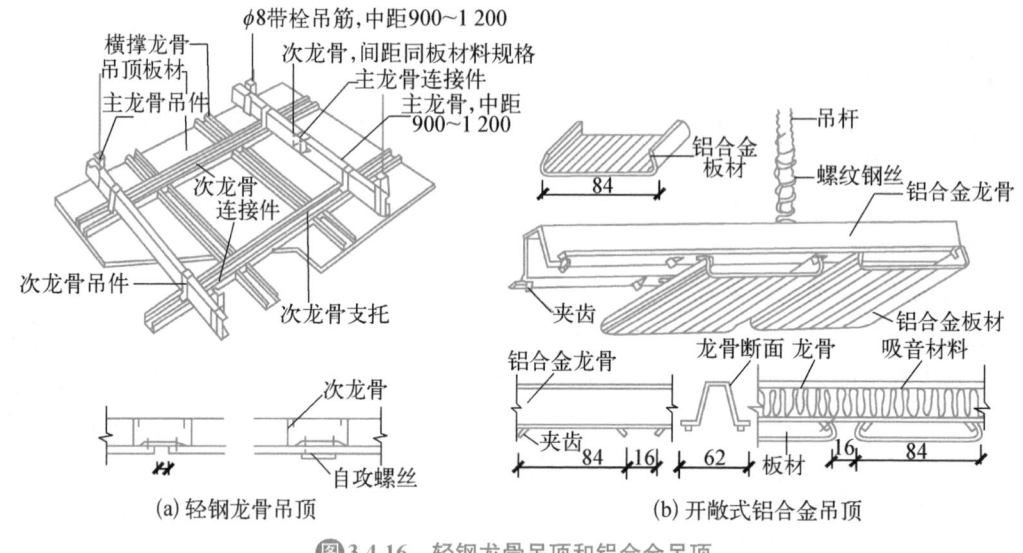

(a) 轻钢龙骨吊顶　　　　　　　　(b) 开敞式铝合金吊顶

图3.4.16 轻钢龙骨吊顶和铝合金吊顶

三、阳台的构造

1. 阳台的类型

阳台是楼房建筑中不可缺少的室内外过渡空间。人们可利用阳台晒衣、休息、眺望或从事家务活动。阳台按与外墙的位置关系可分为凸阳台、凹阳台与半凸阳台，如图3.4.17所示。

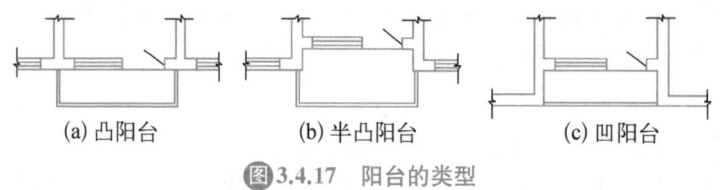

(a) 凸阳台　　　　　(b) 半凸阳台　　　　　(c) 凹阳台

图3.4.17 阳台的类型

2. 阳台的结构布置

凹阳台实为楼板层的一部分，所以它的承重结构布置可按楼板层的受力分析进行，采用搁板式布板方法。而凸阳台的受力构件为悬挑构件，涉及结构受力等问题，构造上要特别重视。

凸阳台的承重方案大体可分为挑梁式和挑板式两种类型。当出挑长度在1 200 mm以内时，可采用挑板式；大于1 200 mm时可采用挑梁式。

（1）搁板式

在凹阳台中，将阳台板搁置于阳台两侧凸出来的墙上，即形成搁板式阳台，阳台板型和尺寸与楼板一致，施工方便。在寒冷地区采用搁板式阳台，可以避免冷桥，如图3.4.18（a）所示。

（2）挑板式

挑板式阳台的做法有两种：一种做法是利用楼板从室内向外延伸，即形成挑板式阳台，如图3.4.18（b）所示。这种阳台构造简单，施工方便，但预制板型增多，且对寒冷地区保温不利,是纵墙承重住宅阳台的常用做法,阳台的长宽可不受房屋开间的限制而按需要调整。

挑板式阳台的另一种做法是将阳台板与墙梁(或过梁、圈梁)整浇在一起。这种形式的阳台底部平整,长度可调整,但须注意阳台板的稳定。一般可通过增加墙梁长度,借梁自重平衡;也可利用楼板的重量或其他措施来平衡,如图3.4.18(c)所示。

(3) 挑梁式

挑梁式阳台是从横墙内向外伸挑梁,其上搁置预制楼板。当楼板为预制楼板,结构布置为横墙承重时,可选择挑梁式。阳台荷载通过挑梁传给纵横墙,由压在挑梁上的墙体和楼板来抵抗阳台的倾覆力矩。挑梁压在墙中的长度应不小于1.5倍的挑出长度。为美观起见,可在挑梁端头设置面梁,即可以遮挡挑梁头,又可以承受阳台栏杆重量,还可以加强阳台的整体性,如图3.4.18(d)所示。

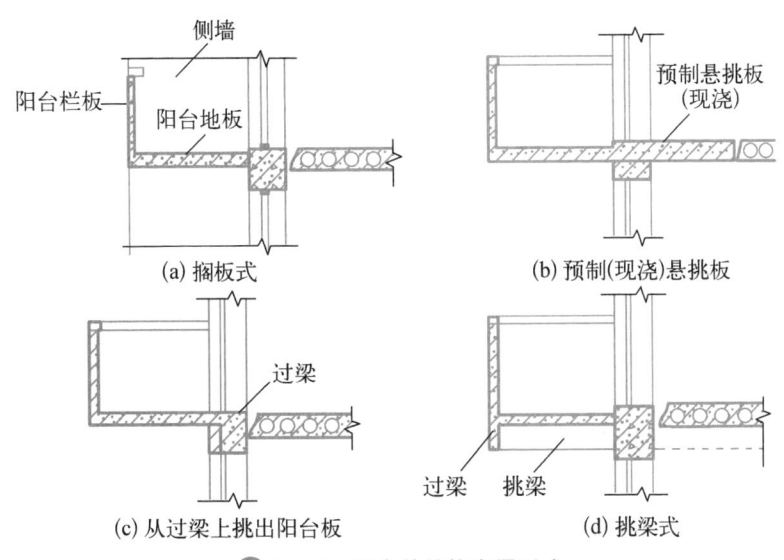

图3.4.18 阳台的结构布置形式

3. 阳台栏杆和扶手

栏杆是在阳台外围设置的垂直构件,其作用有两个方面:一方面是承担人们推倚的侧向力,以保证人的安全;另一方面是对建筑物起装饰作用。因而栏杆的构造要求是坚固和美观。栏杆的高度应高于人体的重心,一般不宜低于1 m,高层建筑不应低于1.1 m,但不宜超过1.2 m。

栏杆形式有三种,即空花栏杆、实心栏板以及由空花栏杆和实心栏板组合而成的组合式栏杆。按材料不同,有金属栏杆、砖砌栏板、钢筋混凝土栏杆(板)等。

金属栏杆多为圆钢和方钢,它们与阳台板中预埋的通长扁钢焊牢或直接插入阳台板的预留孔内。钢栏杆自重小,造型轻巧,但易锈蚀,如为其他合金,则造价较高。

砖栏板通常采用立砌和顺砌两种方式。砖栏板自重大,抗震性能差,为确保安全,常在栏板中配置通长钢筋或外侧固定钢筋网,并采用现浇扶手。

钢筋混凝土栏杆可与阳台板整浇在一起,也可采用预制栏杆,借预埋铁件相互焊牢,并与阳台板或面梁焊牢。钢筋混凝土栏杆造型丰富,可虚可实,耐久性和整体性好,自重较砖栏杆轻,因此,钢筋混凝土栏杆应用较为广泛。

扶手有金属和钢筋混凝土两种。金属扶手一般为 $\phi50$ 钢管与金属栏杆焊接。钢筋混凝土扶手应用广泛,形式多样,一般直接用作栏杆压顶,宽度有 80 mm、120 mm、160 mm。当扶手上需放置花盆时,需在外侧设保护栏杆,一般高 180～200 mm,花台净宽为 240 mm。

栏杆及扶手构造举例见图 3.4.19。

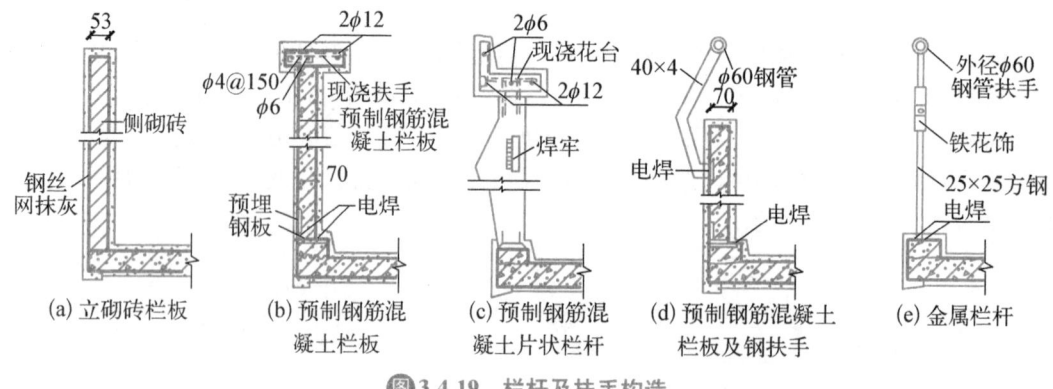

(a) 立砌砖栏板　(b) 预制钢筋混凝土栏板　(c) 预制钢筋混凝土片状栏杆　(d) 预制钢筋混凝土栏板及钢扶手　(e) 金属栏杆

图 3.4.19　栏杆及扶手构造

自测题

任务 3.5　掌握楼梯构造

楼梯是建筑物的竖向构件,是供人们在正常情况下的垂直交通、搬运家具和在紧急状态下的安全疏散。对楼梯的设计要求首先是应具有足够的通行能力,即保证楼梯有足够的宽度和合适的坡度;其次为使楼梯通行安全,应保证楼梯有足够的强度、刚度,并具有防火、防烟和防滑等方面的要求;另外楼梯造型要美观,增强建筑物内部空间的观瞻效果。

一、楼梯的组成及形式

1. 楼梯的组成

楼梯一般由楼梯梯段、楼层平台和中间平台、栏杆(或栏板)和扶手三部分组成。图 3.5.1 是楼梯组成示意图。

(1) 楼梯梯段

设有踏步供楼层间上下行走的通道段落,称梯段,又称楼梯跑,它是楼梯的主要使用和

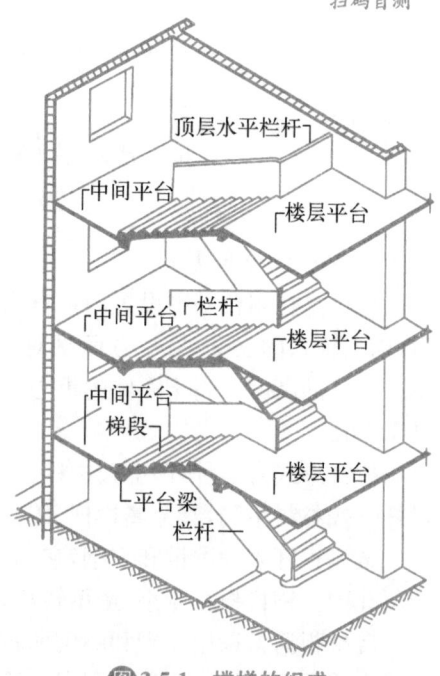

图 3.5.1　楼梯的组成

承重部分。梯段由若干个踏步组成,为减少人们上下楼梯时的疲劳和在梯段上行走时的连续性,每个楼梯梯段的踏步数量最多不超过18级,最少不少于3级。

(2) 楼层平台和中间平台

平台是指连接两个相邻楼梯段的水平部分,有楼层平台、中间平台之分。与楼层标高相一致的平台称之为楼层平台(或称正平台),而介于相邻两个楼层之间的平台称之为中间平台(或称为半平台)。平台的主要作用:一是解决楼梯梯段的转向问题;二是缓解疲劳,供使用者在连续攀登一定的距离后稍加休息,故又称休息平台。相邻楼梯段和平台所围成的上下连通空间称为楼梯井。

(3) 栏杆(或栏板)和扶手

为保证人们在楼梯上行走安全,楼梯段和平台的临空边缘应安装栏杆(或栏板)。因此要求栏杆(或栏板)必须坚固可靠,并保证有足够的安全高度。栏杆(或栏板)顶部供人们行走倚扶用的连续构件,称为扶手。

2. 楼梯的分类及形式

按照不同的标准分类,楼梯可分为不同的类型。

按位置不同分,有室内楼梯与室外楼梯两种。

按使用性质分,室内有主要楼梯、辅助楼梯;室外有安全楼梯、防火楼梯。

按材料分有木质、钢筋混凝土、钢质、混合式及金属楼梯。

楼梯分类

按楼梯的平面形式不同,可分为多种形式,具体为:

(1) 直跑式楼梯

直跑式楼梯系指沿着一个方向上楼的楼梯。它有单跑[图 3.5.2(a)]和多跑[图 3.5.2(b)]之分。直跑式楼梯所占楼梯间的宽度较小,长度较大,常用于住宅等层高较小的房屋。

(2) 平行双跑楼梯

平行双跑楼梯指第二跑楼梯段折回和第一跑楼梯段平行的楼梯,如图 3.5.2(c)所示,这种所占楼梯间长度较小,面积紧凑,使用方便,是建筑物中较多采用的一种形式。

(3) 平行双分双合楼梯

双分式楼梯系指第一跑为一个较宽的梯段,经过平台后分成两个较窄的楼梯段与上一楼层相连的楼梯,如图 3.5.2(d)所示。常用于公共建筑的门厅中。

双合式楼梯系指第一跑为两个较窄的楼梯段,经过平台后合成一个较宽的楼梯段与上一楼层相连的楼梯,如图 3.5.2(e)所示。双合式楼梯和双分式楼梯一样适宜布置在公共建筑的门厅中。

(4) 折行多跑楼梯

折行双跑楼梯的人流导向自由,折角多变,适宜布置在房间的一角。如图 3.5.2(f)所示。

折行三跑楼梯段围绕的中间部分形成较大的楼梯井,在设有电梯的建筑中,可利用楼梯井作为电梯井,当楼梯井未作电梯井时,不能用于幼儿园、中小学校等儿童经常使用楼梯的建筑,否则应有可靠的安全措施,如图 3.5.2(g)所示。

(5) 剪刀(交叉)楼梯

剪刀楼梯相当于两个直行单跑楼梯交叉并列布置而成,通行的人流较多,且未上下楼的人流提供两个方向,对于空间开敞,楼层人流多方向进出有利,如图 3.5.2(i)所示。但尽适合层高小的建筑。图 3.5.2(j)相当于双跑式楼梯对接。多用于人流大的公共建筑。

（6）曲线楼梯

曲线楼梯有螺旋形、弧线形等形式,图 3.5.2(k)(l)所示。曲线楼梯造型比较美观,有较强的装饰效果,多用于公共建筑的大厅中。

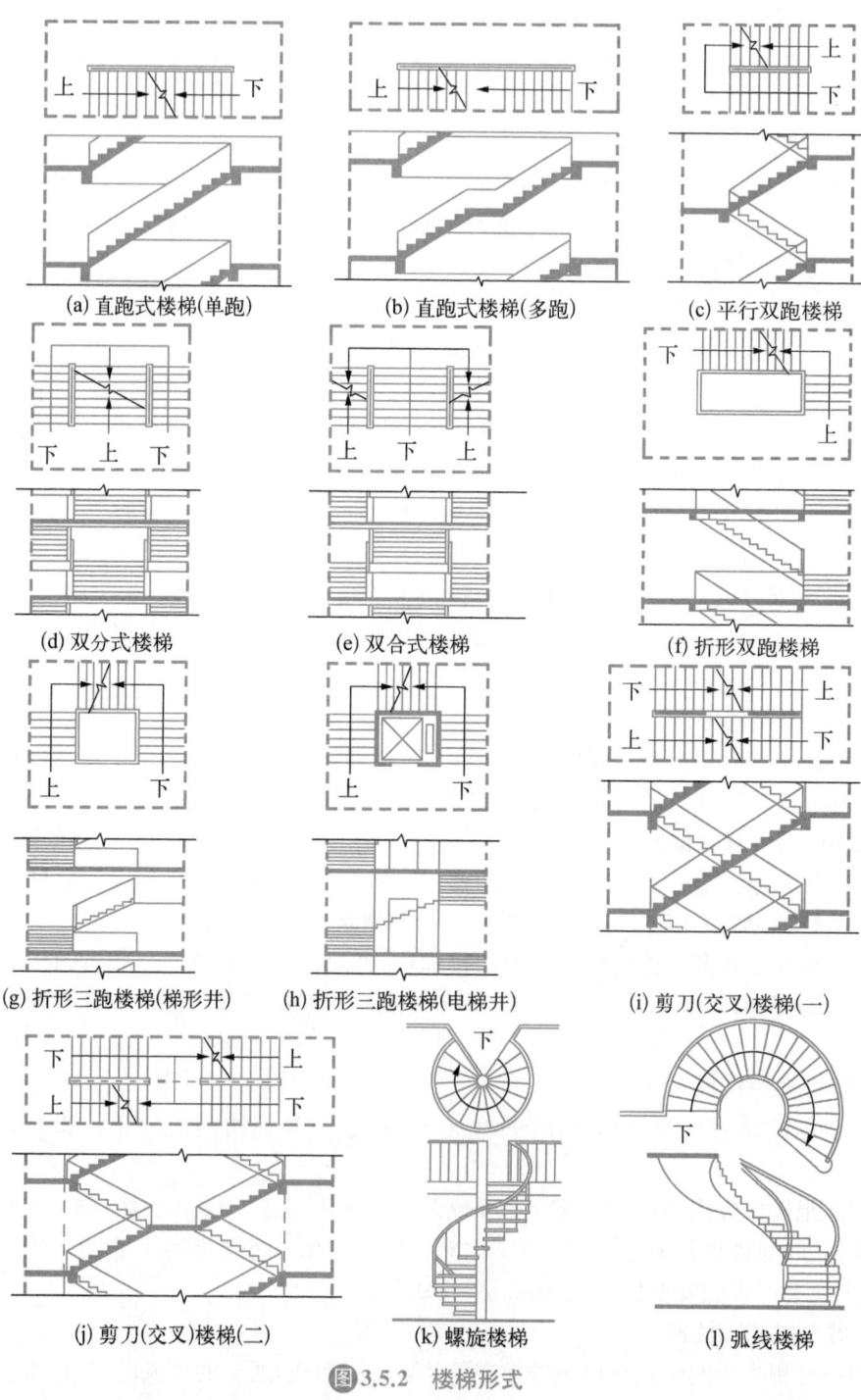

（a）直跑式楼梯(单跑)　（b）直跑式楼梯(多跑)　（c）平行双跑楼梯

（d）双分式楼梯　（e）双合式楼梯　（f）折形双跑楼梯

（g）折形三跑楼梯(梯形井)　（h）折形三跑楼梯(电梯井)　（i）剪刀(交叉)楼梯(一)

（j）剪刀(交叉)楼梯(二)　（k）螺旋楼梯　（l）弧线楼梯

图 3.5.2　楼梯形式

按受力分,楼梯分为板式楼梯和梁板式楼梯两种结构形式。如图 3.5.3 和 3.5.4 所示。板式楼梯的传力路线是由梯段板将荷载传递给平台梁,由平台梁传递给两端的墙体或柱子。板式楼梯适用于层高较小的建筑。梁板式楼梯是在梯段板两侧或一侧放置斜梁,梯段板将荷载传递给斜梁,斜梁将荷载传递给平台梁,平台梁将荷载传递给两端的墙体或柱子。梯梁在板下部的称正梁式梯段(明步),将梯梁反向上面称反梁式梯段(暗步),如图 3.5.4 所示。

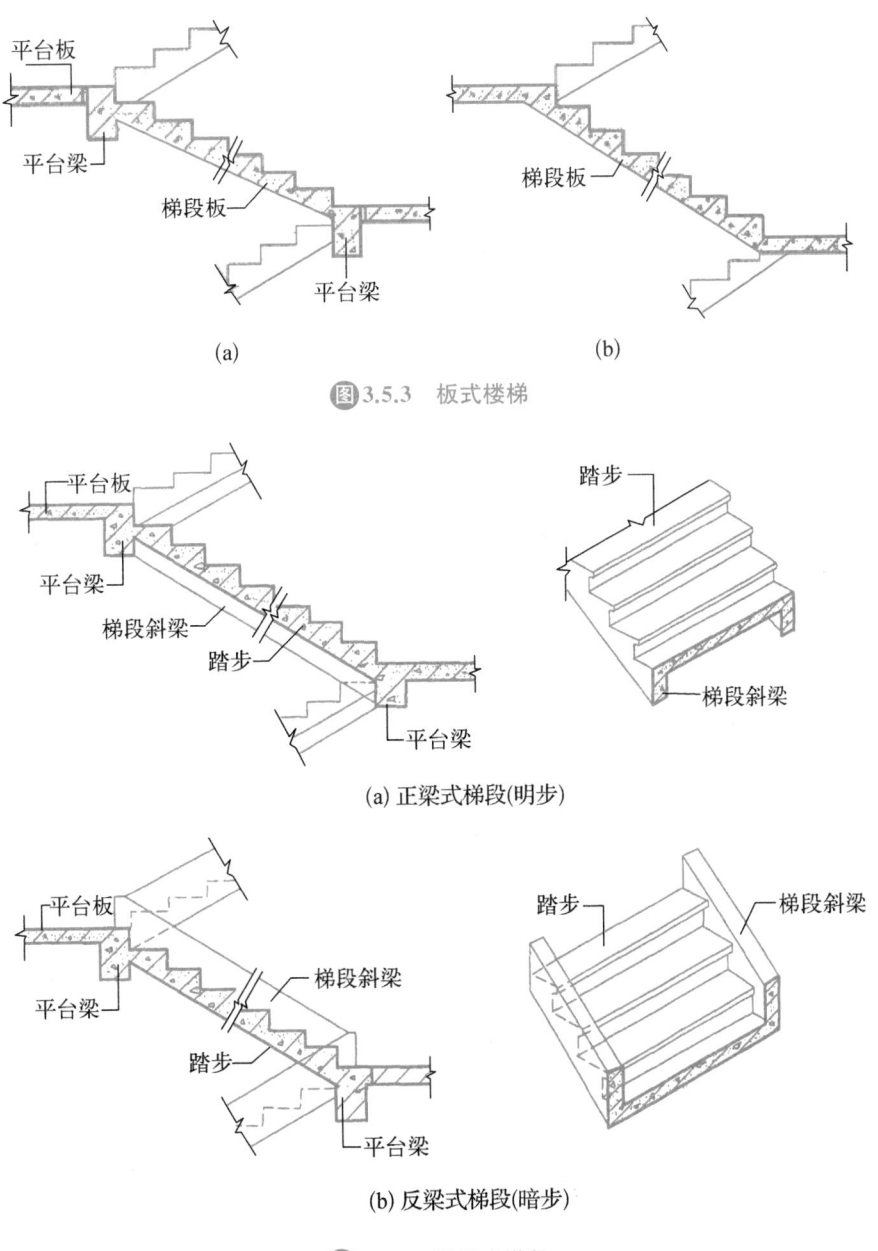

(a)　　　　　　　　(b)

图3.5.3　板式楼梯

(a) 正梁式梯段(明步)

(b) 反梁式梯段(暗步)

图3.5.4　梁板式梯段

楼梯形式的选择取决于所处位置、楼梯间的平面形状与大小、楼层高低与层数、人流多少与缓急等因素,设计时需综合权衡这些因素。

楼梯设计尺寸

二、楼梯的尺度

1. 楼梯的尺寸要求

(1) 楼梯的坡度和踏步尺寸

楼梯的坡度是指楼梯段的倾斜角度。一般坡度范围在 23°～45°之间,30° 为适宜坡度。超过 45°时,应设爬梯,小于 23°时,应设坡道,常用的坡度为 1：2 左右。一般来讲,公共建筑中的楼梯使用人数较多,坡度应平缓些。住宅建筑中的楼梯,使用人数较少,坡度可稍陡些。专供老年或幼儿使用的楼梯坡度须平缓些。

楼梯梯段是由若干踏步组成,每个踏步由踏面和踢面组成。踏步尺寸可按下列经验公式计算:

$$2h + b = 600 \sim 620 \text{ mm}$$

或

$$h + b = 450 \text{ mm}$$

式中:h——踏步踢面高度;

b——踏步踏面宽度;

600～620 mm 表示一般人的步距。

常用适宜踏步尺寸见表 3.5.1

表 3.5.1　常用适宜踏步尺寸　　　　　　单位:mm

名称	住宅	学校、办公楼	剧院、会堂	医院(病人用)	幼儿园
踏步高	150～175	140～160	120～150	150	120～150
踏步宽	250～300	280～340	300～350	300	260～300

踏步的高宽比需根据人流行走的舒适、安全和楼梯间的尺度、面积等因素进行综合权衡。

有时,为了人们上下楼梯更加舒适,在不改变楼梯坡度的情况下,可采用下列措施来增加踏面宽度,具体见图 3.5.5。

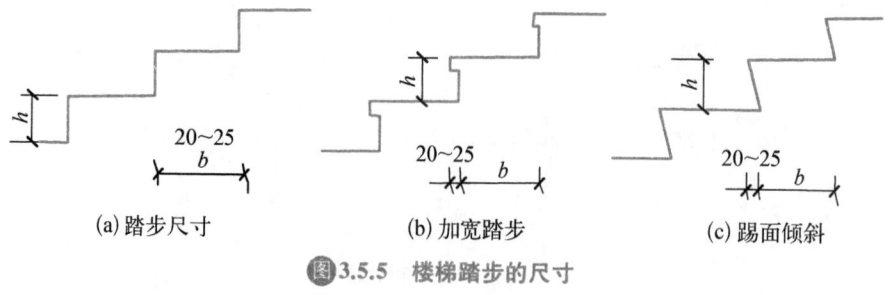

(a) 踏步尺寸　　　　(b) 加宽踏步　　　　(c) 踢面倾斜

图3.5.5　楼梯踏步的尺寸

(2) 栏杆(或栏板)扶手高度

栏杆(或栏板)是楼梯梯段的安全设施,一般设在楼梯段的边缘和平台临空的一边,要求它坚固可靠,并具有足够的安全高度。栏杆和栏板上都要安装扶手,供人们依扶着上下楼梯。扶手高度是指踏面中心到扶手顶面的垂直距离。扶手高度的确定要考虑人们通行楼梯段时依扶的方便和安全。一般室内扶手高度不宜小于 900 mm,且垂直杆件净距不应大于 110 mm。托幼建筑中楼梯扶手高度应适合儿童身材,常在 600 mm 处设一道扶手,900 mm 处仍设扶手,此时楼梯为双道扶手,如图 3.5.6(a)所示。若靠近楼梯井一侧水平扶手长度超过 500 mm 时,其高度不应小于 1 050 mm,顶层平台的水平安全栏杆扶手高度也应适当加高,一般不宜小于 1 050 mm,如图 3.5.6(b)所示。室外楼梯扶手高度也应适当加高,常取 1 100 mm。

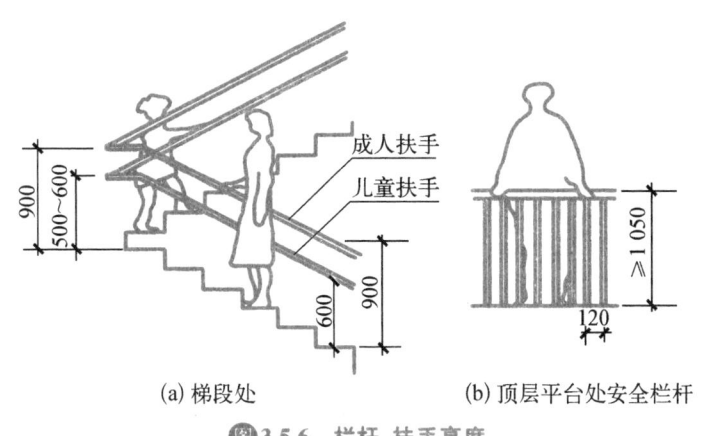

(a) 梯段处　　　　(b) 顶层平台处安全栏杆

图 **3.5.6　栏杆、扶手高度**

（3）楼梯段的宽度

楼梯段宽度的确定要考虑同时通过人流的股数及是否需通过尺寸较大的家具或设备等特殊的需要。一般楼梯段需考虑同时至少通过两股人流,即上行与下行在楼梯段中间相遇能通过。根据人体尺度每股人流宽可考虑取 550 mm＋(0～150 mm),这里 0～150 mm 是人流在行进中人体的摆幅。楼梯段宽度和人流股数关系要处理恰当。两股人流 1 100～1 200 mm,三股人流 1 500～1 800 mm。同时需满足各类建筑规范中对梯段宽度的限定,如住宅不小于 1 100 mm,公共建筑不小于 1300 mm 等。两梯段的间隙称楼梯井,楼梯井的宽度一般取 50～200 mm。

（4）楼梯平台的宽度

楼梯平台是楼梯段的连接,也供行人稍加休息之用。所以楼梯平台宽度大于等于楼梯段的宽度。在实际楼梯设计中平台宽的确定还要具体情况具体分析。

（5）楼梯的净空高度

楼梯的净空高度包括楼梯段的净高和平台过道处的净高。楼梯段的净高是指自踏步前缘线(包括最低和最高一级踏步前缘线以外 0.3 m 范围内)至正上方突出物下缘间的垂直距离。平台过道处净高是指平台梁底至平台梁正下方踏步或楼地面上边缘的垂直距离。为保证在这些部位通行或搬运物件时不受影响,其净空高度在平台过道处应大于 2 m;在楼梯段处应大于 2.2 m,如图 3.5.7 所示。

2. 识读楼梯设计图

如下图 3.5.8 所示,某学生宿舍楼梯设计图中标注了楼梯

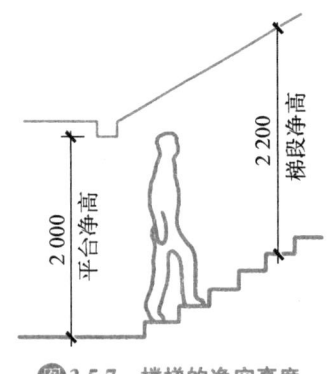

图 **3.5.7　楼梯的净空高度**

的各种尺寸信息,楼梯设计图的识读关键是看懂尺寸信息,清楚了每一个尺寸数字代表的含义,意味着就读懂了楼梯设计图,楼梯设计图纸的识读在项目4中有详细阐述。

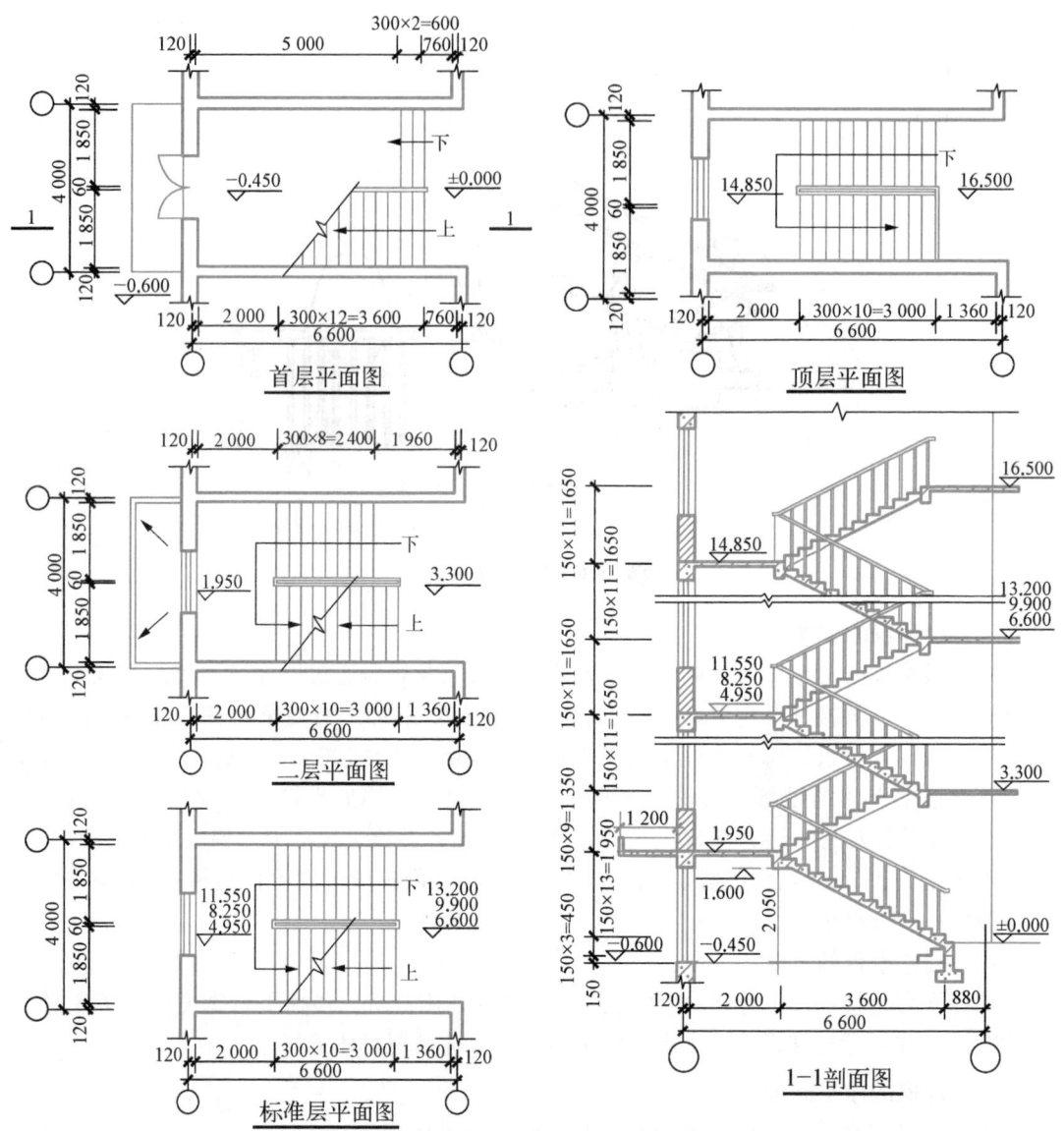

图3.5.8 学生宿舍楼梯设计图

三、现浇钢筋混凝土楼梯构造

楼梯的构成材料可以是木材、钢筋混凝土、型钢或是多种材料混合使用。楼梯在疏散时起着重要作用,因此防火性能较差的木材现今已很少用于楼梯的结构部分。型钢作为楼梯构件,也必须经过特殊的防火处理。钢筋混凝土的耐火性和耐久性较木材和钢材好,故在一般建筑中应用最为广泛。

钢筋混凝土楼梯按施工方式分为现浇整体式和预制装配式,下面仅介绍现浇整体式楼梯,预制装配式楼梯的内容可参考其他教材。

1. 现浇钢筋混凝土楼梯的特点

现浇钢筋混凝土楼梯是指楼梯段、楼梯平台等整浇在一起的楼梯。它整体性好,刚度大,坚固耐久,抗震较为有利。但是在施工过程中,要经过支模板、绑扎钢筋、浇灌混凝土、振捣、养护、拆模等作业,受外界环境因素影响较大,工人劳动强度大。因而较适合于比较小且抗震设防要求较高的建筑中,对于螺旋形楼梯、弧形楼梯等形状复杂的楼梯,也宜采用现浇楼梯。

2. 现浇钢筋混凝土楼梯的分类及其构造

现浇钢筋混凝土楼梯按照楼梯段的传力特点,分为板式楼梯和梁板式楼梯两种。

(1) 混凝土板式楼梯

板式楼梯的梯段是一块斜放的锯齿形整浇板,它通常由梯段板、平台梁和平台板组成。梯段板承受楼梯段上的全部荷载,然后通过平台梁将荷载传到墙体或柱子,如图 3.5.9 所示。必要时可取消梯段板一端或两端的平台梁,使平台板和梯段板形成一块折形板。这样处理平台下净空高度增大了,但斜板跨度增加了。板式楼梯段的底面平齐,便于装修。板式楼梯常用于楼梯荷载较小,楼梯段的跨度也较小的建筑。

当楼梯荷载较大,梯段斜板跨度较大时,斜板的截面高度也将很大,钢筋和混凝土用量增加,经济性下降,这时常采用梁板式楼梯。

(2) 梁板式楼梯

梁板式楼梯也称梁式楼梯,是由踏步板、楼梯

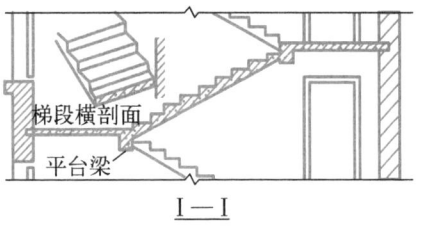

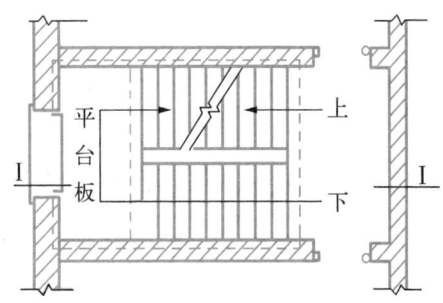

图3.5.9　现浇钢筋混凝土板式楼梯

斜梁、平台梁和平台板组成。梯段的荷载由踏步板传给斜梁,再由斜梁传给平台梁,而后传到墙或柱上。斜梁通常设两根,分别置于踏步板两端。斜梁和踏步板在竖向的相对位置有两种,当斜梁在板下部称为正梁式梯段,上面踏步露明,也称为明步,如图 3.5.10(a)所示。有时为了让楼梯段底表面平整或避免洗刷楼梯时污水沿踏步端头下淌,弄脏楼梯,常将楼梯斜梁反向上面称反梁式梯段,下面平整,踏步包在梁内,常称暗步,如图 3.5.10(b)所示。

梁板式楼梯与板式楼梯相比,板的跨度小,故在板厚相同的情况下,梁板式楼梯可以承受较大的荷载。反之,荷载相同的情况下,梁板式楼梯的板厚可以比板式楼梯的板厚减薄。但梁式楼梯在支模、扎筋等施工操作方面比板式楼梯复杂。

双梁式楼梯在有楼梯间的情况下,有时为了节约用料,通常在楼梯段靠墙一边也可不设斜梁,用承重的砖墙代替斜梁,则踏步板一端搁在墙上,另一端搁在斜梁上。

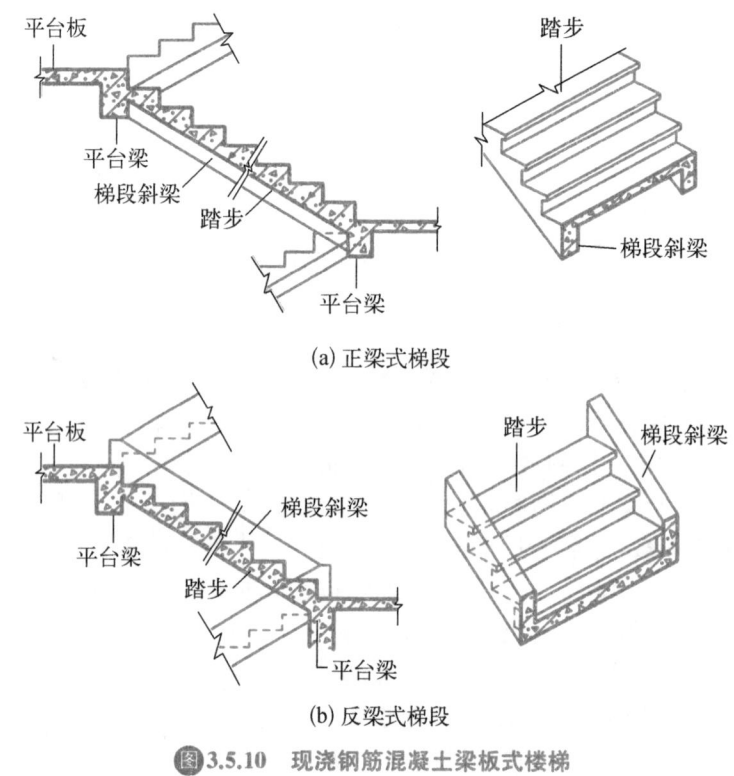

(a) 正梁式梯段

(b) 反梁式梯段

图3.5.10　现浇钢筋混凝土梁板式楼梯

四、掌握楼梯的细部构造

1. 踏步面层及防滑处理

楼梯的踏步面层应便于行走,耐磨、防滑,便于清洁,也要求美观。现浇楼梯拆模后一般表面粗糙,不仅影响美观,更不利于行走,一般需做面层。踏步面层的材料,视装修要求而定,常与门厅或走道的楼地面面层材料一致,常用的有水泥砂浆、水磨石、大理石和缸砖等,如图 3.5.11 所示。

楼梯的细部构造

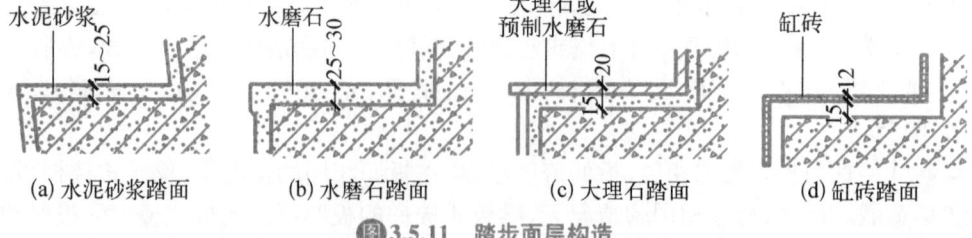

(a) 水泥砂浆踏面　　(b) 水磨石踏面　　(c) 大理石踏面　　(d) 缸砖踏面

图3.5.11　踏步面层构造

在通行人流量大或踏步表面光滑的楼梯,为防止行人在行走时滑跌,踏步表面应采取防滑和耐磨措施,通常是在踏步踏口处做防滑条。防滑材料可采用铁屑水泥、金刚砂、塑料条、橡胶条、金属条、马赛克等。最简单的做法是做踏步面层时,留二三道凹槽,但使用中易被灰尘填满,使防滑效果不够理想,且易破损。防滑条或防滑凹槽长度一般按踏步长度每边减去 150 mm。还可采用耐磨防滑材料如缸砖、铸铁等做防滑包口,既防滑又起保护作用,如图 3.5.12 所示。标准较高的建筑,可铺地毯或防滑塑料或橡胶贴面,这种处理,走起来有一定的弹性,行走舒适。

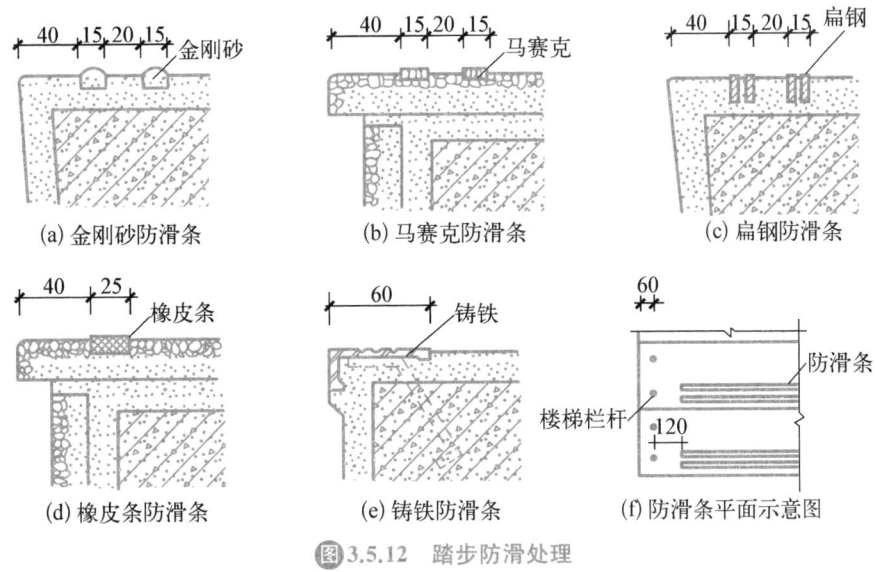

(a) 金刚砂防滑条　　(b) 马赛克防滑条　　(c) 扁钢防滑条

(d) 橡皮条防滑条　　(e) 铸铁防滑条　　(f) 防滑条平面示意图

图 3.5.12　踏步防滑处理

2. 栏杆、栏板和扶手构造

(1) 栏杆

楼梯栏杆(或栏板)和扶手是上下楼梯的安全设施,多用方钢、圆钢、扁钢等型材焊接或铆接成各种图案,既起防护作用,又有一定的装饰效果。常用栏杆断面尺寸为:圆钢 $\phi16\sim\phi25$ mm,方钢 15×15 mm～25×25 mm,扁钢(30～50 mm)×(3～6 mm),钢管 $\phi20\sim\phi50$ mm。以板材为栏杆时也称栏板。常用的有 120 mm 或 60 mm 厚砖砌栏板、钢筋混凝土栏板、厚玻璃栏板等。常见栏杆形式见图 3.5.13。

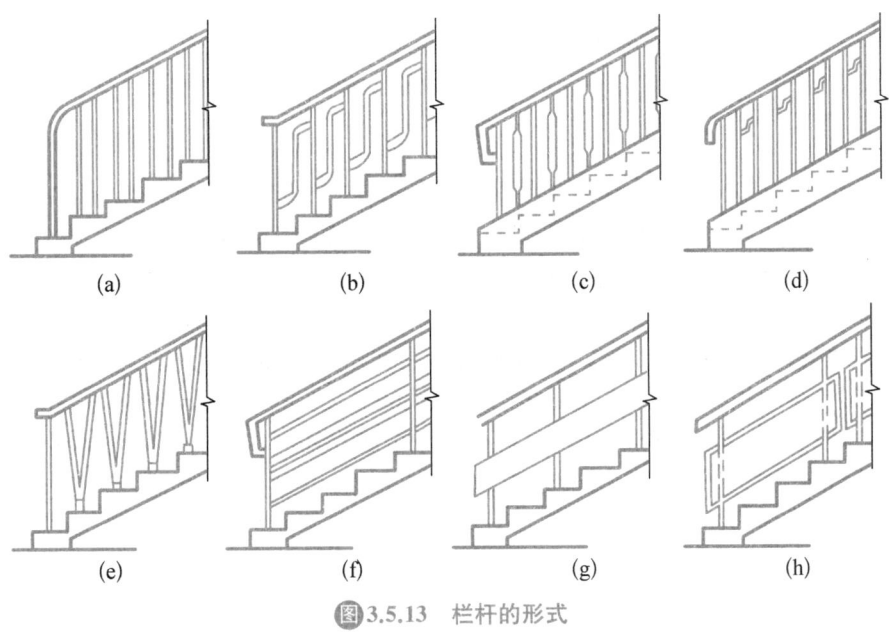

(a)　　(b)　　(c)　　(d)

(e)　　(f)　　(g)　　(h)

图 3.5.13　栏杆的形式

栏杆与楼梯段应有可靠的连接,连接方法主要有预埋铁件焊接即将栏杆的立杆与楼梯段中预埋的钢板或套管焊接在一起;预留孔洞插接即将栏杆的立杆端部做成开脚或倒刺插入楼梯段预留的孔洞,用水泥砂浆或细石混凝土填实;螺栓连接等,如图 3.5.14 所示。

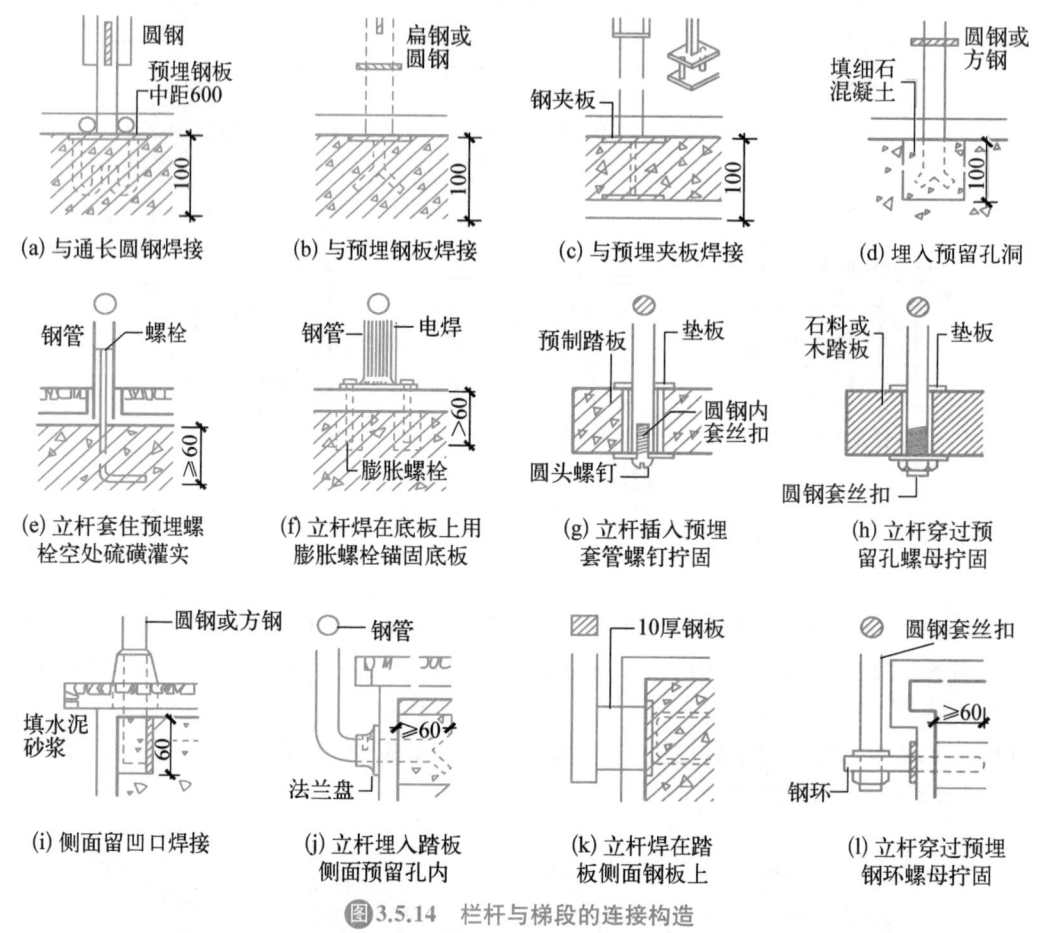

(a) 与通长圆钢焊接　　(b) 与预埋钢板焊接　　(c) 与预埋夹板焊接　　(d) 埋入预留孔洞

(e) 立杆套住预埋螺　　(f) 立杆焊在底板上用　　(g) 立杆插入预埋　　(h) 立杆穿过预
栓空处硫磺灌实　　　膨胀螺栓锚固底板　　　套管螺钉拧固　　　留孔螺母拧固

(i) 侧面留凹口焊接　　(j) 立杆埋入踏板　　(k) 立杆焊在踏　　(l) 立杆穿过预埋
　　　　　　　　侧面预留孔内　　　板侧面钢板上　　　钢环螺母拧固

图 3.5.14　栏杆与梯段的连接构造

(2) 扶手

扶手一般采用硬木、塑料和金属材料制作,其中硬木扶手常用于室内楼梯。室外楼梯扶手则很少采用木料,以避免产生开裂或翘曲变形。金属和塑料是室外楼梯扶手常用的材料。另外,栏板顶部的扶手可用水泥砂浆或水磨石抹面而成,也可用大理石板、预制水磨石板或木板贴面制成。

楼梯扶手与栏杆应有可靠的连接,连接方法视扶手材料而定。硬木扶手与金属栏杆的连接,通常是在金属栏杆的顶部先焊接一根带小孔的通长扁铁,然后用木螺丝通过扁铁上预留小孔,将木扶手和栏杆连接成整体;塑料扶手与金属栏杆的连接方法和硬木扶手类似,或塑料扶手通过预留的卡口直接卡在扁铁上;金属扶手与金属栏杆多用焊接,常见扶手类型及其与栏杆的连接见图 3.5.15。

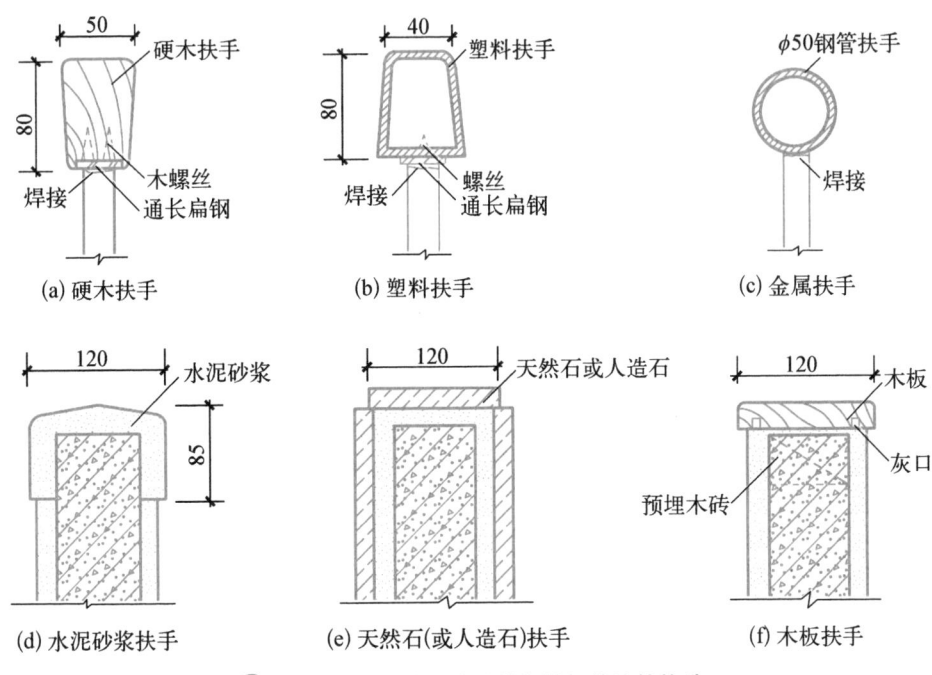

(a) 硬木扶手   (b) 塑料扶手   (c) 金属扶手

(d) 水泥砂浆扶手   (e) 天然石(或人造石)扶手   (f) 木板扶手

图3.5.15 扶手的形式及其与栏杆的连接构造

在线题库

扫码自测

自测题

任务 3.6 掌握屋顶构造

一、屋顶概述

屋顶是建筑物最上层起覆盖作用的承重和围护构件,它的主要作用除承担本身的自重,风、雨、雪荷载以及上人或检修屋面时的各种荷载,同时还起着对房屋上部的水平支撑作用,并且还要用以抵御风霜雨雪、阴晴冷暖对屋顶覆盖下的空间的不利影响。除此之外屋顶的形式在很大程度上会影响建筑物的整体造型,因此屋顶的主要作用是承重、围护及美观。

1. 屋顶的类型

屋顶的类型与建筑物的屋面材料、屋顶结构类型、屋面排水坡度及建筑物造型要求等因素有关。按屋面坡度及结构选型的不同,屋顶可分为平屋顶、坡屋顶及曲面屋顶三大类。

(1) 平屋顶

平屋顶通常是指屋面坡度小于 5% 的屋顶,常用坡度范围为 2%～3%。其一般构造是用现浇或预制的钢筋混凝土屋面板作为承重结构,上面铺设卷材防水层或其他类型防水层。这种屋顶的主要优点是可以节约建筑空间,节省材料,提高预制安装程度,加快施工速度。

另外,平屋顶还可用作上人屋面,给人们提供一个休闲活动场所。因此,平屋顶是目前应用最为广泛的一种屋顶形式。平屋顶常见的几种形式见图3.6.1。

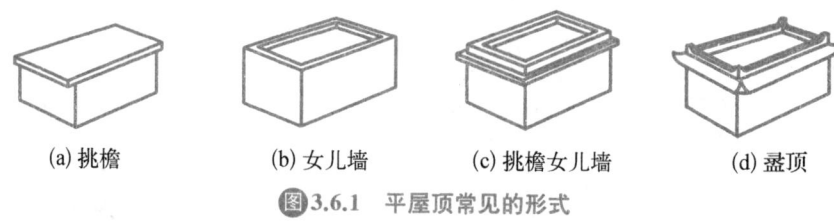

(a) 挑檐　　　　(b) 女儿墙　　　　(c) 挑檐女儿墙　　　　(d) 盝顶

图3.6.1　平屋顶常见的形式

（2）坡屋顶

坡屋顶通常是指屋面坡度大于10%的屋顶,常用坡度范围为10%~60%。传统建筑中的小青瓦屋顶和平瓦屋顶均属坡屋顶。坡屋顶在我国有着悠久的历史,因为它容易就地取材,并且符合传统的审美要求,故在现代建筑中也常采用。坡屋顶常见的几种形式见图3.6.2。

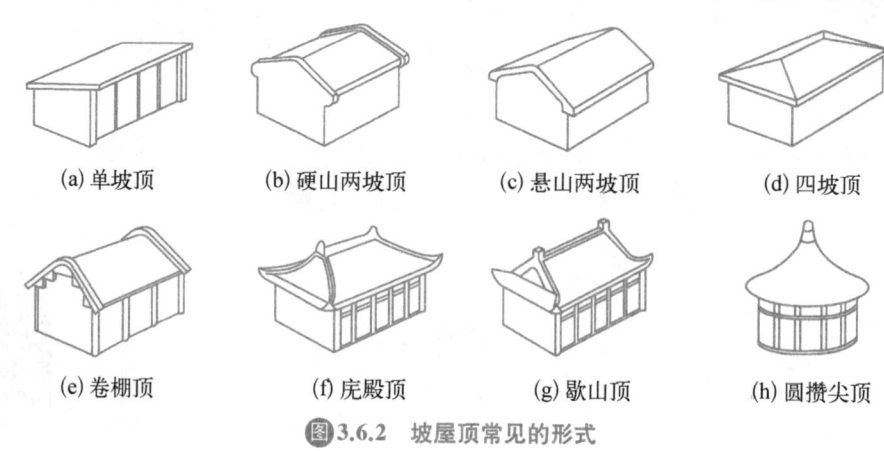

(a) 单坡顶　　　　(b) 硬山两坡顶　　　　(c) 悬山两坡顶　　　　(d) 四坡顶

(e) 卷棚顶　　　　(f) 庑殿顶　　　　(g) 歇山顶　　　　(h) 圆攒尖顶

图3.6.2　坡屋顶常见的形式

（3）曲面屋顶

随着建筑科学技术的发展,出现了许多新型的空间结构形式,也相应出现了许多新型的屋顶形式。这些屋顶从外观上看多为曲面形状,其常用的结构形式包括拱结构、薄壳结构、悬索结构和网架结构等。这类屋顶具有受力合理、节约材料的优点,但施工复杂、造价较高,一般用于较大体量的公共建筑。曲面屋顶常见的形式见图3.6.3。

(a) 双曲拱屋顶　　　　(b) 砖石拱屋顶　　　　(c) 球形网壳屋顶　　　　(d) V形网壳屋顶

(e) 筒壳屋顶　　　　(f) 扁壳屋顶　　　　(g) 车轮形悬索屋顶　　　　(h) 鞍形悬索屋顶

图3.6.3　曲面屋顶

2. 屋顶的坡度及排水

（1）影响屋顶坡度的因素

屋顶坡度及排水

屋面坡度的大小，与屋面材料、地区降水量、屋顶结构形式、施工方法、构造组合方式、建筑造型要求以及经济条件等因素有关，其中屋面防水材料的形体尺寸是最主要的决定因素。

一般说来，防水材料的形体尺寸越小，整个防水层的接缝就越多，这样渗水的可能性就越大，故屋面坡度应大一些；反之，屋面防水材料的尺寸越大，如卷材屋面和刚性防水屋面，基本上是整体的防水层，接缝很少，故屋面坡度可以小一些。

降水量大的地区，屋面渗漏的可能性较大，屋面排水坡度应适当加大；反之则小些。

（2）坡度的表达方式

屋顶坡度的常用表示方法有斜率法、百分比法和角度法三种，如图 3.6.4 所示。斜率法是以屋顶高度与坡面的水平投影长度之比表示，可用于平屋顶或坡屋顶，如坡度为 $1:4$，即 $H:L=1:4$；百分比法是以屋顶高度与坡面的水平投影长度的百分比表示，多用于平屋顶，如坡度为 2%，即 $H:L=2\%$；角度法是以倾斜屋面与水平面的夹角表示，多用于有较大坡度的坡屋顶，目前在工程中较少采用。

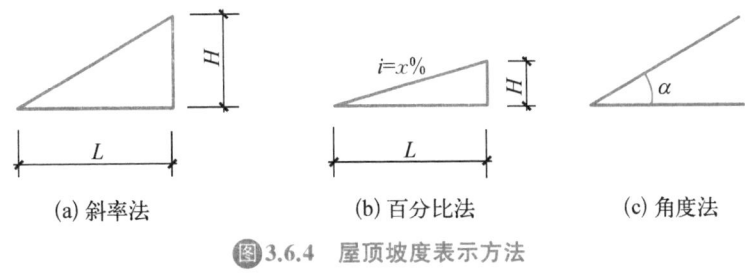

（a）斜率法　　　　　（b）百分比法　　　　　（c）角度法

图3.6.4　屋顶坡度表示方法

（3）屋面坡度的形成

屋顶排水坡度的形成主要有材料找坡和结构找坡两种，混凝土结构层宜采用结构找坡，坡度不应小于 3%；采用材料找坡时，宜采用质量轻、吸水率低和有一定强度的材料，坡度宜为 2%。屋顶排水坡度的做法如图 3.6.5 所示。

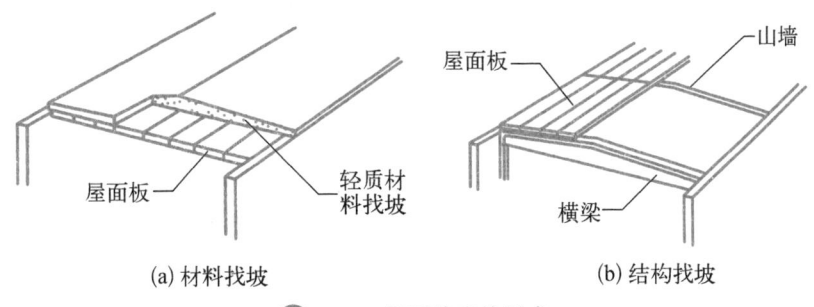

（a）材料找坡　　　　　　　　　（b）结构找坡

图3.6.5　屋顶坡度的形成

材料找坡，是指将屋面板像楼板一样水平搁置，然后在屋面板上采用轻质材料铺垫而形成屋面坡度的一种做法。常用的找坡材料有水泥炉渣、石灰炉渣等。材料找坡的优点是可以获得水平的室内顶棚面，空间完整，便于直接利用，缺点是找坡材料增加了屋面自重。

结构找坡，是指将屋面板倾斜地搁置在下部的承重墙或屋面梁及屋架上而形成屋面坡度的一种做法。这种做法不需另加找坡层，屋面荷载小，施工简便，造价经济，但室内顶棚是倾斜的，故常用于室内设有吊顶棚或室内美观要求不高的建筑工程中。

（4）屋顶的排水方式

屋面上的雨水如何排到地面上，这就需要合理布置屋面的排水方式，屋顶的排水方式分为无组织排水和有组织排水两大类。

① 无组织排水

无组织排水是指屋面雨水直接从檐口滴落至地面的一种排水方式，因为不用天沟、雨水管等导流雨水，故又称自由落水。这种排水方式构造简单、经济，但屋面雨水自由落下时会溅湿勒脚及墙面，影响外墙的耐久性，并还会影响地面上行人的活动。故无组织排水一般适用于低层建筑或檐高小于 10 m 的屋面、少雨地区建筑及积灰较多的工业厂房。

② 有组织排水

有组织排水是指雨水经由天沟、雨水管等排水装置被引导至地面或地下管沟的一种排水方式。有组织排水在建筑工程中应用广泛。在工程实践中，由于具体条件的千变万化，可能出现各式各样的有组织排水方案，总体可分为外排水和内排水两种形式，具体形式如图 3.6.6 所示。

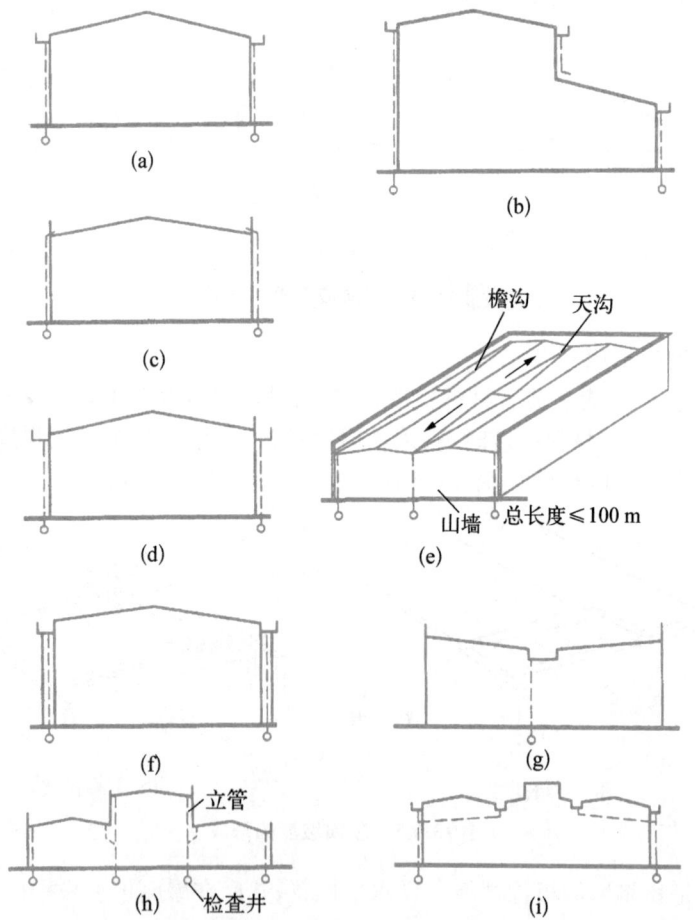

图3.6.6　屋面有组织排水的常见形式

(a)(b) 挑檐沟外排水　(c) 女儿墙外排水　(d) 女儿墙挑檐沟外排水　(e) 长天沟外排水
(f) 暗管外排水　(g)(h) 内排水　(i) 内外排水。

外排水是指雨水管装设在建筑物外面的一种排水方案,其优点是雨水管不妨碍室内空间使用和美观,构造简单,因而被广泛采用。明装的雨水管有损建筑立面,故在一些重要的公共建筑中,雨水管常采取暗装的方式,把雨水管隐藏在假柱或空心墙中。假柱可以处理成建筑立面上的竖线条。但是有些时候外排水并不适用,例如严寒地区、高层建筑、多跨及集水面积较大的屋面宜采用内排水。

3. 屋面防水

根据《屋面工程技术规范》(GB 50345—2012),屋面工程设计工作年限不少于 20 年,屋面防水等级根据工程类别和工程使用环境类别可分为三级,具体见表 3.1.1。

表 3.1.1　屋面防水等级

工程类别	工程使用环境类别		
	年降水量 $P \geqslant 1\,600$ mm	年降水量 300 mm$\leqslant P<1\,600$ mm	年降水量 $P<300$ mm
甲类:民用建筑、对渗漏敏感的工业和仓储建筑	一级	一级	二级
乙类:除甲类和丙类以外的建筑	一级	二级	三级
丙类:对渗漏不敏感的工业和仓储建筑	二级	三级	三级

二、屋顶构造

屋顶分为平屋顶、坡屋顶及曲面屋顶,其中平屋顶最为常见。平屋顶防水屋面按其防水层做法的不同可分为卷材防水屋面、刚性防水屋面、涂膜防水屋面和粉剂防水屋面等多种类型。本讲义只介绍平屋顶的卷材防水屋面和刚性防水屋面的构造做法,对于坡屋顶及曲面屋顶的构造以及平屋顶的其他两种构造做法可参考其他教材进行了解。

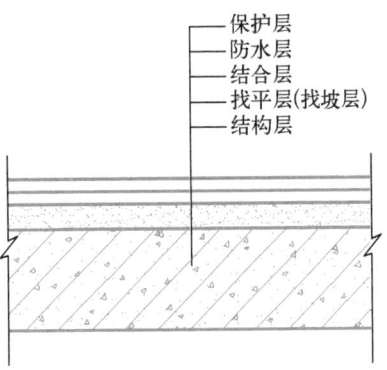

卷材防水屋面做法

1. 卷材防水屋面构造

卷材防水屋面,是指以防水卷材和黏结剂分层粘贴而构成防水层的屋面。这种屋面延展性较强,防水效果好,能适应温度变化、振动影响、不均匀沉降,整体性好,不易渗漏,是当前国内屋面防水工程的主要做法。卷材防水屋面所用防水卷材有沥青类卷材、高分子类卷材、高聚物改性沥青类卷材等。适用于防水等级为Ⅰ~Ⅲ级的屋面防水。

1) 卷材防水屋面的基本构造层次及做法

卷材防水屋面(不考虑保温)的基本构造层次从下到上有结构层、找平层(或找坡层)、结合层、防水层和保护层,如图 3.6.7 所示。

（1）结构层

卷材防水屋面的结构层通常为预制或现浇的钢筋混凝土屋面板。对于结构层的要求是必须有足够的强度和刚度。

> 保护层
> 防水层
> 结合层
> 找平层(找坡层)
> 结构层

图 3.6.7　卷材防水屋面(不考虑保温)构造层次示意图

（2）找坡层

当屋面采用材料找坡时应设找坡层,通常的做法是在结构层上铺垫1∶(6～8)水泥焦渣或水泥膨胀蛭石等轻质材料来形成屋面坡度。找坡应按屋面排水方向和设计坡度要求进行,找坡层最薄处厚度不宜小于20 mm。

（3）找平层

防水卷材应铺贴在平整的基层上,否则卷材会发生凹陷或断裂,所以在结构层或找坡层上必须先做找平层。找平层可选用水泥砂浆、细石混凝土和沥青砂浆等,厚度视防水卷材的种类和基层情况而定。找平层宜设分格缝,分格缝也叫分仓缝,是为了防止屋面不规则裂缝以适应屋面变形而设置的人工缝。分格缝缝宽一般为5～20 mm,且缝内应嵌填密封材料。分格缝应留在

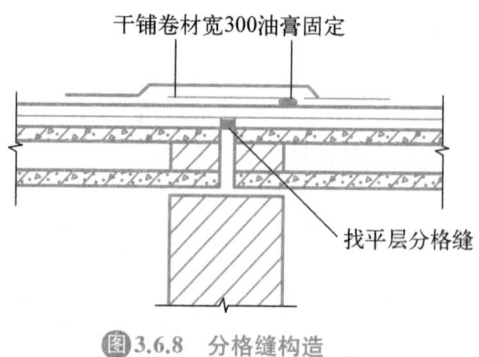

图3.6.8 分格缝构造

板端缝处,其纵横缝的最大间距为:找平层如采用水泥砂浆或细石混凝土时,不宜大于6 m;找平层如为沥青砂浆时,不宜大于4 m。分格缝的具体构造如图3.6.8所示。

（4）结合层

结合层的作用是使卷材防水层与找平层黏结牢固。结合层所用材料应根据防水卷材的不同来选择,但对这一层次的共同要求是既能与上面的防水卷材紧密结合,又容易渗入下面的找平层内。

（5）防水层

防水层是由胶结材料与卷材黏合而成,卷材连续搭接,形成屋面防水的主要部分。平屋顶屋面坡度较小,卷材一般平行于屋脊铺设,从檐口到屋脊层层向上粘贴,上下搭接不小于70 mm,左右搭接不小于100 mm。如图3.6.9所示。

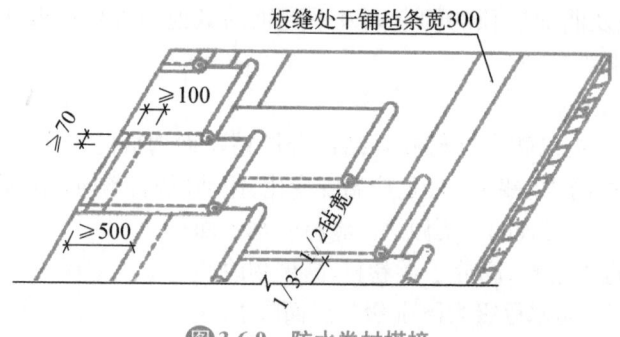

图3.6.9 防水卷材搭接

目前所用的新型防水卷材,主要有沥青防水卷材、高聚物改性沥青防水卷材及合成高分子防水卷材三大类,这些材料一般为单层卷材防水构造,防水要求较高时可采用双层卷材防水构造。这些防水材料的共同优点是自重轻,适用温度范围广,耐气候性好,使用寿命长,抗拉强度高,延伸率大,冷作业施工,操作简便,大大改善劳动条件,减少环境污染。

（6）保护层

设置保护层的目的是为了延长防水层的使用耐久年限。不上人屋面保护层可用绿豆砂等保护材料,有的卷材自带保护砂,便不再需要做保护层。上人屋面的保护层具有保护防水

层和兼作上人屋面地面面层的双重作用,其构造做法通常是采用水泥砂浆或沥青砂浆铺贴缸砖、大阶砖、混凝土板等,也可以采用 20 mm 厚水泥砂浆抹面或现浇 40 mm 厚 C20 细石混凝土面层(宜掺微膨胀剂)的做法,并在其上设置符合相应构造要求的分格缝。

2)卷材防水屋面的细部构造

卷材防水屋面在处理好大面积屋面防水的同时,应注意卷材泛水及收头、雨水口、变形缝等防水薄弱部位的细部构造,防止渗漏水。

(1)泛水构造

泛水系屋面防水层与垂直屋面凸出物交接处的防水处理。卷材防水屋面在泛水构造处理时应注意:① 铺贴泛水处的卷材应采取满粘法,即卷材下满涂一层胶结材料;② 泛水应有足够的高度,迎水面不低于 250 mm,非迎水面不低于 180 mm,并加铺一层卷材;③ 屋面与立墙交接处应做成弧形($R=50\sim100$ mm)或 $45°$ 斜面,使卷材紧贴于找平层上,而不致出现空鼓现象;④ 做好泛水的收头固定。

当卷材在砖墙上收头时,可在砖墙上预留凹槽,卷材收头应压入凹槽内固定密封,凹槽距屋面找平层最低高度不小于 250 mm,凹槽上部的墙体应做好防水处理,如图 3.6.10(a)所示;女儿墙檐口,卷材收头可直接铺压在女儿墙压顶下,压顶做好防水处理,如图 3.6.10(b)所示;当卷材在混凝土墙上收头时,卷材直接用压条固定于墙上,用金属或合成高分子盖板作挡雨板,并用密封材料封固缝隙,以防雨水渗漏,图 3.6.10(c);自由落水檐口卷材收头应固定密封,在距檐口卷材收头 800 mm 范围内,卷材应采取满粘法,见图 3.6.10(d);檐沟与屋面交接处应增铺附加层,卷材收头应密封固定,同时檐口饰面要做好滴水,见图 3.6.10(e)。

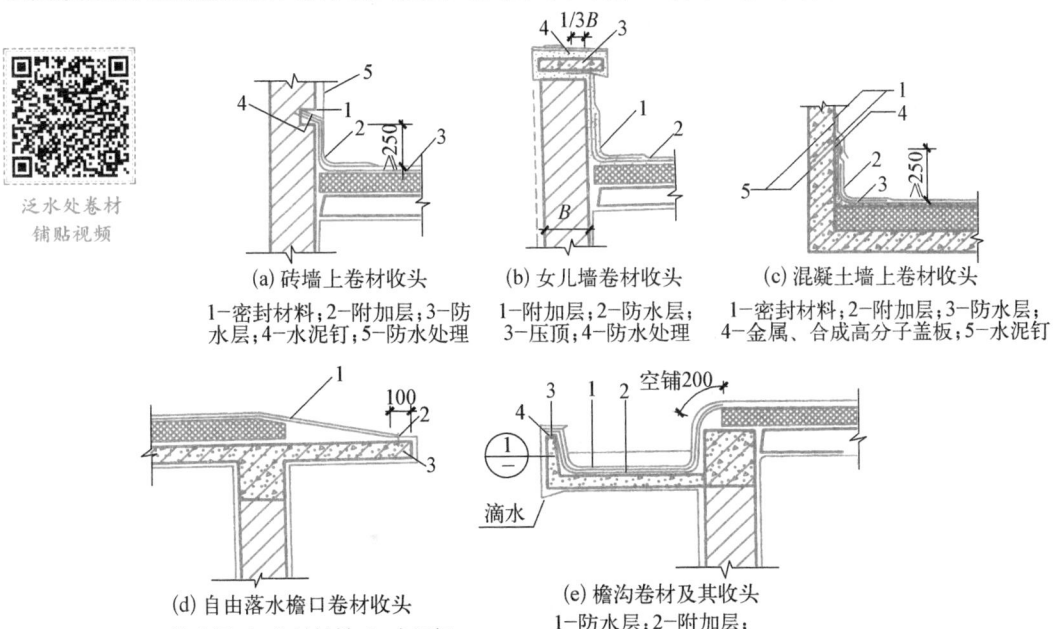

泛水处卷材
铺贴视频

(a)砖墙上卷材收头
1—密封材料;2—附加层;3—防水层;4—水泥钉;5—防水处理

(b)女儿墙卷材收头
1—附加层;2—防水层;3—压顶;4—防水处理

(c)混凝土墙上卷材收头
1—密封材料;2—附加层;3—防水层;4—金属、合成高分子盖板;5—水泥钉

(d)自由落水檐口卷材收头
1—防水层;2—密封材料;3—水泥钉

(e)檐沟卷材及其收头
1—防水层;2—附加层;3—水泥钉;4—密封材料

图3.6.10 卷材泛水收头构造

(2)雨水口构造

雨水口是汇集屋面雨水并将雨水排至落水管的关键部位,故对雨水口构造的要求是排水通畅,避免渗漏和堵塞。雨水口有直管式雨水口和弯管式雨水口两种。

直管式雨水口,用于外檐沟排水或内排水。由于直管式雨水口是在水平结构上开洞,故为了防止其周边漏水,应首先用水泥砂浆将漏斗形铸铁定形件埋嵌牢固,然后在雨水口四周加铺一层卷材并贴入漏斗四周不小于 100 mm,并用油膏嵌缝。雨水口上应采用定型带箅铁罩或铅丝球盖住,防止杂物流入造成堵塞。

弯管式雨水口,用于女儿墙外排水。由于弯管式雨水口需要穿过女儿墙,故采用侧向铸铁雨水口,且屋面防水层应铺入雨水口内,同时在雨水口内壁四周要加铺一层卷材,加铺宽度不小于 100 mm,并安装铸铁箅子。另外,所有的雨水口都应尽可能比屋面或檐沟低一些,有找坡层或保温层的屋面,可在雨水口直径 500 mm 周围减薄,形成漏斗形,使之排水通畅,避免积水。冬季采暖房屋这部分积雪会比别处先融化,这样就能避免雨水口被冰雪堵塞。具体构造见图 3.6.11 所示。

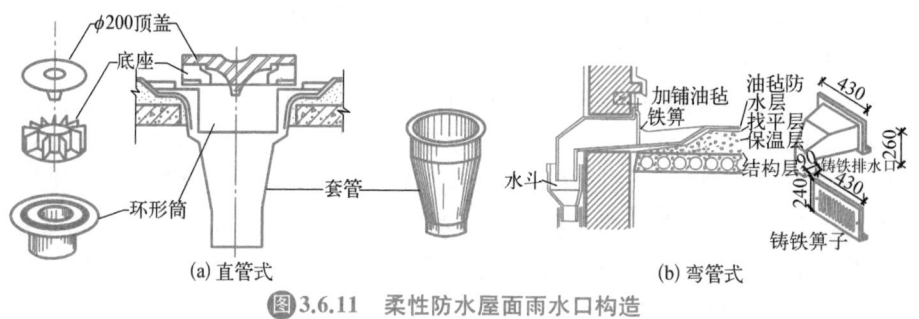

图 3.6.11　柔性防水屋面雨水口构造

2. 刚性防水屋面

刚性防水屋面是指以刚性材料作为防水层的屋面,如防水砂浆、细石混凝土、配筋细石混凝土等。其主要优点是施工方便、节约材料、造价经济和维修方便,但这种防水屋面对温度变化和结构变形较为敏感,故多用于我国的南方地区。刚性防水屋面主要适用于防水等级为Ⅲ级的屋面防水,也可用作Ⅰ、Ⅱ级屋面多道防水设计中的一道防水层;不适用于设有松散材料保温层的屋面以及受较大震动或冲击荷载的建筑物屋面。

刚性防水
屋面做法

1) 刚性防水屋面的基本构造层次及做法

刚性防水屋面的基本构造层次包括:结构层、找平层、隔离层及防水层。

(1) 结构层

刚性防水屋面的结构层必须具有足够的强度和刚度,故通常采用现浇或预制的钢筋混凝土屋面板。刚性防水屋面一般为结构找坡,坡度以 3%～5% 为宜。屋面板选型时应考虑施工荷载,且排列方向一致,以平行屋脊为宜。

(2) 找平层

为了保证防水层厚薄均匀,通常应在预制钢筋混凝土屋面板上先做一层找平层,找平层的做法一般为 20 mm 厚 1∶3 水泥砂浆,若屋面板为现浇时可不设此层。

(3) 隔离层

为减少结构层变形及温度变化对防水层的不利影响,宜在防水层之下设隔离层,也叫浮筑层。隔离层能使防水层与结构层完全脱开,以便于它们各自的变形活动。隔离层的做法一般是先在屋面结构层上用水泥砂浆找平,再铺设沥青、废机油、油毡、油纸、黏土、石灰砂浆、纸筋灰等。有保温层或找坡层的屋面,也可利用它们作隔离层。

（4）防水层

刚性防水屋面防水层的做法有防水砂浆抹面和现浇配筋细石混凝土面层两种。目前，通常采用后一种。具体做法是现浇不小于 40 mm 厚的细石混凝土，内配 $\phi4$ 或 $\phi6$，间距为 100～200 mm 的双向钢筋网片。由于裂缝容易出现在面层，钢筋应居中偏上，使上面有 15 mm 厚的保护层即可。为使细石混凝土更为密实，可在混凝土内掺外加剂，如膨胀剂、减水剂、防水剂等，以提高其抗渗性能。

2）刚性防水屋面的细部构造

（1）分格缝构造

刚性防水屋面的分格缝应设置在屋面温度年温差变形的许可范围内和结构变形敏感的部位。因此，分格缝的纵横间距一般不宜大于 6 m，且应设在屋面板的支承端、屋面转折处、防水层与凸出屋面结构的交接处，并应与屋面板板缝对齐，如图 3.6.12 所示。

分格缝宽一般为 20～40 mm，为了有利于伸缩，首先应将缝内防水层的钢筋网片断开，然后用弹性材料如泡沫塑料或沥青麻丝填底，密封材料嵌填缝上口，最后在密封材料的上部还应铺贴一层防水卷材盖缝，卷材的宽度为 200～300 mm。具体构造见图 3.6.13。

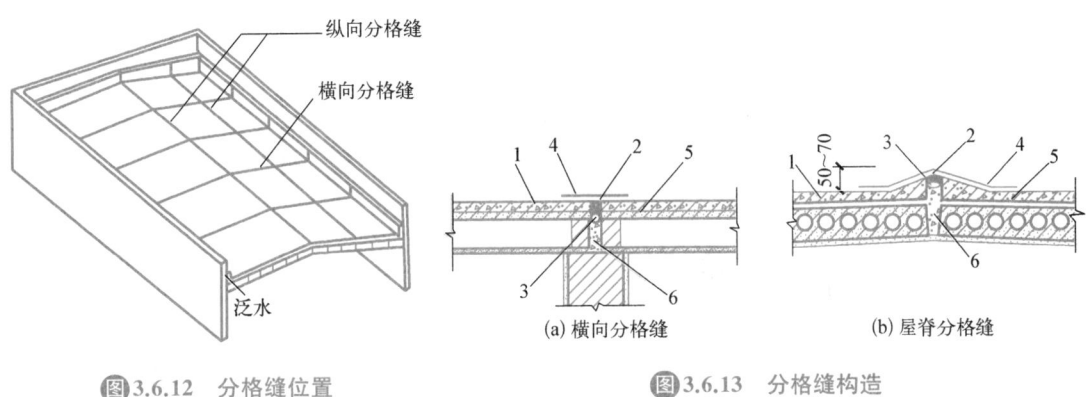

图 3.6.12 分格缝位置

(a) 横向分格缝 (b) 屋脊分格缝

图 3.6.13 分格缝构造

1—刚性防水层；2—密封材料；3—背衬材料；4—防水卷材；
5—隔离层；6—细石混凝土

（2）泛水构造

刚性防水屋面的泛水构造是指在刚性防水层与垂直屋面凸出物交接处的防水处理，可先预留宽度为 30 mm 的缝隙，并且用密封材料嵌填，再铺设一层卷材或涂抹一层涂膜附加层，收头做法与柔性防水屋面泛水做法相同，如图 3.6.14 所示。

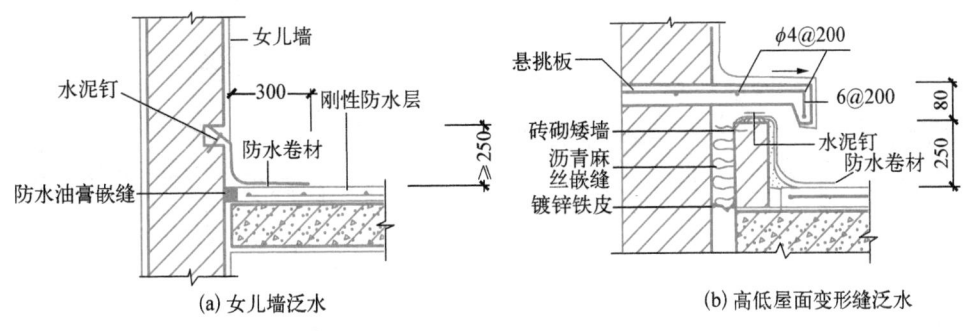

(a) 女儿墙泛水 (b) 高低屋面变形缝泛水

图 3.6.14 刚性防水屋面的泛水构造

（3）檐口构造

刚性防水屋面檐口的形式一般有自由落水挑檐口、挑檐沟外排水檐口和女儿墙外排水檐口三种做法。

① 无组织排水檐口一般是根据挑檐挑出的长度，直接利用混凝土防水层悬挑，也可以在增设的钢筋混凝土挑檐板上做防水层。这两种做法都要注意处理好檐口滴水。见图 3.6.15(a)。

② 挑檐沟外排水檐口一般是采用现浇或预制的钢筋混凝土槽形天沟板，在沟底用低强度的混凝土或水泥炉渣等材料垫置成纵向排水坡度。屋面铺好隔离层后再浇筑防水层，防水层应挑出屋面至少 60 mm，并做好滴水。见图 3.6.15(b)。

③ 女儿墙外排水檐口通常是在檐口处做成三角形断面天沟，其构造处理与女儿墙泛水做法基本相同，但应注意在女儿墙天沟内需设纵向排水坡度。

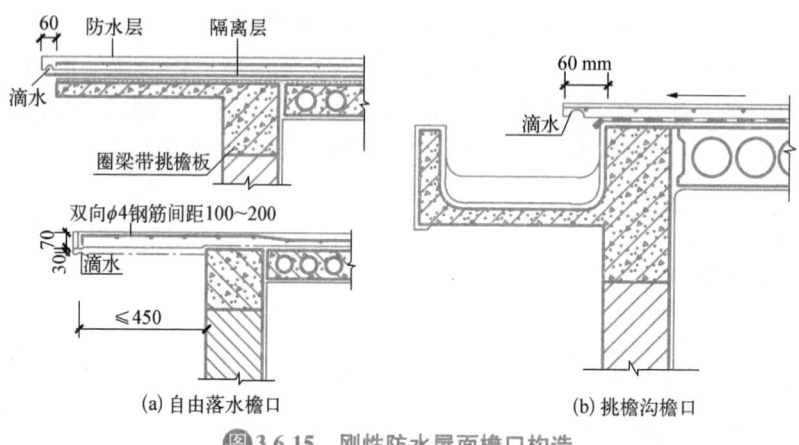

(a) 自由落水檐口　　　　　　　　(b) 挑檐沟檐口

图3.6.15　刚性防水屋面檐口构造

④ 雨水口构造

刚性防水屋面的雨水口也有直管式雨水口和弯管式雨水口两种做法。

① 直管式雨水口安装时，为防止雨水从雨水口套管与沟底接缝处渗漏，应在雨水口周边加铺柔性防水层并延伸至套管内壁，檐口处浇筑的混凝土防水层应覆盖于附加的柔性防水层之上，并在防水层与雨水口交接处用密封材料嵌缝，具体做法见图 3.6.16。

② 弯管式雨水口安装时，在雨水口处的屋面应加铺附加卷材与弯头搭接，其搭接长度不小于 100 mm，然后浇筑混凝土防水层，防水层与弯头交接处需用密封材料嵌缝，具体做法见图 3.6.17。

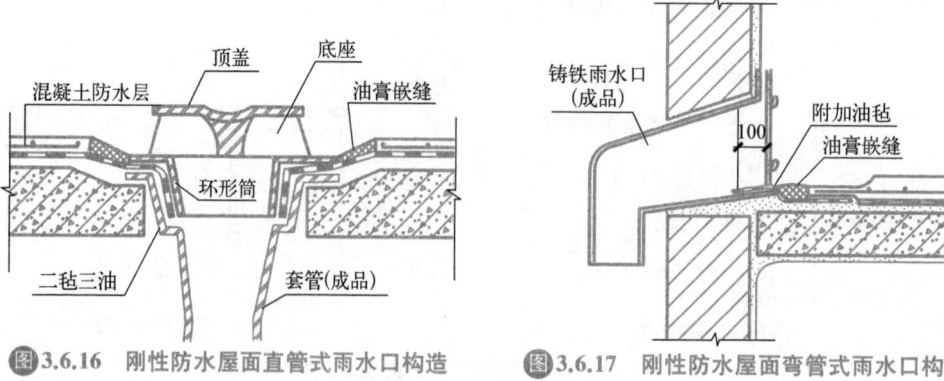

图3.6.16　刚性防水屋面直管式雨水口构造　　　图3.6.17　刚性防水屋面弯管式雨水口构造

（5）变形缝构造

刚性防水屋面的变形缝构造与柔性防水屋面相似，只是刚性防水层与变形缝两侧砌筑矮墙交接处的防水处理应与刚性防水的泛水处理相同。

3. 平屋顶的保温与隔热

屋顶作为建筑物的外围护结构，设计时应根据当地气候条件和使用功能的要求，妥善解决建筑物的保温和隔热问题。

屋顶保温隔热

1）平屋顶的保温

我国的北方地区冬季气候寒冷，室内必须采暖。为了使室内热量不至于散失太快，保证房屋的正常使用并尽量减少能源消耗，屋顶应满足基本的保温要求，在构造处理时通常是在屋顶中增设保温层。

（1）保温材料的选择

保温材料要根据建筑物的使用要求、气候条件、屋顶的结构形式以及当地资源情况等因素综合考虑进行选择。保温材料应为空隙多、容重轻、导热系数小的材料，一般有散料类、整体类和板块类等三种。

① 散料类：如炉渣、矿渣等工业废料，以及膨胀陶粒、膨胀蛭石和膨胀珍珠岩等。

② 整体类：一般是以散料类保温材料为骨料，掺入一定量的胶结材料，现场浇筑而形成的整体保温层，如水泥炉渣、水泥膨胀珍珠岩及沥青蛭石、沥青膨胀珍珠岩等。

③ 板块类：一般现场浇筑的整体类保温材料都可由工厂预先制作成板块类保温材料，如预制膨胀珍珠岩、膨胀蛭石以及加气混凝土、泡沫塑料等块材或板材。

（2）保温层的设置

根据屋顶保温层与防水层的相对位置的不同，可归纳为两种保温类型，即正铺法和倒铺法，见图 3.6.18。

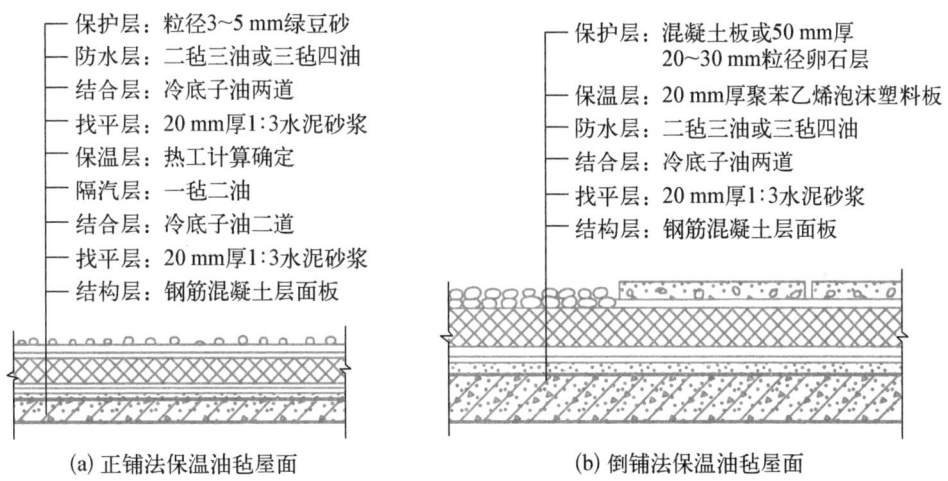

(a) 正铺法保温油毡屋面　　　　　(b) 倒铺法保温油毡屋面

图 3.6.18　平屋顶的保温构造

① 正铺法：是将保温层设在结构层之上、防水层之下，从而形成封闭式保温层的一种屋面做法。在正铺法保温卷材屋面中，常常由于室内水蒸气会上升而进入保温层，致使保温材料受潮，降低保温效果，所以通常要在保温层之下先做一道隔汽层。隔汽层的做法一

般是在结构层上做找平层,然后根据不同需要可涂一层沥青,也可铺一毡两油或二毡三油。

② 倒铺法:是将保温层设置在防水层之上,从而形成敞露式保温层的一种屋面做法。倒铺法的屋面层次与传统的屋面铺设层次相反,故称之为倒铺法。它的优点是防水层不受太阳辐射和剧烈气候变化的直接影响,不受外来作用力的破坏。缺点是选择保温材料时受限制,只能选用吸湿性低、耐候性强的保温材料,并且一般还应进行日晒、雨雪、风力及温度变化和冻融循环的试验。

2)平屋顶的隔热

在气候炎热地区,夏季强烈的太阳辐射会使屋顶的温度剧烈上升,严重影响室内人们正常的生活和工作,因此,应对屋顶进行适当的构造处理,来达到隔热降温的目的。

屋顶隔热降温通常有以下几种方式:

(1)通风隔热屋面

通风隔热屋面是在屋顶中设置通风的空气间层,使屋顶的上表面起遮挡阳光的作用,而中间的空气间层则利用风压原理和热压原理散发掉大部分的热量,从而降低了传到屋顶下表面的温度,达到隔热降温的目的。通风隔热屋顶根据结构层和通风层的相对位置的不同又可分为两种:

① 架空通风隔热屋面

这种隔热屋面的一般做法是用预制板块架空搁置在防水层上形成架空层,如图 3.6.19所示。架空通风隔热屋面架空层应有适当的净高,一般以 180～240 mm 为宜;架空层周边应设一定数量的通风孔,以保证空气流通;当女儿墙上不宜开设通风孔时,应距女儿墙250 mm 范围内不铺架空板。

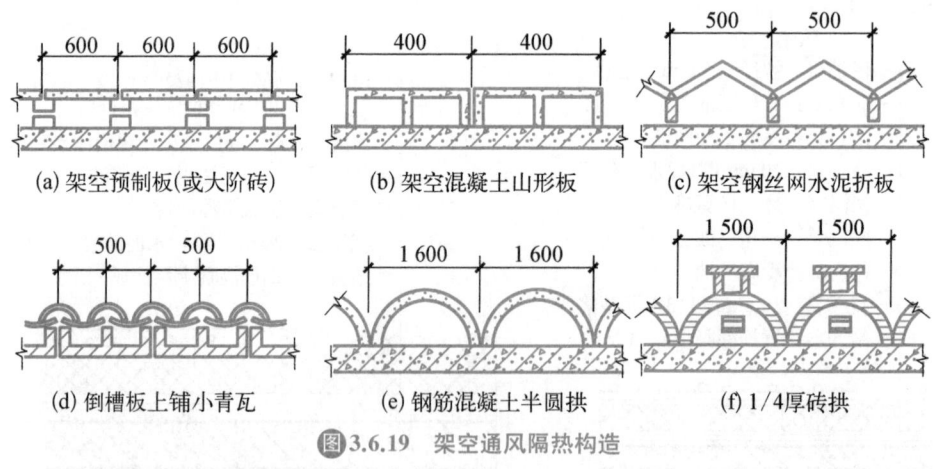

(a) 架空预制板(或大阶砖) (b) 架空混凝土山形板 (c) 架空钢丝网水泥折板

(d) 倒槽板上铺小青瓦 (e) 钢筋混凝土半圆拱 (f) 1/4厚砖拱

图 3.6.19 架空通风隔热构造

② 顶棚通风隔热屋面

这种隔热屋面是将通风层设在结构层的下面,即利用屋顶与室内顶棚之间的空间作隔热层,同时利用檐墙上的通风口将大部分的热量带走,如图 3.6.20 所示。这种屋面的优点是防水层可直接做在结构层上面,构造简单。缺点是防水层和结构层均易受气候影响而变形。

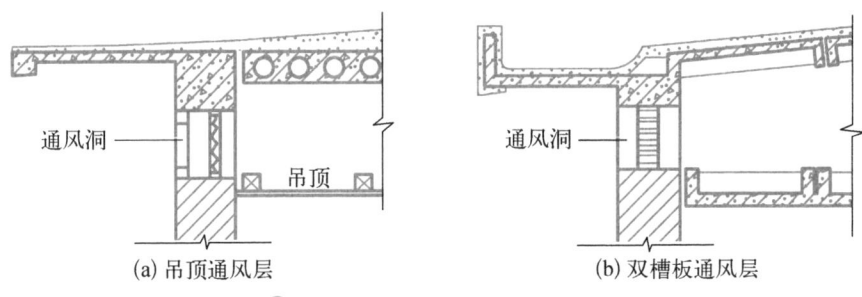

　　(a) 吊顶通风层　　　　　　　　　(b) 双槽板通风层

图 3.6.20　顶棚通风隔热屋面构造

　　顶棚通风隔热屋面的通风层应有足够的净空高度,一般为 500 mm 左右,并设置一定数量的通风孔,以利空气对流;通风孔应考虑防飘雨措施;注意解决好屋面防水层的保护问题,避免防水层开裂而引起渗漏。

（2）蓄水屋面

　　这种屋面是在屋顶上蓄积一层水,当太阳辐射到屋顶上时,水蒸发而吸收热量,这样就会减少屋顶吸收的热能,从而达到降温隔热的目的。蓄水屋面宜采用整体现浇的混凝土刚性防水层,在屋顶构造处理时要增加"一壁三孔",即蓄水分仓壁、溢水孔、泄水孔和过水孔。

　　蓄水屋面的设计要点有:① 首先应有合适的蓄水深度,一般为 150～200 mm;② 根据屋面面积的大小,用分仓壁将屋面划分为若干个蓄水区,每区的最大边长一般不大于 10 m,在分仓壁底部应设过水孔,使整个屋面上水能相互贯通;③ 合理设置溢水孔和泄水孔,保证适宜的蓄水深度以及便于在不需隔热降温时将积水排除;④ 应有足够的泛水高度,至少应高出溢水孔的上口 100 mm 左右;⑤ 应注意做好管道的防水处理,避免渗漏。具体构造见图 3.6.21。

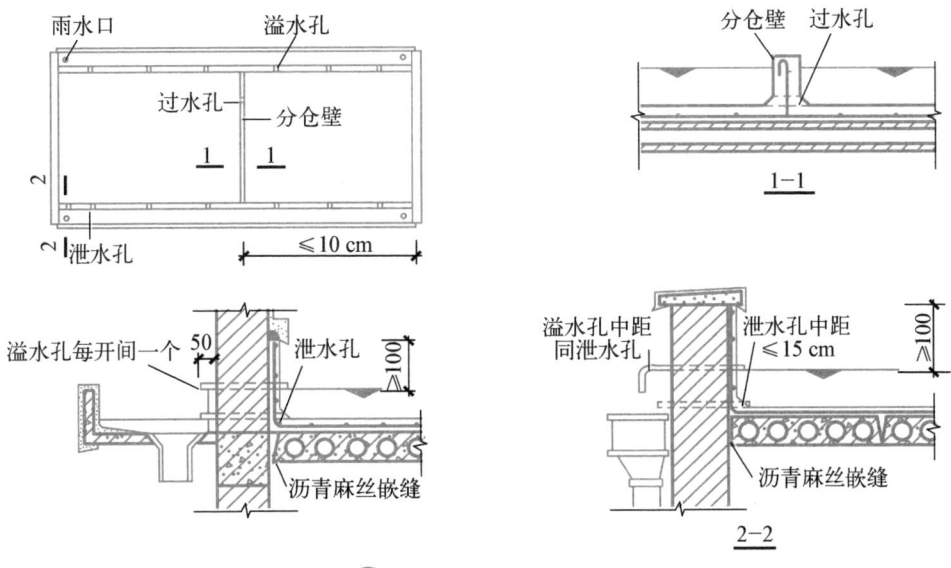

图 3.6.21　蓄水屋面构造

（3）种植屋面

　　这种屋面是在屋顶上种植植物,利用植被的蒸腾和光合作用吸收太阳辐射热,从而达

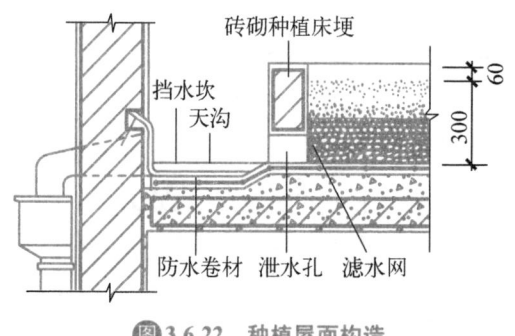

图3.6.22 种植屋面构造

到隔热降温的目的。种植屋面通常采用整体现浇的刚性防水层，并必须对其进行防腐处理，避免水和肥料长时间渗入混凝土中腐蚀钢筋。

种植屋面的设计要点有：① 种植介质应尽量选用谷壳、膨胀蛭石等轻质材料，以减轻屋顶自重；② 屋顶四周须设栏杆或女儿墙作为安全防护措施，保证上屋顶人员的安全；③ 挡墙下部设排水孔和过水网，过水网可采用堆积的砾石，它能保证水通过而种植介质不流失，如图 3.6.22 所示。

（4）反射屋顶

这类屋面是利用材料表面的颜色和光滑度对热辐射的反射作用，将一部分热量反射回去，从而达到降温的目的。屋顶表面可以铺浅颜色材料，如浅色的砾石，或刷白色的涂料及银粉，都能使屋顶产生降温的效果。如果在顶棚通风屋顶的基层中加一层铝箔纸板，就会产生二次反射作用，这样会进一步改善屋顶的隔热效果。

自测题

在线题库

扫码自测

一、简答题。

1. 影响屋顶坡度设计的因素有哪些？屋顶坡度的表达方式有哪几种？

2. 屋顶的排水方式有哪些？如何选择屋顶的排水方式？

3. 什么是柔性防水屋面？其构造层次有哪些？

任务 3.7 掌握门窗构造

门与窗是房屋建筑中的两个围护构件。它们在不同情况下，有分隔、采光、通风、保温、隔声、防水、防火及节能等不同的要求。窗的主要功能是采光、通风及观望；门的主要功能是交通出入、分隔联系建筑空间，有时也兼起通风、采光的作用。此外，门窗对建筑物的外观及室内装修造型影响也很大，因此，对门和窗来说，总的要求应是坚固耐用、美观大方、开启方便、关闭紧密、便于清洁维修。

门窗构造

一、门窗的形式与尺度

1. 窗的形式及窗的尺度

（1）窗的开启方式

窗按其开启方式通常有固定窗、平开窗、悬窗、立转窗、推拉窗、百叶窗等，如图 3.7.1 所示。

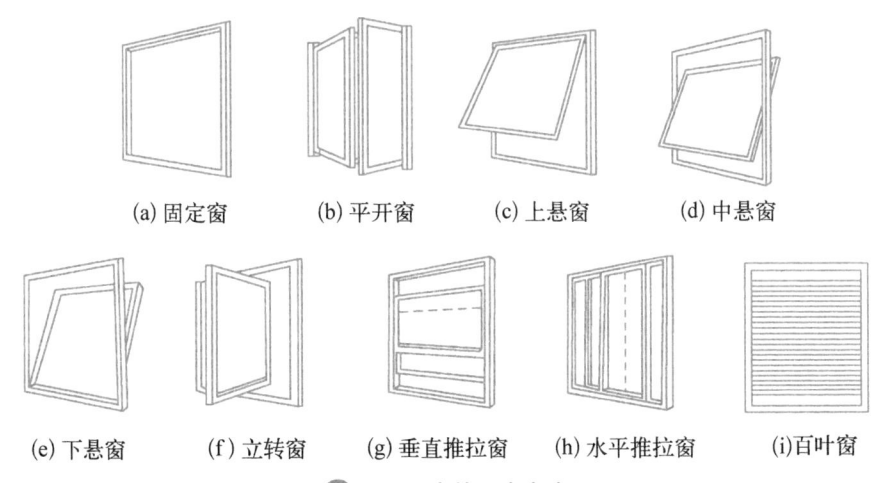

(a) 固定窗　　(b) 平开窗　　(c) 上悬窗　　(d) 中悬窗

(e) 下悬窗　　(f) 立转窗　　(g) 垂直推拉窗　　(h) 水平推拉窗　　(i)百叶窗

图 3.7.1　窗的开启方式

① 固定窗:不能开启的窗。一般将玻璃直接装在窗框上,尺寸可大些。

② 平开窗:这是一种可以水平开启的窗,有外开、内开之分。平开窗构造 简单,制作、安装和维修均较方便,在一般建筑中使用最为广泛。

③ 悬窗:按转动铰链或转轴的位置不同可以分为上悬窗、中悬窗和下悬窗。上悬窗与中悬窗一般向外开启,防雨效果比较好,且有利于通风,常用于门上亮子、卫生间窗户或玻璃幕墙;下悬窗内外开启均可,向外开启时防雨性能均较差,在民用建筑中用得极少。

④ 立转窗:这是一种可以绕竖轴转动的窗。竖轴沿窗扇的中心垂线而设,或略偏于窗扇的一侧。通风效果好,但不够严密,防雨防寒性能差。

⑤ 推拉窗:可以左右或垂直推拉的窗。水平推拉窗需上下设轨槽,垂直推拉窗需设滑轮和平衡重。推拉窗开关时不占室内空间,但推拉窗不能全部同时开启,可开面积最大不超过二分之一的窗面积。水平推拉窗扇受力均匀,所以窗扇尺寸可以较大,但五金件较贵。

⑥ 百叶窗:窗扇一般用塑料、金属或木材等制成小板材,与两侧框料相连接,但安装纱窗不变、密闭性较差。

(2) 窗的尺度

窗的尺度应综合考虑以下几方面因素:

① 采光:从采光要求来看,窗的面积与房间面积有一定的比例关系。

② 使用:窗的自身尺寸以及窗台高度取决于人的行为和尺度。

③ 节能:在《严寒和寒冷地区居住建筑节能设计标准》(JGJ 26—2018)中,明确规定了寒冷地区及严寒地区各朝向窗墙面积比(即窗户洞口面积与房间的立面单元面积之比)。该标准规定,寒冷地区北向、东西向以及南向的窗墙面积比,应分别控制在 30%、35%、50%;严寒地区北向、东西向以及南向的窗墙面积比,应分别控制在 25%、30%、45%。

④ 符合窗洞口尺寸系列:为了使窗的设计与建筑设计、工业化和商业化生产,以及施工安装相协调,国家颁布了《建筑门窗洞口尺寸系列》(GB/T 5824—2021)这一标准。窗洞口的高度和宽度(指标志尺寸)规定为 3M 的倍数。

⑤ 结构:窗的高宽尺寸受到层高及承重体系以及窗过梁高度的制约。

⑥ 美观:窗是建筑物造型的重要组成部分,窗的尺寸和比例关系对建筑立面影响极大。

另外,窗户下面应设窗台,从安全角度考虑窗台高度不宜过低。一般来说,公共建筑临空外窗的窗台距楼地面净高不得低于 0.8 m,居住建筑临空外窗的窗台距楼地面净高不得低于 0.9 m,否则应设置防护设施。

2. 门的形式和门的尺度

(1) 门的开启方式

门的开启方式主要是由使用要求决定的,通常有以下几种不同方式:

① 平开门:水平开启的门。铰链安在侧边,有单扇、双扇,有向内开、向外开之分。平开门的构造简单,开启灵活,制作和维修均较方便,是一般建筑中使用最广泛的门,如见图 3.7.2 所示。

② 弹簧门:形式同平开门,稍有不同的是,弹簧门的侧边用弹簧铰链或下面用地弹簧传动,开启后能自动关闭。多数为双扇弹簧门,能内外两个方向弹动。弹簧门的构造与安装比平开门稍复杂,多用于人流出入较频繁或有自动关闭要求的场所。

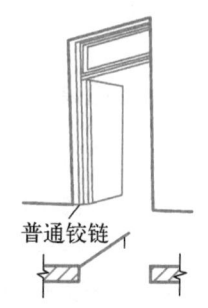

图 3.7.2　普通平开门

③ 推拉门:可以在上下轨道上滑行的门。推拉门有单扇和双扇之分,可以藏在夹墙内或贴在墙面外,占地少,受力合理,不易变形。因此门扇可以做的大些,但关闭不够严密。推拉门的构造也较复杂,一般用于两个空间需扩大联系的门。在人流众多的地方,还可以用光电管或触动式设施使推拉门自动启闭,如图 3.7.3 所示。

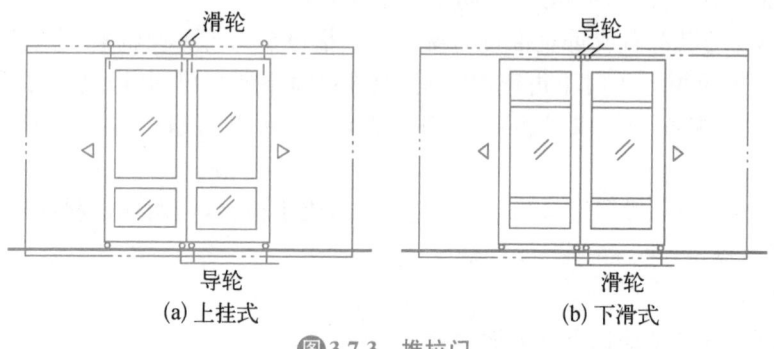

(a) 上挂式　　(b) 下滑式

图 3.7.3　推拉门

④ 折叠门:为多扇折叠,可以拼合折叠推移到侧边的门。当每侧均为双扇折叠门时,在两个门扇侧边用合页连接在一起,开关和普通平开门一样。两扇均为多扇折叠门时,除在相邻各扇的侧面装合页以外,还需要在门顶或门底安装滑轮和导轨以及可以转动的五金配件。每扇折叠三扇或更多的门扇时,虽然仍可称之为门,实际上已成为折叠或移动式隔墙了。折叠门一般用于两个空间需要更为扩大联系的门,如图 3.7.4 所示。

⑤ 转门:为三或四扇连成风车形,在两个固定弧形门套内旋转的门,如图 3.7.5 所示。转门可以作为公共建筑中人流出入频繁,且有采暖和空调设备的情况下的外门,对减弱或防止内外空气对流有一定作用。使用时各门扇之间形成的封闭空间起着门斗作用。一般在转

门的两旁另设平开门或弹簧门,以作不需空气调节的季节或大量人流疏散之用。转门构造复杂,造价较高,一般情况不宜采用。

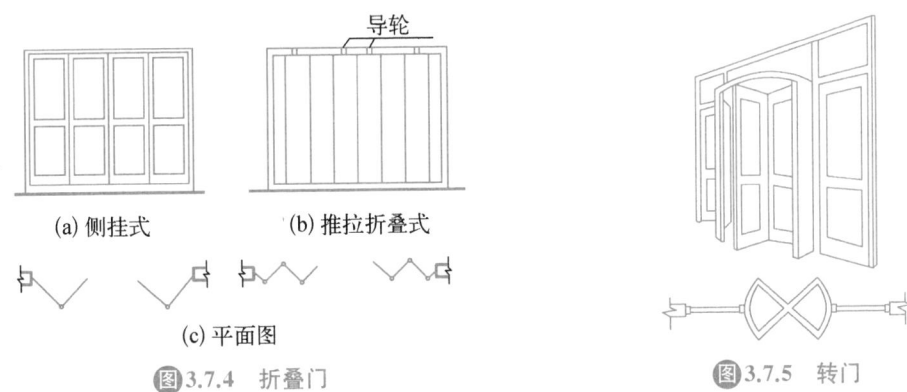

(a) 侧挂式　　　(b) 推拉折叠式

(c) 平面图

图3.7.4　折叠门　　　　　　　　　　图3.7.5　转门

(2) 门的尺度

门的尺度一般是指门的高宽尺寸。门的具体尺寸应综合考虑以下几方面因素:

① 使用:应考虑到人体的尺度和人流量,搬运家具、设备所需高度尺寸等要求,以及有无其他特殊需要。例如门厅前的大门往往由于美观及造型需要,常常考虑加高、加宽门的尺度。

② 符合门窗口尺寸系列:与窗的尺寸一样,应遵守国家标准《建筑门窗洞口尺寸系列》。门洞口宽和高的标志尺寸规定为:900 mm、1 000 mm、1 200 mm、1 500 mm、1 800 mm 等。一般来说宽度需符合 3M 倍数的规定。

对于外门,在不影响使用的前提下,应符合节能原则,特别是住宅的门不能随意扩大尺寸。总之门的尺寸主要是根据使用功能和洞口标准确定的。

一般房间门的洞口宽度最小为 900 mm,厨房、厕所等辅助房间门洞的宽度最小为 700 mm。门洞口高度一般不应小于 2 000 mm。门洞口高度大于 2 400 mm 时,应设上亮窗。门洞较窄时可开一扇,1 200～1 800 mm 的门洞,应开双扇。大于 2 000 mm 时,则应开三扇或多扇。

二、铝合金与塑钢门窗构造

1. 铝合金门窗

铝合金门窗以其用料省、质量轻、密闭性好、耐腐蚀、坚固耐用、色泽美观、维修费用低等优点已经得到广泛的应用。

(1) 铝合金门窗的特点

① 质量轻。铝合金门窗用料省、质量轻,每 1 m² 耗用铝材质量平均只有约 8～12 kg(钢门窗为约 17～20 kg),较木门窗轻 50% 左右。

② 性能好。铝合金门窗在气密性、水密性、隔声和隔热性能方面较钢、木门窗都有显著的提高。因此,它适用于装设采暖空调设备以及对防水、防尘、隔声、保温隔热有特殊要求的建筑。

③ 坚固耐用。铝合金门窗耐腐蚀,不需涂任何涂料,其氧化层不褪色、不脱落。这种门

窗强度高、刚度好,坚固耐用,开闭轻便灵活,安装速度快。

④ 色泽美观。铝合金门窗框料型材,表面经过氧化着色处理,既可以保持铝材的银白色,也可以制成各种柔和的颜色或带色的花纹,如古铜色、暗红色、黑色等,制成的铝合金门窗造型新颖大方、表面光洁、外观美丽、色泽牢固,增加了建筑物立面和室内的美观。

铝合金门窗具有如上几个优点,选用时应针对不同地区、不同气候和环境、不同使用要求和构造处理,选择不同的门窗形式。

（2）铝合金门窗的构造

铝合金门窗是由表面处理过的铝材经下料、打孔、铣槽、攻丝等加工工序,制作成门窗框料,然后与连接件、密封件、门窗五金件一起组合而成的。

① 铝合金门窗型材用料尺寸

铝合金门窗型材用料系薄壁结构,型材断面中留有不同的槽口和孔,它们分别起着空气对流、排水、密封等作用。对于不同部位、不同开启方式的铝合金门窗,其壁厚均有规定:

普通铝合金门窗型材壁厚不得小于 0.8 mm;地弹簧门型材壁厚不得小于 2 mm;用于多层建筑外铝门窗型材壁厚一般在 1.0～1.2 mm;高层建筑不应小于 1.2 mm;必要时可增设加固件。组合门窗拼樘料和竖梃的壁厚则应进行更细致的选择和计算。

② 铝合金门窗产品的命名

铝合金门窗产品系列名称是以门、窗框的厚度构造尺寸来区分的,例如窗框厚度构造尺寸为 70 mm,称 70 系列铝合金窗;再如,TLC70—32A—S,此标记中的“TLC”代表“推拉铝合金窗”,“70”表示“70 系列”,“32A”表示为这一系列中的第 32 号 A 型窗,字母“S”表示纱扇。平开窗窗框厚度构造尺寸一般采用 40、50、70 mm;推拉窗窗框采用 55、60、70、90 mm 的厚度;平开门门框一般采用 50、55、70 mm 的厚度;推拉铝合金门则采用 70、90 mm 厚度的门框。图 3.7.6 为铝合金平开窗和推拉窗的窗框的几种型材示例。

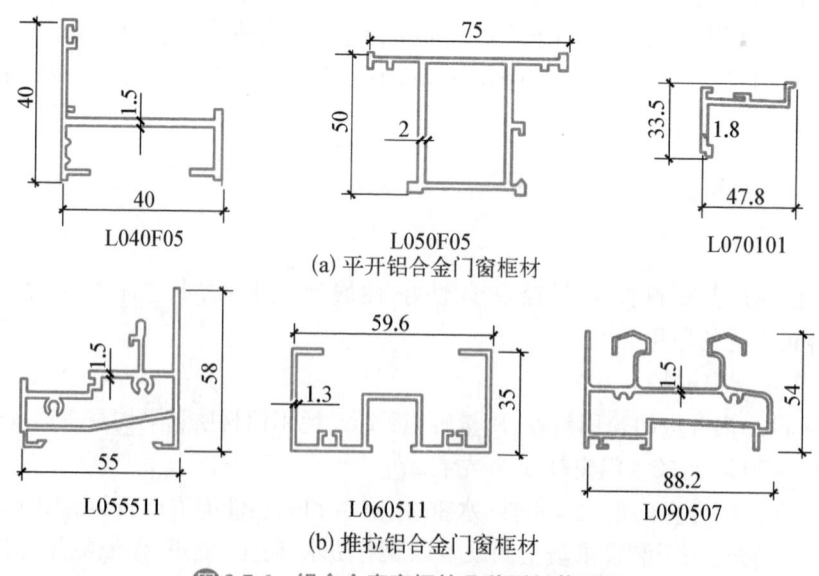

L040F05　　　　　L050F05　　　　　L070101
（a）平开铝合金门窗框材

L055511　　　　　L060511　　　　　L090507
（b）推拉铝合金门窗框材

图3.7.6 铝合金窗窗框的几种型材截面图

③ 铝合金门窗的组合

铝合金门窗有基本门、基本窗之分。当门窗洞口较大时,则需要对基本门窗进行组合形成一樘较大的门或窗。如图 3.7.7 所示。

铝合金门窗进行横向和竖向组合时,应采取套插、搭接形成曲面结合,以保证门窗的安装质量。搭接长度宜为 10 mm,并用密封膏密封。

2. 塑钢门窗

塑钢门窗是以改性聚氯乙烯(简称 UPVC),经挤压机挤出成型为各种断面的中空门窗异型材,轻质碳酸钙为填料,添加适量助剂或改性剂,再根据不同的品种规格选用不同截面异型材料组装而成。由于塑料的变形大、刚度差,一般在竖框、中横框和拼樘料等主要受力塑料型材的空腔内衬以型钢、硬铝等加强筋,以增强抗弯曲能力。这种门窗即为我们通常所说的塑钢门窗。

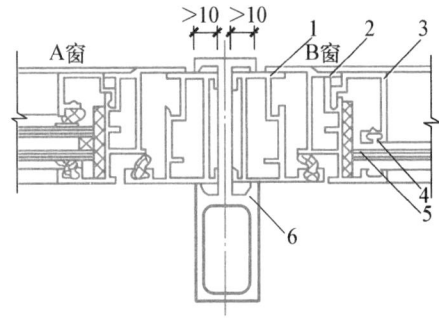

图 3.7.7　铝合金门窗组合方法示意图

1—外框;2—内扇;3—压条;4—橡胶条;
5—玻璃;6—组合插件

(1) 塑钢门窗的特点

① 强度高,耐冲击性强。

② 耐候性佳。这种门窗一般可以在 $-40\ ℃\sim70\ ℃$ 之间任何气候下使用,经受烈日、暴雨、风雪、干燥、潮湿的侵袭而不脆化、不变质,在正常使用下可达 50 年左右。

③ 隔热性能好、节约能源。塑钢门窗的材质导热系数小,相当于铝合金门窗的 1/1 250,钢门窗的 1/360 左右。所以相同面积、相同玻璃层数的塑钢门窗的隔热效果优于铝合金和钢门窗,并可节约能源 30% 左右,是良好的节能门窗。

④ 耐腐蚀性强。可以应用于各种需要抗腐蚀的民用建筑和工业建筑。

⑤ 气密、水密性好。塑钢门窗框的各接缝处搭接紧密,且均装有耐久性的弹性密封条或阻风板,能隔绝空气渗透和雨水渗漏,密封性能优良。此外在窗框的适合位置开设排水孔,能将雨水完全排出室外,水密性佳。

⑥ 隔音性能好。隔音性能优良,隔音效果可达 30 dB,因此可以适用于车辆频繁、噪音严重或有宁静要求的环境。

⑦ 具备阻燃性。材料具备阻燃性能,不自燃、不助燃、离火自熄。使用安全性高,符合防火要求。

⑧ 热膨胀小。塑钢门窗型材的线膨胀系数极小,其伸缩量一般不超过 2 mm/m,这种收缩膨胀量不会影响塑钢门窗的结构和使用性能。

三、木门的构造

1. 木门的组成

门由门框、门扇、亮子、五金零件及附件组成。木门框由上框、边框、中横框、中竖框组成,一般不设下框。门扇有镶板门、夹板门、拼板门、玻璃门、百叶门和纱门等。亮子又称腰窗,它位于门的上方,起辅助采光及通风的作用,如图 3.7.8 所示。

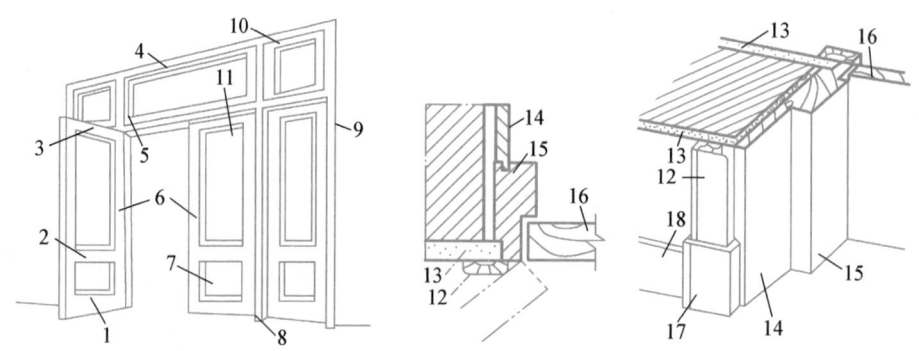

图3.7.8 木门的组成

1—下冒头；2—中冒头；3—上冒头；4—门框上槛；5—横档；6—边梃；7—门芯板；8—中竖框；9—门樘边框；10—亮子；
11—门扇；12—贴脸板；13—抹灰；14—筒子板；15—门框；16—门扇；17—门蹬；18—踢脚板

2. 平开木门的构造

(1) 门框

门框是由两个竖向边框和上部横框组成的，门上设亮子时还有中横框，两扇以上的门还设有中竖框，有时根据需要下部还设有下框，即一般称为门槛。设门槛时有利于保温、隔声、防风雨，无门槛时有利于通行和清扫。

门框断面尺寸与门的总宽度、门扇类型、厚度、重量及门的开启方式等有关，如图3.7.9。一般单、双扇平开门，用于内门时可采用 57 mm×85 mm，用于外门时为 57 mm×115 mm。四扇门边框为 57 mm×(125~145) mm，中竖框加厚为 75 mm。

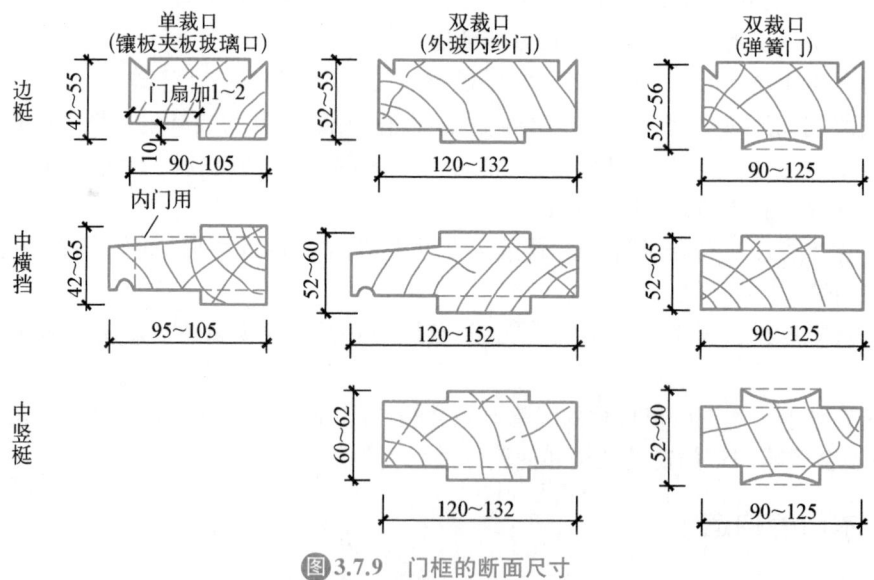

图3.7.9 门框的断面尺寸

(2) 门扇

门扇的种类很多，如镶板门、夹板门、拼板门、玻璃门、百叶门和纱门等。在此，仅对镶板门和夹板门作简单介绍。

① 镶板门

这种门应用最为广泛。门扇的骨架由边梃、上冒头、中冒头、下冒头组成，在骨架内镶门芯板,门芯板可为木板、胶合板、硬质纤维板、玻璃、百叶等,如图3.7.10所示。门扇的构造简单,加工制作方便,适于一般民用建筑的内门和外门。

木门芯板一般用 10 mm～15 mm 厚的木板拼成整块,拼缝要严密,以防止木材干缩露缝。当采用玻璃时,即为玻璃门,可以是半玻门和全玻门;若门芯板换成塑料纱(或铁纱),即为纱门。

门芯板与框的镶嵌,可用暗槽、单面槽和双边压条做法。玻璃的嵌固用油灰或木压条,塑料纱则用木压条嵌固。

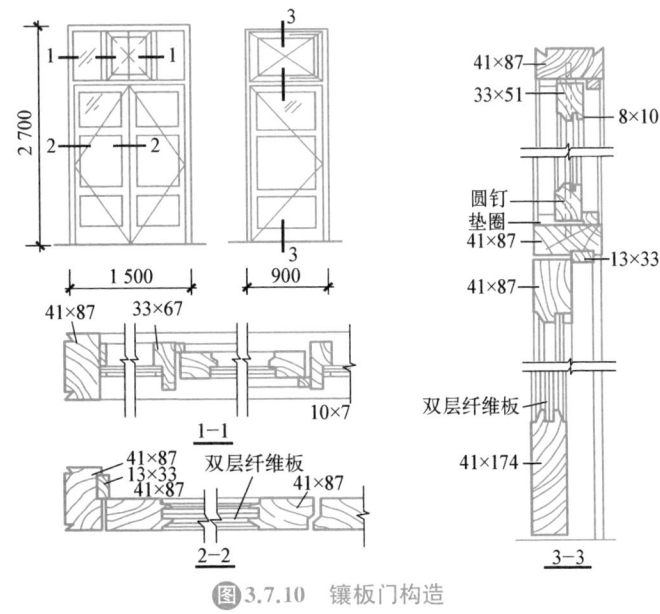

图 3.7.10　镶板门构造

门扇的安装通常在地面完成后进行,门扇下部距地面应留出 5～8 mm 缝隙。

② 夹板门

夹板门是用断面较小的方木做成骨架,然后两面粘贴面板即成夹板门,如图 3.7.11 所示。门扇面板可用胶合板、塑料面板和硬质纤维板。面板和骨架形成一个整体,共同抵抗变形。夹板门的形式可以是全夹板门、带玻璃或带百叶门。

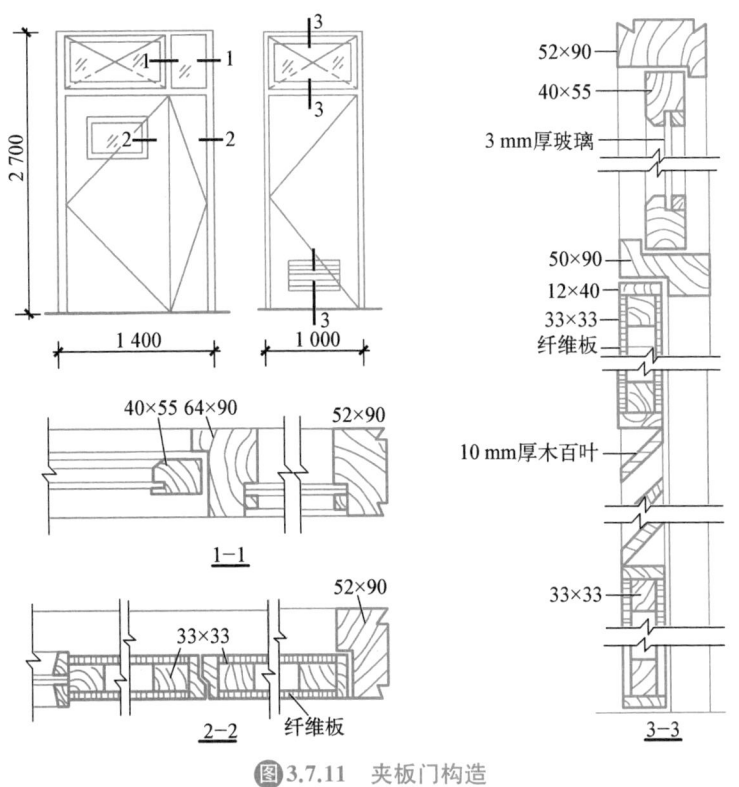

图 3.7.11　夹板门构造

小　结

　　熟悉房屋的各个组成部分及其构造要求是识图建筑施工图的基础。本项目基于相关的标准规范，主要介绍了民用建筑六大组成部分（基础与地下室、墙体、楼地层、楼梯、屋顶及门窗）以及它们的构造要求，熟悉了各分部的构造要求，便是认识了房屋的各个组成，这些组成被绘制在图纸上便是建筑施工图，所以说通过本项目我们认识了建筑施工图的表达对象。

在线题库

扫码自测

自测题

一、填空题。

根据下图镶板门的构造填空

① _____

② _____

③ _____

④ _____

⑤ _____

⑥ _____

⑦ _____

玻璃　门框上槛　1　5　6　7　2　3　中竖框　4

项目 4　建筑施工图识读

建筑施工图是表示建筑物的总体布局、外部造型、内部布置、细部构造、内外装饰、固定设施和施工要求的图样。建筑施工图是各类施工图的基础和先导，也是建筑工程项目审批、指导施工、编制工程造价文件和竣工验收、工程质量评价等工作的重要依据之一，是具有法律效力的设计文件。

学习内容

任务1　熟悉建筑施工图概述；
任务2　掌握建筑施工首页图的识读方法；
任务3　掌握建筑总平面图的识读方法；
任务4　掌握建筑平面图的识读方法；
任务5　掌握建筑立面图的识读方法；
任务6　掌握建筑剖面图的识读方法；
任务7　掌握建筑详图的识读方法。

学习目标

1. 能够掌握建筑施工图各组成部分的识读方法；
2. 能够将建筑施工图各组成部分相互联系识图；
3. 能够将建筑施工图中的图示内容与房屋构造知识关联。

任务 4.1　熟悉建筑施工图概述

1. 建筑施工图的形成过程

各类专业的施工图纸均是由具备相应资质的设计院进行设计的，建筑施工图也不例外。房屋的图纸设计一般分为三个阶段：首先，根据所建房屋的要求和有关技术条件，进行初步设计，绘制房屋的初步设计图。当初步设计经征求意见、修改和审批后，就要进行建筑、结构、设备(给水排水、暖通、电气)各专业间的协调，计算、选用和设计各种构配件及其构造与做法，即技术设计阶段；然后进入施工图设计阶段，按照建筑、结构、设备(给水排水、暖通、电气)各专业分别完成，详细地绘制所设计的全套房屋施工图，将施工中所需的具体要求，都明确地反映到这套图纸中。房屋施工图是建造房屋的技术依据，整套图纸应该完整统一、尺寸齐全、明确无误。

2. 建筑施工图的分类

一套完整的房屋施工图通常包含：建筑施工图、结构施工图和设备施工图，分别简称"建施"

"结施""设施",通常分别采用 J 或 JS、G 或 GS、SS 字母表示。而设备施工图又细分不同的专业,例如:给水排水施工图、采暖通风施工图、电气施工图等,简称"水施(SS)""暖施(NS)""电施(DS)"。

一套完整的房屋施工图需要按照一定的次序进行编排装订,一般来说,基本图在前,详图在后。全套施工图的编排顺序一般为:图纸目录、施工设计总说明、总平面图、建筑施工图、结构施工图、设备施工图。一般中小型工程,通常把图纸目录、设计总说明等内容放在同一张图纸上,称为首页图。

建筑施工图是表示建筑物的总体布局、外部造型、内部布置、细部构造、内外装饰、固定设施和施工要求的图样,一般包括:图纸目录、建筑设计说明、总平面图、门窗表、建筑平面图、建筑立面图、建筑剖面图和建筑详图等。

结构施工图主要表示建筑结构构件的布置、构件的形状、尺寸、材料、钢筋配置及相互间的连接等情况,通常包括结构施工设计说明、结构平面布置图、结构构件详图及结构计算书。

设备施工图主要表示水、电、暖等专业的管道及设备的布置和走向、安装要求等,是由各专业施工图的平面图、系统图和详图组成。

3. 阅读建筑工程图的步骤

在识读工程图纸时,对于全套图纸来说,先看首页图,后看专业图;对于各专业图来说,先"建施",后"结施""水施""暖施""电施"。对于"建施"来说,先总图、设计说明,再平、立、剖面图,后详图;对于"结施"来说先结构设计说明,再基础图、结构平面布置图,后结构构件详图;具体到每一张图纸来说,先读标题,再读文字,然后读图样,最后读尺寸。读图时,应把各类图纸相互联系,密切配合,反复多遍进行识读,才能读懂。

建筑施工图的识读步骤如下:

(1) 看标题

对于一套建筑工程图样应首先读工程图样的总标题,了解建设项目名称等信息。具体到每一张图纸,应先读该张图纸的标题栏,了解本张图纸的类别及主要内容等。

(2) 看说明

对于一套建筑工程图样,看说明是指看建筑设计说明,在建筑设计说明中,详细说明了新建工程的用途、名称、建设地点、建设规模等工程概况信息,同时详细说明了工程某部位具体的构造做法。具体到某一张图纸,应首先读该张图纸内的文字说明。

(3) 看图形

读建筑平面图、立面图、剖面图等主要图样,分析各视图间的相互关系,熟悉建筑各平面形状和空间形状,根据建筑各部分的使用功能,认清平面图、立面图与剖面图之间的联系,掌握建筑各组成部分的相互关系及位置,对建筑有一个整体感。同时,识读整体图与详图间的关系,建施与结施、设施等建筑图样间的关系。

(4) 看尺寸

看尺寸是识图的最后一个步骤,阅读每一张图纸内图样各部位的尺寸,这是施工放线及造价算量等工作的重要步骤,为确保施工及算量等工作的质量,看尺寸时需要细致。

某学院服务
配套用房图纸

当然,这些步骤并不是独立的,因为每一张图纸都不是独立的,每张图纸之间具有信息互补性,所以要将各张图纸互相联系起来对照识图,经过反复多次阅读才能读懂整套施工图纸。本教材以某学院共享型生产实训基地服务配套用房项目(以下简称"服务配套用房项目")为例讲述建筑施工图的识读方法。

任务 4.2　掌握建筑施工首页图的识读方法

施工首页图通常是由图纸目录、建筑设计说明、主要工程做法表和门窗表组成。采取节能措施的建筑还应该在施工首页图中对节能构造措施进行说明。

首页图图示内容

1. 图纸目录

图纸目录用来说明该套图纸有几类,各类图纸分别有几张,每张图纸的图号、图名、图幅大小,图纸的主要内容,图纸内所引用的标准图编号及名称等。图纸目录反映出了一套完整施工图纸的编排次序,在阅读施工图时便于查找所需图纸。

图 4.2.1 所示为某住宅楼的图纸目录,由该目录可知,该住宅楼的建筑和结构专业的图纸共计 12 张,其中建筑施工图为 J—01 至 J—07,共计 7 张,编排顺序为:J—01 为首页图,图幅规格为 2♯(即 A2),说明该张图纸尺寸为 420 mm×594 mm,图纸内容包括建筑施工说明、门窗表、图纸目录;J—02 为一层平面图、J—03 为标准层平面图、J—04 为屋面排水示意图、J—05 为南立面图、J—06 为北立面图、J—07 为侧立面图及 1-1 剖面图。结构施工图为G—01 至 G—05,共计 5 张,分别对应结构说明及楼梯结构图、基础详图、二层结构详图、标准层结构详图及屋面层结构详图。

某建筑设计研究院		工程名称	某住宅楼		共 1 页
设计编号		子项名称			第 1 页
图纸内容	建筑施工图和结构施工图				
图　纸　目　录					
序号	图　名		图幅规格	图　号	
				新　制	采用
1	建筑施工说明　门窗表和图纸目录		2♯	J-01	
2	一层平面图		$2\frac{1}{2}$♯	J-02	
3	标准层平面图		$2\frac{1}{2}$♯	J-03	
4	屋面排水示意图		$2\frac{1}{2}$♯	J-04	
5	南立面图		$2\frac{1}{2}$♯	J-05	
6	北立面图		$2\frac{1}{2}$♯	J-06	
7	侧立面图,1-1剖面图		$2\frac{1}{2}$♯	J-07	
8	结构说明　楼梯结构图		$2\frac{1}{2}$♯	G-01	
9	基础详图		$2\frac{1}{2}$♯	G-02	
10	二层结构详图		$2\frac{1}{2}$♯	G-03	
11	标准层结构详图		$2\frac{1}{2}$♯	G-04	
12	屋面层结构详图		$2\frac{1}{2}$♯	G-05	

图 4.2.1　某住宅楼图纸目录

图名	一层平面图	
设计/制图		
工种负责人		
复核		
审核		
项目负责人		
设计编号14004-3	比例 1:100	
图号 JS—03	日期2015-04-10	

图4.2.2 JS—03标题栏截图

由"服务配套用房项目"图纸目录可知,该项目的建筑专业图纸共计17张,每一张图纸的内容及其对应图号均有明确说明,例如总平面定位图的图号为ZS—01,一层平面图的图号为JS—03,1-1剖面图的图号为JS—09,而图号同样会出现在对应图纸的标题栏中,图4.2.2所示为"服务配套用房项目"图纸JS—03的标题栏。可见图纸目录的作用与一本图书的目录一样,可以更加直观地浏览到图纸的所含内容,而且可以方便识图者去定位或翻阅图纸信息。

2. 建筑设计说明

建筑设计说明是设计者对图纸设计的总说明,其作用类似于"产品的操作说明书",是对使用图纸过程中(比如施工)时需要明确和遵循的一些规定说明。下面以"服务配套用房项目"的建筑设计说明为例阐述其阅读要点。

（1）工程概况

由该项目的图纸目录可知,建筑设计说明在JS—01,翻开JS—01后发现,建筑设计说明最先说明的就是项目的工程概况,例如建设地点位于某学院校园内西北角,泉新路东侧;总建筑面积为 5 013.6 m²,地上建筑面积为 5 013.6 m²（言外之意:无地下室）;层数为地上 4 层;结构类型为框架结构;建筑总高度为 15.450 米;建筑用途为办公建筑等等。这些基础信息是我们读图之前必须熟悉的内容,属于后期进行施工组织设计及工程预算工作中重要的参考信息。

（2）设计依据及总则

设计依据是设计人员进行图纸设计时所依据的规范标准的罗列,看图初期无需对诸多设计依据进行翻看查阅,只是在某些特定的情况下,施工过程中需要明确图纸所依据的技术标准时进行查阅,例如,屋面施工做法可查阅《屋面工程技术规范》（GB 50345—2012）。总则是对整个建筑设计及后期施工的一些情况说明,例如"本工程设计标高±0.000 m 相当于黄海高程 65.450 m","本工程施工图所注尺寸,除总平面及标高以米为单位外,其余均以毫米为单位","本施工图须与结构、给排水、电气、空调和动力等有关专业图纸密切配合施工","施工中如需变更设计,必须征得设计院同意,并发设计变更通知,方可施工"等等,这些均是很重要的施工信息,施工前需细读。

（3）各部位的构造做法要求

该部分内容主要是明确各个部位的构造做法的设计要求,一般包括墙体、楼地面、屋面、门窗以及室内外装修等。例如,墙体构造做法第 1 条:"墙厚度除图中注明者外,±0.000 以上外墙采用 200 厚煤矸石烧结空心砖,内墙采用 200 厚加气混凝土砌块",这就明确了内外墙的厚度及材料。墙体构造做法第 7 条:"卫生间、高低差屋面及外墙挑檐上部等有水房间墙根部做 C30 现浇混凝土带,高度不小于 500 mm,与楼板同时浇筑",这就明确了卫生间墙体需在根部与楼板同时浇筑不低于 500 的 C30 混凝土带,再进行墙体砌筑。这些构造作法的说明对墙体施工是非常重要的,施工前需细读。

可见,建筑设计说明主要用来阐述建筑工程的名称、层数、结构类型等总的工程概况,以及建筑施工中墙体、楼地面等部位细部的构造做法,由于建筑设计说明中的信息对于施工非常重要,也常将其称为建筑施工设计说明。

3. 门窗表

门窗表主要用来表示工程中所有的门窗类型、尺寸、数量、所选用的材料、图集及开启方式等,表 4.2.1 所示为门窗表简单示例,从该门窗表可知,整个工程中有两种门,M-1 和 M-2,其中 M-1 为 2 000 mm×2 400 mm,共 1 樘,属于双扇平开木门,M-2 为 900 mm×2 400 mm,共 3 樘,属于单扇平开木门。可见,门窗表中提供的信息可以作为施工进料及编制预算的依据。而"服务配套用房项目"首页图中并未给出具体的门窗表,但在建筑设计说明中给出了该项目门窗工程的构造要求,而且在 JS-16 中给出了所有门窗的大样图。

表 4.2.1　门窗表

| 名称 | 编号 | 洞口尺寸 mm | | 数量 | 门窗材质 | 开启方式 |
		宽	高			
门	M-1	2 000	2 400	1	双扇木门	平开
	M-2	900	2 400	3	单扇木门	平开
窗	C-1	1 200	1 500	3	塑钢窗	推拉
	C-2	1 500	1 500	3	塑钢窗	推拉

4. 工程做法表

工程做法表主要用来说明室内外墙面、楼地面、屋面及台阶坡道等部位的详细施工做法,在该表中需要对各施工部位的名称、做法等详细表达清楚。例如,"服务配套用房项目"图纸 JS-02 可知,整个项目中地面做法有两种,地面 1 和地面 2,同样是防滑釉面地砖地面,但地面 1 做法适用于除卫生间地面,地面 2 做法适用于卫生间地面,两者相比不同之处在于:由于卫生间属于用水地面,所以地面 2 中多了防水构造层次,即聚氨酯防水涂料 1.8 mm厚。施工做法表中的内容对相应位置的施工具有明确的指导意义。

如果工程做法表中采用标准图集的做法,还应注明所采用标准图集的代号以及做法编号,如有改变,应在备注中说明,如表 4.2.2 所示。

表 4.2.2　工程做法表

编号	名称		施工部位	做法	备注
1	外墙面	干粘石墙面	见立面图	98JI 外 10-A	内抹保温砂浆 30 mm 厚
		瓷砖墙面	见立面图	98JI 外 22	
		涂料墙面	见立面图	98JI 外 14	
2	内墙面	乳胶漆墙面	用于砖墙	98JI 内 17	楼梯间墙面抹 30 mm 厚保温砂浆
		乳胶漆墙面	用于加气混凝土墙	98JI 内 19	
		瓷砖墙面	仅用于厨房、卫生间阳台	98JI 内 43	规格及颜色由甲方定
3	踢脚	水泥砂浆踢脚	厨房及卫生间不做	98JI 踢 2	
4	地面	水泥砂浆地面	用于地下室	98 对地 4-C	

编号	名称	施工部位	做法	备注
5	楼面	水泥砂浆楼面　仅用于楼梯间	98JI楼1	
		铺地砖楼面　仅用于厨房及卫生间	98JI楼14	规格及颜色由甲方定
		铺地砖楼面　用于客厅、餐厅、卧室	98JI楼12	规格及颜色由甲方定
6	顶棚	乳胶漆顶棚　所有顶棚	98JI棚7	
7	油漆	用于木件	98JI油6	
		用于铁件	98JI油22	
8	散水		98JI散3-C	宽度1 000 mm
9	台阶	用于楼梯入口处	98JI台2-C	
10	屋面		98JI屋13(A. 80)	

5. 绿色设计专篇

为了响应国家的节能政策,现在大多数工程都采取了节能措施,以降低建筑能耗。在施工首页图中应对采取的节能构造措施进行说明,包括节能设计的依据、场地规划及室内外环境描述、节能的措施和节能计算(尤其是外围护构件的热工计算)等。

为了响应国家的节能政策,现在大多数工程都采取了节能措施,以降低建筑能耗。在施工首页图中应对采取的节能构造措施进行说明,包括节能设计的依据、场地规划及室内外环境描述、节能的措施和节能计算等。该部分内容对外围护构件的保温层施工具有指导意义。

由"服务配套用房项目"图纸JS—02可知,本建筑的绿色设计专篇包含项目名称、项目概况、设计依据、场地规划和室外环境、建筑设计和室内环境、建筑节能六大部分。其中第六部分建筑节能是节能专篇的核心部分,主要介绍了建筑有关节能设计基本情况(气候分区、节能水平、节能计算办法等)、建筑物围护结构结构热工性能(屋面、外墙、楼板等)、可再生能源的利用情况(太阳能、地源热泵等),并说明了节能构造节点所引用的标准图集。

6. 消防专篇

消防实际上属于安装工程的内容,往往会有专门的消防设计施工图,供安装技术人员进行管道和设备的安装,但是由于消防管道和设备的安装施工是依附于建筑工程的,而且两者的设计和施工是需要协同的,所以在建筑施工图的首页图中可能会有消防专篇的介绍。

例如,"服务配套用房项目"图纸JS—01可中消防专篇介绍了消防系统的设计依据和消防的总平面图设计,重点介绍了建筑的防火设计,包括防火分区、安全疏散、防火门的设置要求以及室内装修材料的要求,有助于建筑技术人员对本建筑的消防设计进行初步了解。

自测题

自测题答案

一、识读图纸案例

根据"服务配套用房项目"图纸JS—01及JS—02,完成以下信息查找任务:

(1)该工程的结构类型是_____,总建筑面积是_____,层数是_____,

建筑总高度是_____,抗震设防烈度是_____。

（2）该工程室内地坪标高±0.000 m 是相对于绝对标高_____m 而言的。

（3）施工图纸中所注尺寸的单位是_____。

（4）本工程±0.000 以上外墙墙体的厚度是_____,所用的材料是_____；内墙墙体的厚度是_____,所用的材料是_____。

（5）不同材料墙体交接处加铺一层钢丝网,目的是?_____。

（6）穿墙管线安装完毕后,洞口周边应如何处理?_____。

（7）有水房间的墙体根部应有什么特殊处理?_____
_____。

（8）卫生间、阳台楼地面最高处比一般房间低_____。

（9）建筑施工图中的标高为建筑标高还是结构标高?_____。相应的结构标高比建筑标高低_____。

（10）通过工程做法表可知,卫生间、洗手间地面的做法如下:

与正常的房间地面做法相比,多了什么?_____。

（11）该工程屋面属于刚性防水屋面还是柔性的?_____。是否需要分隔缝?_____。分隔缝应如何处理?_____。

（12）屋面与女儿墙的交接处,防水涂料应该沿墙上翻_____mm。

（13）通过工程做法表可知,屋面的做法如下:

（14）做室内装修时,室内墙面、柱面粉刷部分的阳角和门洞口的阳角应有什么特殊处理?_____。

（15）通过工程做法表可知,除卫生间、洗手间以外的内墙面的做法如下:

总平面图
图示内容

任务 4.3　掌握建筑总平面图识读方法

一、总平面图的用途

总平面图是用来表示整个建筑区域的总体布局的图样,其主要作用是将新建房屋的位置、朝向以及周围环境（原有建筑、交通道路、绿化、地形等）等基本情况表达清楚。通过总平面图能够表明区域内建筑的布局形式、新建建筑的类型、建筑间的相对位置、建筑物的平面外形和绝对标高、层数、周围环境、地形地貌、道路及绿化的布置情况等。建筑总平面图是新建房屋定位、施工放线、布置施工现场的依据,并为水、电、暖管网设计提供依据。

二、总平面图的图子内容及图示方法

1. 图名、比例

图名和比例一般注写图形的下方。总平面图需要绘制出整个建筑区域的总体布局,绘制的范围较大,需采用较小比例才能得以表达,通常采用比例有1∶500、1∶1 000、1∶2 000等,较小的比例绘制出的内容也相对简单。

2. 新建建筑及其周围环境

建筑总平面图中不但要表达新建建筑的状况,还要表达新建建筑与原有建筑、拟建建筑、道路、绿化、地形地貌间的关系,为了方便绘图及识图,这些图示内容均需用标准图例来表示。表4.3.1是从《总图制图标准》(GB/T 50103－2010)摘录的常用建筑总平面图图例,基本满足了识图的需要,其他总平面图图例、道路与铁路图例、管线与绿化图例等可参见该标准。

表 4.3.1　常用建筑总平面图图例

名称	图例	说明	名称	图例	说明
新建建筑物	8 ▲	1. 需要时,可用▲表示出入口,可在图形内右上角用点或数字表示层数 2. 建筑物外形(一般以±0.00高度处的外墙定位轴线或外墙面线为准)用粗实线表示。需要时,地面以上建筑用中粗实线表示,地面以下建筑用细虚线表示	新建的道路	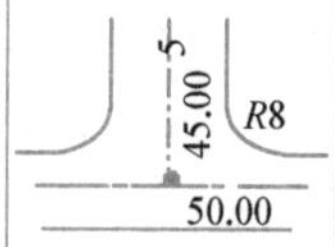 45.00 R8 5 50.00	"R8"表示道路转弯半径为8 m,"50.00"为路面中心控制点标高,"5"表示5%,为纵向坡度,"45.00"表示变坡点间距离
原有的建筑物		用细实线表示	原有的道路		
计划扩建的预留地或建筑物		用中粗虚线表示	计划扩建的道路		
拆除的建筑物	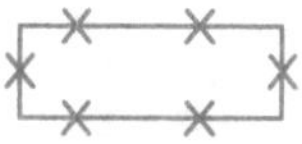 ✕ ✕ ✕ ✕	用细实线表示	拆除的道路	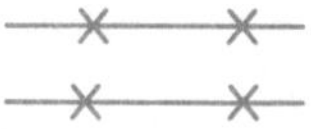 ✕ ✕ ✕ ✕	
坐标	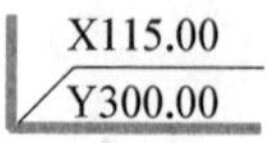 X115.00 Y300.00	表示测量坐标	桥梁	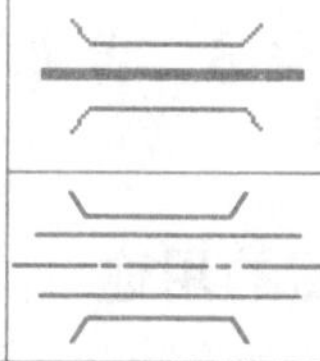	1. 上图表示铁路桥,下图表示公路桥 2. 用于旱桥时应注明
	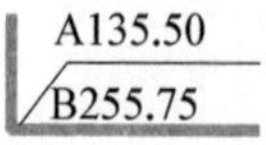 A135.50 B255.75	表示建筑坐标			
围墙及大门		上图表示实体性质的围墙,下图表示通透性质的围墙,如仅表示围墙时不画大门	护坡		1. 边坡较长时,可在一端或两端局部表示 2. 下边线为虚线时,表示填方
			填挖边坡	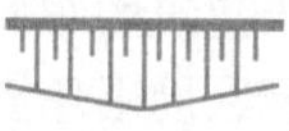	

续　表

名称	图例	说明	名称	图例	说明
台阶		箭头指向表示向下	挡土墙		被挡的土在"突出"的一侧
铺砌场地			挡土墙上没围墙		

从表 4.3.1 中需重点注意以下内容：

（1）新建建筑、原有建筑、计划扩建或预留建筑、拆除建筑在总平面图中线型有所不同；

（2）新建建筑物的层数是在图形右上角用点数或数字表示；

（3）建筑室内外标高符号有所不同。

3. 建筑定位坐标系统

在建筑总平面图中对建筑物、道路或管线的精确定位是通过坐标得以实现的，可以是坐标网格，也可以是测量坐标。

坐标网格是用细实线绘制 100 m×100 m 或 50 m×50 m 的方格网，坐标代号为"A，B"。一般按照上北下南的方向绘制，也可以根据场地形状或布局，向左或向右偏转，但不宜超过 45°，图 4.3.1 所示即为用细实线绘制的 100 m×100 m 坐标网格。测量坐标用交叉的十字细线表示坐标网，坐标代用"X，Y"表示，通常将建筑物的三个角点的坐标标注在其轮廓线上，以此给建筑物定位，如图 4.3.1 所示，若建筑物与轴线平行，可标注其对角的坐标。在总平面图上绘有测量坐标和施工坐标两种系统时，应在附注

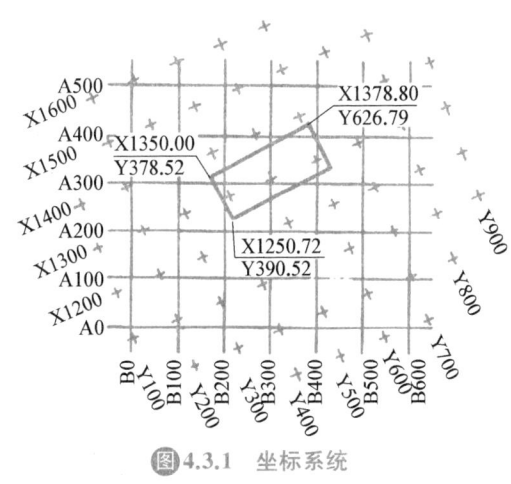

图 4.3.1　坐标系统

中注明两种坐标系统的换算公式，如果工程比较简单，也可不用坐标系统。

4. 尺寸与标高

建筑总平面图上应给出必要的尺寸标注，例如新建建筑物的长度和宽度、新建工程与原有建筑之间的定位尺寸、道路宽度等，尺寸界限一般为建筑定位轴线（或外墙面）、圆形建筑物的中心、道路的中心或转折点位置。总平面图中尺寸标注的单位为米，而且保留小数点后两位，不足两位时以"0"补齐。

建筑总平面图上应给出建筑物（尤其是新建建筑物）的室内外标高，新建工程轮廓线内的标高表示首层室内地面标高，新建工程轮廓线外的标高表示室外地面标高，两者均为绝对标高。标高符号应遵守《房屋建筑制图统一标准》（GB/T 50001—2017）中的有关规定，室内标高符号如图 4.3.2(a)所示，室外标高符号如图 4.3.2(b)所示。标高以米为单位，并应至少保留小数点后两位，不足时以"0"补齐。

（a）室内标高符号　　　　　（b）室外标高符号

图 4.3.2　总平面图中室内外标高符号

此处应该注意总平面图中的室内外标高与其他建筑施工图中的标高不同之处：

（1）总平面图中标注的是绝对标高，而其他建筑施工图标注的是相对标高；

（2）总平面图中标高数字保留小数点后两位，而其他建筑施工图中需保留小数点后三位；

（3）总平面图中室外标高的标高符号为涂黑的三角形。

5. 其他内容

地形复杂的总平面图应标出等高线，依据等高线上标注的数字，可以判断该区域的地形情况，如图 4.3.3 所示，等高线上标注的数字表明该区域为一个小山坡。

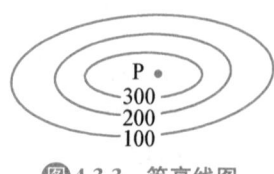

图 4.3.3　等高线图

在总平面图上通常用风向频率玫瑰图表示建筑物的朝向和风向，如图 4.3.4 所示，简称"风玫瑰图"。风玫瑰图中箭头所指的方向为北向，遵循"上北下南、左西右东"原则。风玫瑰图上所表示的风向，是指从外部吹向区域中心的方向，各方向上按统计数值画出的线段，表示此方向风频率的大小，线段越长表示该风向出现的次数越多，由于形状酷似玫瑰花朵而得名。一般用细实线绘制区域范围内全年的各风向频率，用虚线绘制区域范围内夏季（7、8、9 三个月份）的各风向频率，由图 4.3.4 所示的风玫瑰图可知，该区域全年的

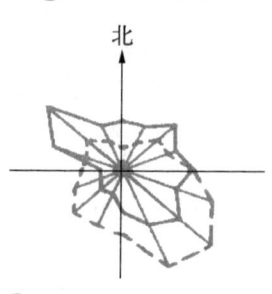

图 4.3.4　风向频率玫瑰图

主导风向为西北风，夏季的主导风向为东南风。对于简单的项目，尤其是风向对项目设计及施工的影响较小时，可以仅在总平面图上绘制出指北针，用以表明朝向。

三、案例分析

下面以"服务配套用房项目"图纸 ZS—01 为例，阐述总平面图的识读方法。

图纸 ZS-01

（1）图名、比例

该总平面图的图名位于图形的正下方，为"总平面定位图"，采用比例为：1∶500。

（2）建筑朝向及坐标定位

该总平面图并未绘制风玫瑰图，但是在图纸的右下方绘制了指北针，箭头所指的方向为北，其余方向根据"上北下南，左西右东"的原则进行判断。该总平面图中的三个新建建筑均是通过测量坐标进行建筑定位的，例如服务配套用房项目中给出了该建筑物四个角点的测量坐标，该项目左下角的测量坐标为：$X=86\,581.613$、$Y=15\,309.156$。

（3）新建建筑与其周围环境

该总平面图中新建建筑（粗实线绘制）共三幢，分别是共享型生产实训基地（一）、共享型生产实训基地（二）及服务配套用房。其中，服务配套用房项目的平面形状为矩形，4 层，总长为 64.20 m，总宽为 20.60 m，其入口朝南，室外地坪的绝对标高为 65.00 m，室内地面零点对应的绝对标高为 65.45 m，室内外地面高差为 0.45 m，建筑高度为 15.45 m。

服务配套用房项目周边的环境分析：该项目南边入口处设置了广场和观景平台，可供观赏自然景观区（水系、花园）。从入口处沿着 4 m 宽的铺砌小路向西，经过中心广场后，即可到达共享型生产实训基地（二）的入口。该项目的北侧临近一条 9 m 宽的道路，道路的北侧是共享型生产实训基地（一）以及原有小公园景观，共享型生产实训基地（一）与服务配套用房距

离为 28.41 m。三个新建建筑的周边均有道路,整个建设区域西边为泉新路,东边为二号路。

自测题答案

自测题

根据下面的建筑总平面图,完成以下信息查找任务:

1. 该总平面图比例为_____,此小区有_____幢新建建筑物,分别为_____层和_____层。新建建筑的总长为_____米,总宽为_____米,新建建筑物室内标高为_____米,室外标高为_____米,室内外高差为_____米,室内外标高都属于_____标高,即以我国青岛附近_____为零点而测定的标高。

2. 此小区有_____幢原有住宅,层数为_____,此小区有_____幢拟建建筑和_____幢拆除建筑。

3. 该总平面图是通过_____坐标对新建建筑定位的,由坐标判定,东西向邻的两幢建筑之间的距离为_____米,南北相邻的两幢建筑之间的距离为_____米。由风玫瑰图判断该地区全年的主导风向为_____风,该区域西北角的地形为_____。

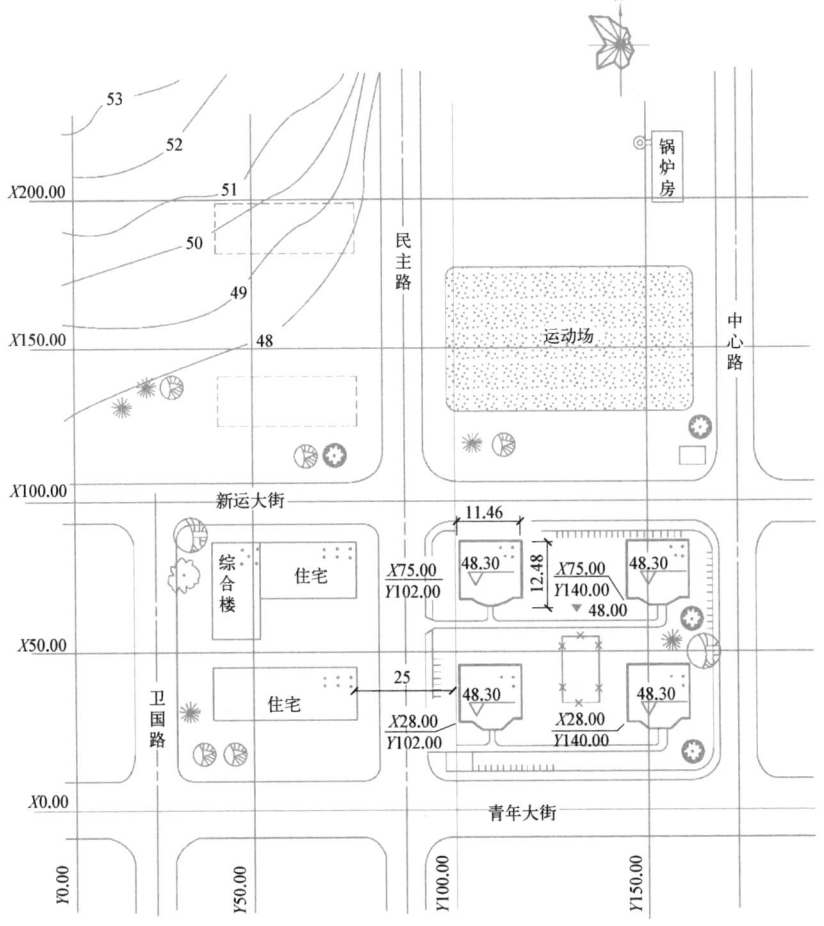

总面平图　1:500

任务 4.4 掌握建筑平面图的识读方法

一、建筑平面图的形成与作用

1. 建筑平面图形成方式

建筑平面图是房屋的水平剖视图,也就是用一个假想的水平面,沿窗台之上的位置剖开整幢房屋,移去处于剖切平面上方的房屋,将留下的部分按俯视方向在水平投影面上作正投影所得到的图样,如图 4.4.1 所示。

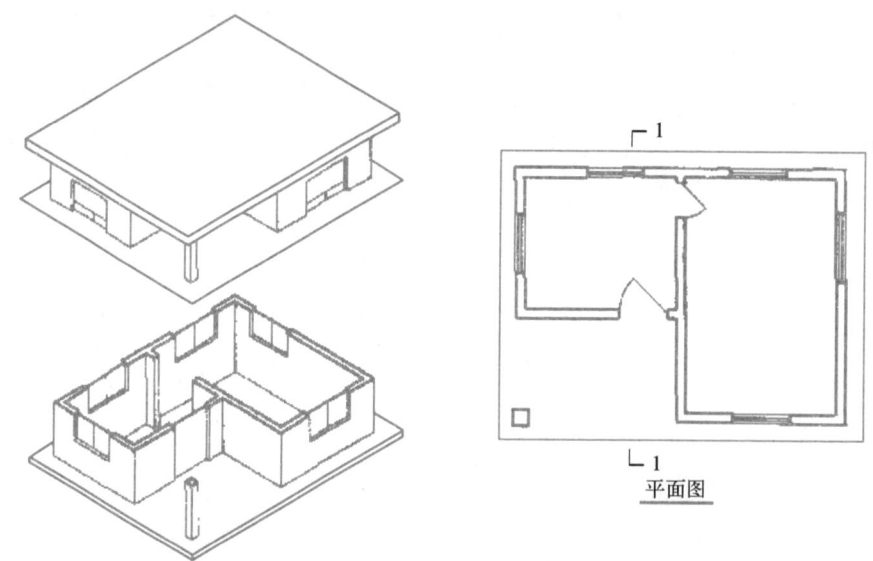

图4.4.1 建筑平面图的形成过程

需要注意的是,屋顶平面图的形成方式有所特殊,不再用假想的水平面剖切屋顶,而是将房屋顶部按俯视方向在水平投影面上作正投影得到的图样。

2. 建筑平面图作用

建筑平面图作为建筑设计、施工图纸中的重要组成部分,反映了建筑物的功能需要、平面形状、大小及平面布置,同时表明了墙、柱、门窗的位置及尺寸等,是决定建筑立面及内部结构的关键。给排水、强弱电等专业工程平面图及管线综合图的设计、招投标阶段的工程预算、施工前的施工现场布置、施工中的放线、砌墙和安装门窗等工作,均是以建筑平面图为重要依据的。

3. 建筑平面图内容

建筑平面图应包括被剖切到的断面、可见的建筑构造和必要的尺寸、标高等内容。

若新建建筑的各层平面布置都不相同,应画出各层的建筑平面图,并将各层建筑平面图对应以层次来命名,例如:地下室平面图、一层平面图、二层平面图等;其中,地下室平面图用来表示地下室的平面布置,房间的大小及其分隔与联系等,一层平面图表示首层的内部平面布置、房间大小,以及室外台阶、阳台、散水、雨水管的形状和位置等,二层平面图表示二层内部的平面布置、房间大小、阳台及本层外设雨篷等。

　　若有两层或更多层的平面布置相同,这几层可以合用一个建筑平面图,称为某两层或某几层平面图,例如:二、三层平面图,三、四、五层平面图等,也可称为标准层平面图。若两层或几层的平面布置只有少量局部不同,也可以合用一个平面图,但需另绘不同处的局部平面图作为补充。若新建建筑的建筑平面图左右对称,则习惯上将两层平面图合并画在一个图上,左边画一层的一半,右边画另一层的一半,中间用对称线分界,在对称线两端画上对称符号,并在图的下方分别注明它们的图名。

　　建筑平面图除上述的各层平面图外,还有局部平面图、屋顶平面图等。局部平面图可以用于表示两层或两层以上合用的平面图中的局部不同之处,也可以用来将平面图中某个局部以较大的比例另行画出,以便能较为清晰地表示出室内的一些固定设施的形状和标注它们的定形、定位尺寸。

二、建筑平面图的图示内容与图示方法

1. 图名、比例、朝向

（1）图名:建筑平面图的名称一般标注在图样的正下方。在识读图样之前,应首先识读图名,便可以知道属于哪一层平面图。如图 4.4.2 所示,从服务配套用房项目 JS—03 图纸的图名来看,属于该项目的一层平面图。

平面图图示内容

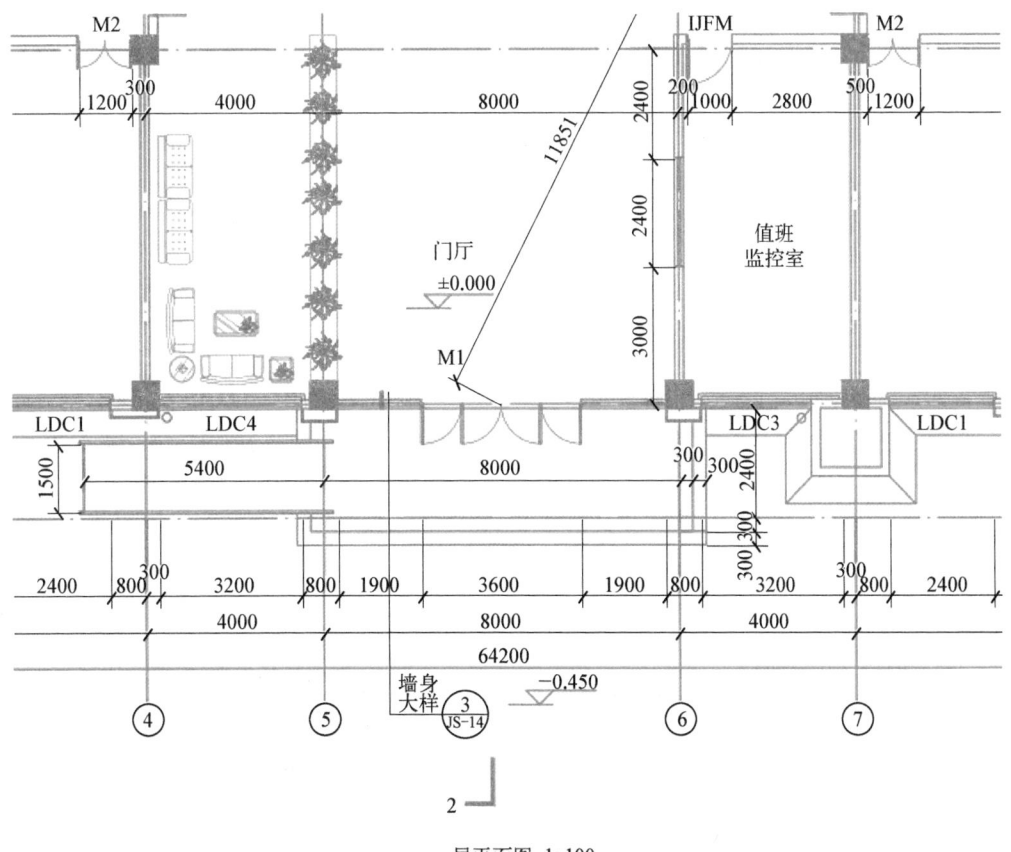

一层平面图 1:100

图4.4.2　图名比例(服务配套用房项目 JS—03 截图)

（2）比例：通过识读比例可知该层平面图所采用的比例大小。对于同一表达对象，采用比例越大，所绘制图样越详细。建筑平面图的绘制比例是依据建筑的规模及复杂程度来选定的，通常采用的比例有1∶50、1∶100、1∶200。如图4.4.2所示，服务配套用房项目JS—03图纸中一层平面图的绘图比例为1∶100。

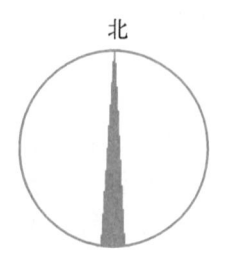

北

图 4.4.3 指北针（服务配套用房项目 JS—03 截图）

（3）朝向：为了表达建筑朝向信息，一般在主要地坪为±0.000 m 的平面图（即一层建筑平面图）上画出指北针。如图 4.4.3 所示，圆的直径宜为 24 mm，用细实线绘制；指针尾部的宽度宜为 3 mm，指针头部应注"北"或"N"字。需用较大直径绘制指北针时，指针尾部宽度宜为直径的1/8。由服务配套用房项目 JS—03 图纸中的指北针可知，该项目的主入口是朝南的。一般来说，建筑平面图是按照上北下南，左西右东的方向绘制，当平面图不采用此绘制方法时，指北针尤其重要。

2. 被剖切到的建筑构配件与未被剖切到但能投影到的建筑构配件的轮廓

建筑平面图是水平剖视图，在绘制平面图时，应绘出被剖切到的建筑构配件的轮廓以及虽未被剖切到但按照投影方向能够投影到的建筑构配件的轮廓。

（1）被剖切到的建筑构配件的表达方法

被剖切到的建筑构配件，如墙体、柱和门窗等，应采用相应的图例符号进行表示，表 4.4.1 中给出了建筑施工图中常用的构造及配件的图例，熟悉这些图例，是识读建筑施工图的基础。与建筑详图相比，建筑平面图所采用的比例相对较小，而采用较小比例无法详尽表达建筑构配件的材料图例，所以被剖切到的建筑构配件的断面一般采用简化材料图例符号表示，例如被剖切到墙体用粗实线绘出其轮廓，剖切到的钢筋混凝土柱采用涂黑的方式表达等，如图 4.4.4 所示。

表 4.4.1　常用的构造及配件图例

名称	图例	说明
墙体		应加注文字或填充图例表示墙体材料
隔断		1. 木制、石膏板、金属等材料的隔断； 2. 适用于到顶与不到顶的隔断
栏杆		
楼梯		1. 上图为底层楼梯平面，中图为中间层平面，下图为顶层平面 2. 楼梯及栏杆扶手的形式和梯段踏步数应按实际情况绘制

续　表

名称	图例	说明
单扇门（包括平开或单面弹簧门）	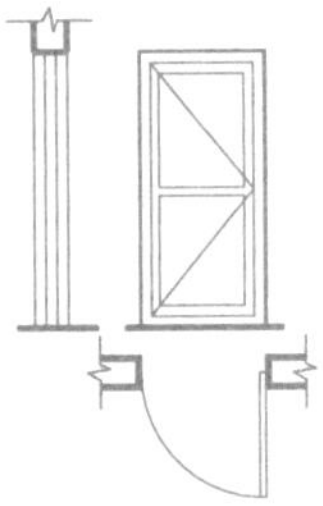	
单扇双面弹簧门	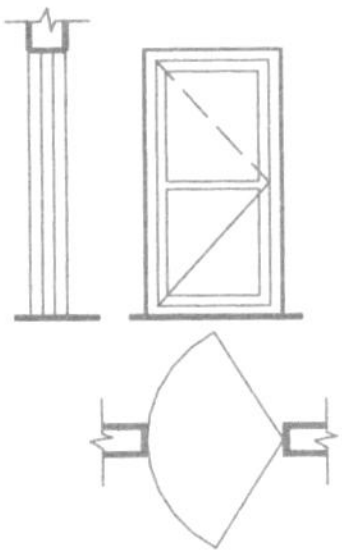	1. 门的名称代号用 M 2. 图例中剖面图左为外，右为内，平面图下为外，上为内 3. 立面图上开启方向线交角的一侧为安装合页的一侧，实线为外开，虚线为内开 4. 平面图上门线应 90°或 45°开启，开启弧线应绘出 5. 立面图上的开启线在一般设计图中可不表示，在详图及室内设计图上应表示 6. 立面形式应按实际情况绘制
双扇门（包括平开或单面弹簧门）		
对开折叠门	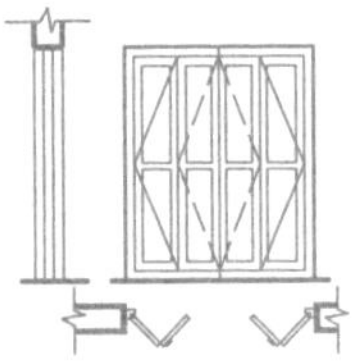	
墙内双扇推拉门		
双扇双面弹簧门	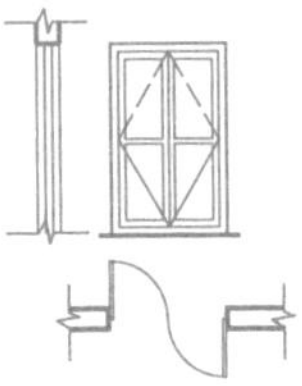	
孔洞		

名称	图例	说明
坑槽		
检查孔		
烟道		
单层固定窗	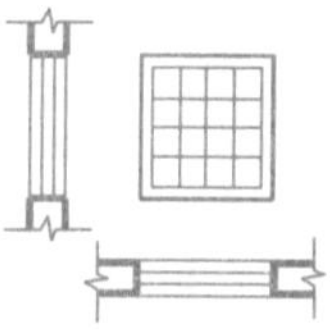	
单层中悬窗	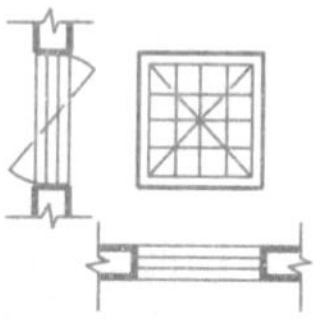	
单层外开上悬窗	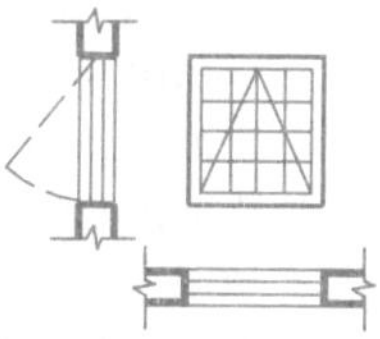	1. 窗的名称代号用 C 表示 2. 立面图中的斜线表示窗的开启方向，实线为外开，虚线为内开；开启方向线交角的一侧为安装合页的一侧，一般设计图中可不表示 3. 图例中剖面图左为外，右为内，平面图下为外，上为内 4. 平面图和剖面图上的虚线仅说明开启方式，在设计图中不需要表示 5. 窗的立面形式应按实际情况绘制
单层外开平开窗	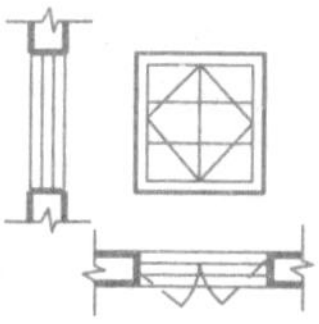	
单层内开平开窗	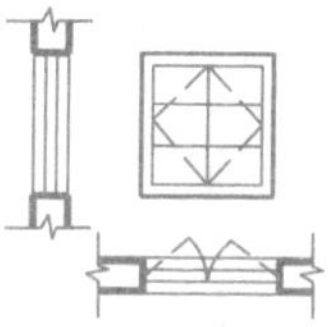	
双层内外开平开窗	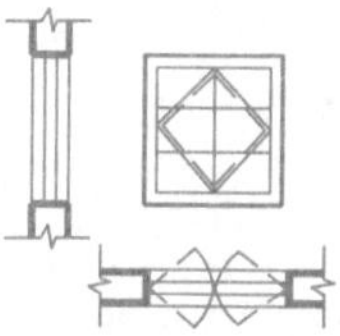	
推拉窗	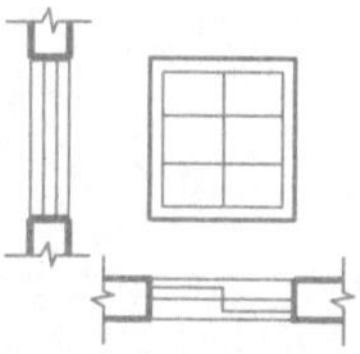	

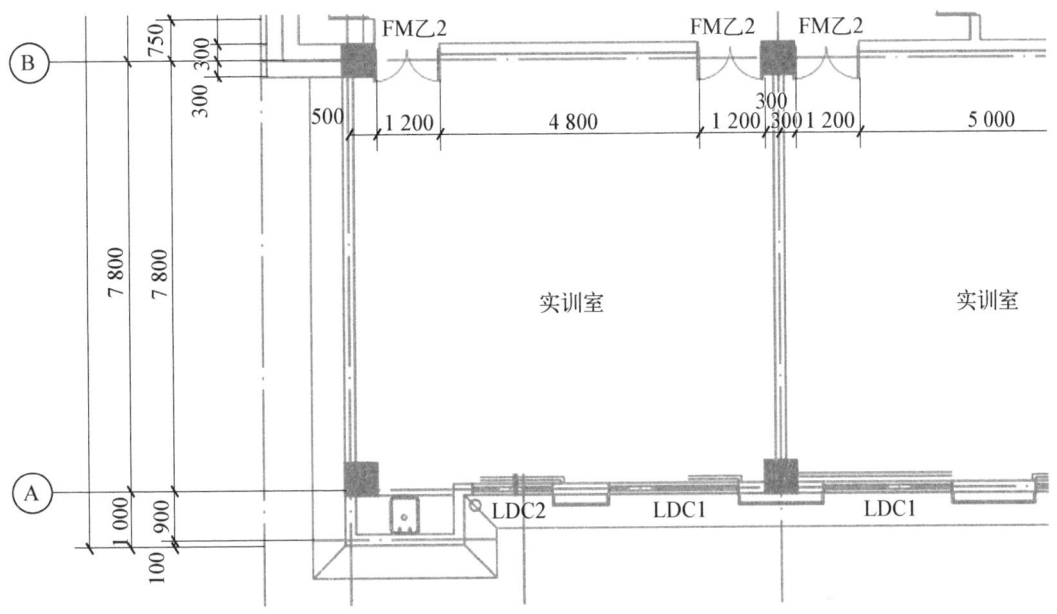

图 4.4.4　墙、柱、门窗图例(服务配套用房项目 JS—03 截图)

表 4.4.1 中给出了各种门窗在建筑平、立、剖面图中的图例,在建筑平面图中应绘制出对应门窗的平面图例,并明确注明它们的代号和型号。门、窗的代号分别为 M、C,可以直接按照序号标注,如 M1、M2、C1、C2 等;也可以在代号后面注写阿拉伯数字代表门窗尺寸规格,如"M1 800×2 400"(即门的宽为 1 800 mm,高为 2 400 mm),也可在代号里面体现门窗的类型,如 TLM1(推拉门)、LDC1(落地窗)。在平面图中表示出了门的类型及开启方向,窗的开启方式通常在建筑立面图上表示出来。

另外,平面图中需要绘制出被剖到的楼梯的图例,需要注意的是:一层、中间层及顶层的楼梯图例有所不同,而且无需在楼梯图例中标注楼梯的详细尺寸,因为楼梯构造较为复杂,一般会用较大比例另行绘制楼梯详图。

(2)未被剖切到但能够投影到的建筑构配件的表达方法

除墙体、柱、门窗等被剖切到的构配件外,在建筑平面图中,还应画出其他未被剖切到但能被投影到的构配件和固定设施的图例或轮廓形状,如散水、阳台、雨篷、花坛、台阶等。需要注意的是:在一层平面图中需要绘制出位于一层的散水、台阶、花坛等构配件的投影线,虽然这些构配件在二层以上的平面图形成时依然会被投影到,但其投影线不会再重复绘制在其他层平面图中。同理,二层平面图形成时投影到了雨篷,所以应该将雨篷投影线绘制在二层平面图中,而不会再重复绘制在其他层平面图中,如图 4.4.5 及图 4.4.6 所示。

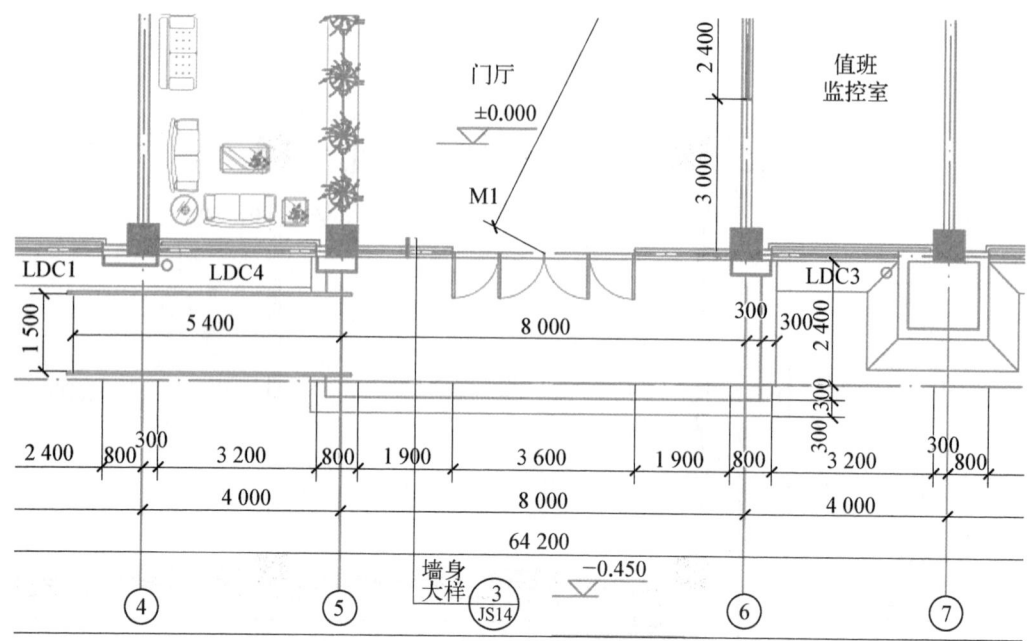

图4.4.5　一层台阶、散水及坡道投影线（服务配套用房项目 JS—03 截图）

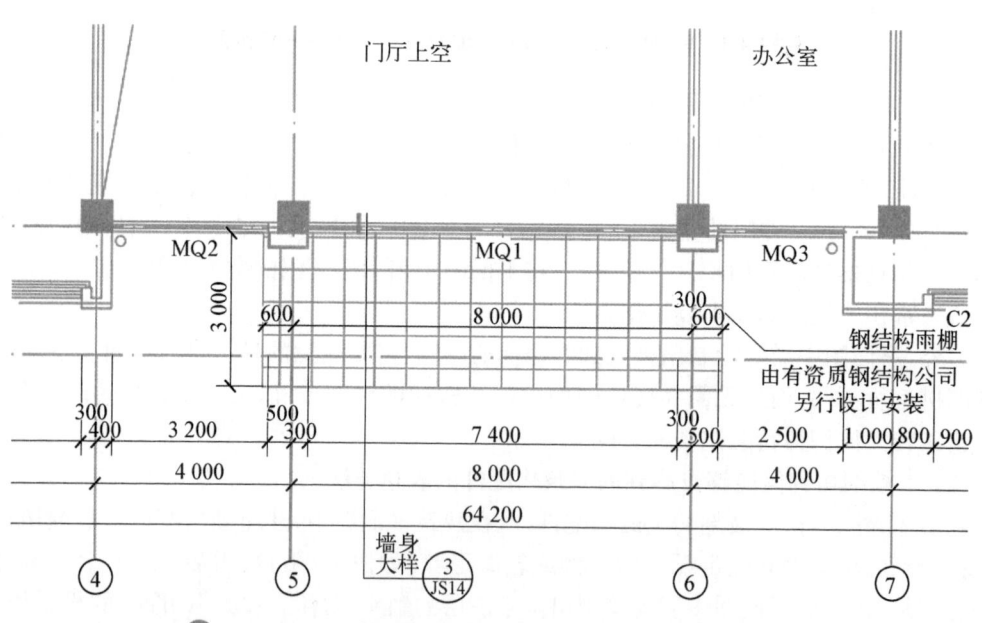

图4.4.6　二层雨篷投影线（服务配套用房项目 JS—04 截图）

　　由建筑平面图中被剖切到的墙体和门窗，将每层房屋分隔成若干房间，每个房间都应注明名称。由每层平面图就可以看出建筑在该层中房间的布局、形状、组合，及每个房间所起的作用。

3. 定位轴线及编号

　　建筑平面图作为施工过程中对构件定位的重要依据，所以在建筑平面图中应沿各承重构件（主要指墙和柱）用细单点画线绘出定位轴线，用以确定建筑各承重构件的具体位置及相互位置关系,而且在定位轴线的端部圆内应标注定位轴线的编号,用以区分不同位置的承重构件。定位轴线端部的圆用细实线绘制,直径应为 8 mm(详图中其直径可为 10 mm),圆心在定位轴线的延长线或延长线的折线上。

建筑平面图上定位轴线的编号,宜标注在图样的下方与左侧,也可以在图样的上方、下方、左侧、右侧均标注编号。横向定位轴线(与建筑宽度方向一致的定位轴线)编号用阿拉伯数字从左至右顺序编写,称为"数字轴",纵向定位轴线(与建筑长度方向一致的定位轴线)编号用大写拉丁字母(除 I、O、Z 外)从下至上顺序编写,称为"字母轴"。如图 4.4.7 所示,该办公楼项目的定位轴线是沿着墙中心线用细单点画线绘制的,数字轴编号从①至④,字母轴编号从 A 至 C。

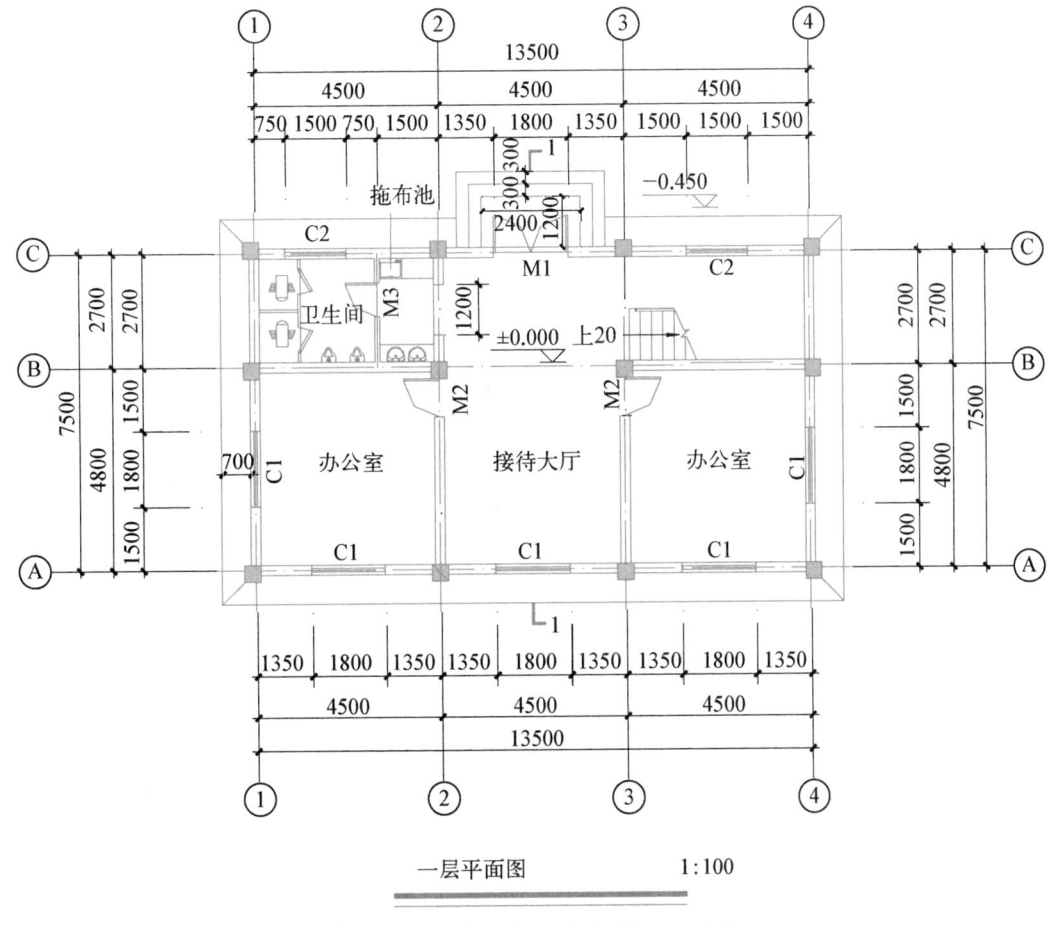

图4.4.7　某办公楼一层平面图定位轴线

如果工程较为复杂,可采用分区编号的形式。在标注非承重的隔墙或次要承重构件时,可用在两根轴线之间的附加定位轴线表示,附加轴线的编号用分数表示,在项目 1 制图标准中有详细说明。

4. 尺寸标注、标高及室内踏步、楼梯的上下方向和级数

(1) 尺寸标注

平面图将作为工程施工及算量的重要依据,必须标注出构件的必要尺寸。平面图中的

尺寸包括内部尺寸和外部尺寸。如图 4.4.7 所示,平面图中的尺寸数字后面并没有注明单位,但识图者务必要清楚尺寸数字均是以毫米为单位,而且在施工及算量时,以标注的尺寸数字为准,不需要另行量取或比例换算。

外部尺寸是指标注在平面图外部的尺寸,通常包括三道。最外面的一道尺寸,表示建筑物外墙面之间的总尺寸,表示建筑物的总长、总宽。第二道尺寸主要标注轴线间的尺寸,也就是表示房间的开间或柱距(横向定位轴线间的尺寸)、进深或跨度(纵向定位轴线间的尺寸)的尺寸。最靠近图样的一道,是表示外墙的细部尺寸,如外墙上门窗洞口的宽度及其定位尺寸等。

外部尺寸案例分析:如图 4.4.7 所示,由最外面的总尺寸可知,该办公楼的总长为 13500 mm(13.5m),总宽为 7500 mm(7.5m),当然此处标注的总长和总宽仅代表外墙中心线之间的距离,并不是真正意义上的建筑总长和建筑总宽。由轴线间的尺寸可知,①轴至②轴的轴距为 4500 mm,A 轴至 B 轴的轴距为 4800 mm,就是指明了对应办公室的房间尺寸,其开间和进深分别为:4500 mm 和 4800 mm。由最靠近图样的细部尺寸可知,A 轴线墙上有三个 C1,宽度为 1800 mm,C1 距轴线的距离为 1350 mm(用以给 C1 定位)。

内部尺寸指标注在图形内部的尺寸,表示各房间的净开间、净进深,内部门窗洞的宽度和位置,墙厚,以及其他一些主要构配件与固定设施的定形和定位尺寸等。由这些尺寸可以读出房间的大小、门窗的宽度,并进一步确定房间的面积、建筑的面积和门窗的位置等。如图 4.4.7 所示,由门厅进入卫生间的门洞宽度为 1200 mm,该尺寸即属于内部尺寸。

(2) 标高标注

一般在建筑平面图中,宜标注室内外地面、楼地面、阳台、平台等有高差处的完成面标高,即包括面层(粉刷层厚度)在内的建筑标高。标高数字以米为单位,保留小数点后 3 位。如图 4.4.7 所示,该办公楼的室外地坪标高为 -0.450 m,该层(一层)的室内地面标高为 ±0.000 m,而其他层平面图中标注的相应楼面标高均是相对于该零点的标高,即相对标高。

在地面有起伏而存在高差的地方,应画出分界线。由标高可以确定本层建筑平面中哪些位置存在高差及高差的大小,通过不同层平面图的标高值,可以确定建筑的层高(本层楼面层上表面至上一层楼面层上表面的距离)。

(3) 楼梯踏步上下方向和级数

在平面图中还应标出室内踏步、楼梯的上下方向和级数,楼梯上下级数指本层到上一层的级数,如图 4.4.7 中绘制出了从一层往二层的楼梯上下方向及楼梯的级数(20 级)。楼梯踏步宽度和高度、梯段宽度和高度等详细的信息需要查看楼梯建筑详图。

5. 有关的符号

建筑平面图中的符号一般包括:指北针、剖切符号及索引符号。其中,指北针一般位于一层平面图中,用于指明建筑朝向。下面阐述剖切符号和索引符号。

(1) 剖切符号

在一层平面图中应该绘制出剖视图所对应的剖切符号,剖切符号的位置及个数跟建筑内部构造的复杂程度有关,剖切符号的绘制及其编号,仍应遵照项目 1 建筑制图基本知识中的规定,如图 4.4.7 中绘制出了一个编号为 1 的剖切符号,将会对应一个 1-1 剖面图。当然,对于规模较大或者内部复杂的建筑,其一层平面图中可能会绘制出 2 个以上的剖切符号,需对应绘制出 2 个以上的剖面图。

一般来说,剖切符号的编号及剖面图的图名是剖切符号与剖面图联系在一起的桥梁。识读剖面图时应结合一层平面图中的剖切符号,判断剖面图的类型、剖切的位置、剖视的方向,以及剖面图中投影到的构配件。

平面图上剖切符号的剖视方向通常宜向左或向上,若剖面图与被剖切图样不在同一张图纸内,可在剖切位置线的另一侧注明其所在的图纸号,也可在图纸上集中说明。

(2)当采用平面图的绘图比例无法表达清楚某些构配件详细情况时,应该在需要另画详图表达的局部构造或构件处,画出详图索引符号,用来索引详图。索引符号给出对应详图的编号及所在位置,而索引出的详图,应画出详图符号来表示详图所引的位置和编号,索引符号和详图符号建立了详图与被索引的图样之间的联系,以便相互对照查阅。索引符号与详图符号的画法和编号应遵照项目 1 建筑制图基本知识的规定。

三、掌握屋顶平面图的图示内容与图示方法

屋顶平面图也属于建筑平面图,但屋顶平面图是建筑的俯视图,而不像其他平面图是水平剖视图屋顶平面图主要用来表达屋顶的排水组织,故常被称为屋面排水图。

在屋顶平面图的下方也应标出图名和比例,屋顶平面图表达的内容较少,通常用与平面图一致,甚至更小一些的比例绘制,比如 1∶100、1∶200 等。在屋面排水图上应表达出屋顶的类型、屋面排水的方式、屋顶及檐沟的坡度、雨水管的位置、屋面上人孔的位置及尺寸、屋面水箱的位置等,对于需要绘制详图的位置,应绘制详图索引符号表示详图的位置和编号。

四、案例分析

平面图实例视频

现以某学院服务配套用房项目为案例来阐述建筑平面图的读图方法。

由本项目的图纸目录可知,共有 5 张平面图,分别是 JS—03 一层平面图,JS—04 二层平面图,JS—05 三层平面图,JS—06 四层平面图,JS—07 屋顶平面图。

1. 一层平面图

可通过标题栏中的图纸号来快速定位一层平面图,直接翻开图号为 JS—03 的图纸即可。

(1)读标题栏

如图 4.4.8 所示,在标题栏中注明了工程的建设单位为某学院,设计单位为某设计院,项目名称为某学院共享型实训基地服务配套用房,本张图纸的图名为一层平面图。采用比例为 1∶100。

(2)读文字说明

文字说明中的内容一般是不便于在图样中表达,但却关乎整个项目图纸识读的有关内容。文字说明作为图样的必要部分,读图时应首先读文字说明。

在 JS—03 图纸的左下角,注明了文字说明,如图 4.4.9 所示。由说明可知工程内外墙体的材料及厚度。门垛(为了方便安装门,而在门洞一侧设置较短的墙体)的尺寸为 100 mm,若图中有注明,则按图纸中注明的尺寸施工。卫生间设置了地漏,及地面向地漏的坡度为 1‰,所有厨卫间的地面标高比邻近的地面底 20 mm。说明中还阐述了室外台阶、散水、坡道的做法所选用的图集以及地漏、小便器等安装所选用的图集。

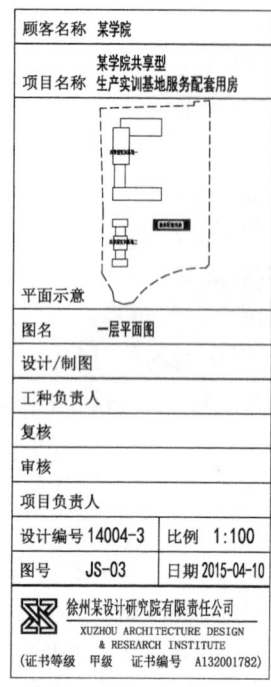

顾客名称	某学院
项目名称	某学院共享型 生产实训基地服务配套用房
平面示意	
图名	一层平面图
设计/制图	
工种负责人	
复核	
审核	
项目负责人	
设计编号 14004-3	比例 1:100
图号 JS-03	日期 2015-04-10
徐州某设计研究院有限责任公司 XUZHOU ARCHITECTURE DESIGN & RESEARCH INSTITUTE （证书等级 甲级 证书编号 A132001782）	

图4.4.8 服务配套用房项目 JS—03 标题栏

说明 ：

1. 外墙均采用煤矸石烧结空心砖 内墙为混凝土加气砌块墙体除注明外厚度均为 200;100 墙为后砌墙. 轴线除另注明外均居中；未注明门垛 100，未注明门洞高 2200.

2. 框架柱布置详结构图.

3. 卫生间标高均比相邻楼地面标高低 20. 卫生间地面均向地漏以 1% 找坡.

4. 室外台阶做法详见苏 08-2006-39-4. 台阶挡墙做法详见苏 J08-2006-37-A. 高为 1100.

5. 散水做法参见苏 J08-2006-29-2.

6. 坡道做法参见苏 J08-2006-35-5.

7. 大便间隔断安装详苏 J06-2006-26.

8. 小便器安装详苏 J06-2006-33.

9. 地漏. 蹲便器安装详苏 J06-2006-33.

10. 洗脸盆安装参苏 J06-2006-38.

11. 厕所无障碍设计详见 03J926-65C 型、坐便器安全抓杆详 03J926-81-1，洗脸盆全抓杆详 03J926-91.

图4.4.9 服务配套用房项目 JS—03 文字说明

（3）图名、比例和朝向

该图纸的图名在图样的正下方，为一层平面图；比例跟在图名的右侧，为 1:100。

由指北针可知，本工程的朝向遵循上北下南，左西右东。本工程有两个对外出入口，主出入口设在Ⓐ轴线外墙上，次出入口设在①外墙上。由指北针给出的方位信息可判断出主入口朝南，次出入口朝西。

（4）被剖切到的构配件

因本建筑的结构类型为框架结构，图纸中轴线相交处涂黑的矩形为钢筋混凝土框架柱，剖切到的内外墙体均采用粗实线绘制。主要注意的是⑤轴线处并未设置内墙，而是绘制出了将来门厅装修时的隔断示意图。在建筑外墙上设置的窗多为落地窗（LDC），在北墙⑤至⑥之间设置 MQ1（幕墙），主入户门为 M1、次入户门为 M3，内部房间设置的门多为 M2，当然也有防火门（FM 乙）。

本项目共设置两部楼梯，一部在②轴线右侧（楼梯二），另一部在⑥轴线和⑦轴线之间（楼梯一），并表明了由每部楼梯上到二层的方向，一层平面图只能看到楼梯的上行梯段。

从各个房间的命名来看，一层的房间主要用途为门厅和实训室，B 轴与 C 轴之间长长的走廊连接了各个房间，在西面有男女厕所和茶水间，在厕所内布置了卫生洁具。考虑到防火要求，楼梯间及走廊的门设置为防火门（FM 乙）。

（5）未被剖切到但被投影到的构配件

该一层平面图中绘制出了未被剖切到但被投影到的散水、台阶以及坡道。沿着建筑外墙的外侧设置了散水，散水的宽度为 600 mm。两个出入口处均设置了平台和台阶，而且主入口处还设置了坡道，如图 4.4.10 所示。

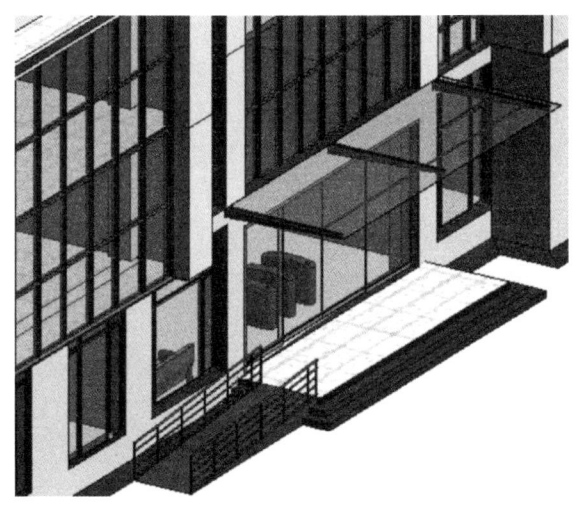

图 4.4.10　服务配套用房项目 BIM 模型截图(主入口处)

(6) 读定位轴线、标高和尺寸标注

本建筑横向定位轴线为①～⑩轴线,纵向定位轴线为Ⓐ～Ⓓ。定位轴线基本是沿着内外墙中心线绘制,但需要注意定位轴线与有些柱的中心线并不重合,如①轴线到框架柱的外缘为 100 mm,对于①轴线框架柱来说,①轴线为偏轴线。

如图 4.4.11 所示,该建筑的室外地坪标高为−0.450 m,首层室内地面标高为±0.000 m,所以室内外高差为 0.450 m,此高差是通过室外台阶来弥补的。而通过室外台阶进入室内需要上 3 级台阶高度,如图 4.4.11 所示,每级台阶高 150 mm,台阶的踏面宽度为 300 mm,主入口处台阶平台的宽度为 2 400 mm,西面台阶平台的宽度为 900 mm。一层室内主要地面标高为±0.000。由文字说明可知,卫生间比临近的地面低了 20 mm,所以,男女厕所的地面标高为−0.020 m。坡道的宽度为 1 500 mm,水平投影长度为 5 400 mm。

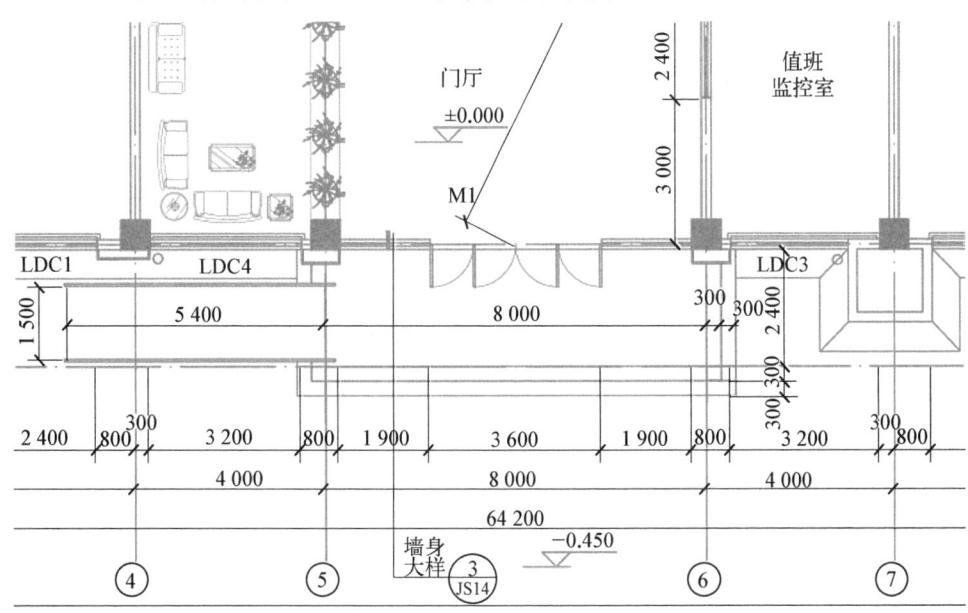

图 4.4.11　服务配套用房项目 JS—03 标高和尺寸标注

外部尺寸有三道,分别标注总尺寸、轴线间尺寸及细部尺寸。建筑平面外轮廓总长为 64 200 mm,总宽为 21 800 mm。轴线间尺寸表明了框架柱的柱距,各定位轴线间的柱距并不一致,如①~②轴线间的柱距为 8 000 mm,④~⑤轴线间的柱距为 4 000 mm,Ⓐ~Ⓑ轴线间的跨度为 7 800 mm 等。通过定位轴线间尺寸可知房间的尺寸:茶水间的开间为 2 200 mm,进深为 7 800 mm;值班监控室的开间为 4 000 mm,进深为 7 800 mm。通过细部尺寸可以得到外墙上门窗的宽度尺寸以及其定位尺寸,如图 4.4.11 中 LDC4 的宽度为 3 200 mm,安装在距④轴线 300 mm 的位置。内部尺寸标注了内墙上门的宽度尺寸及定位尺寸,如 M2 的宽度为 1 200 mm,M3 的宽度为 1 500 mm。而这些门窗的高度以及其他详细尺寸需参见立面图或者后面的门窗大样图(JS—16),图 4.4.12 所示为 M1 大样图。

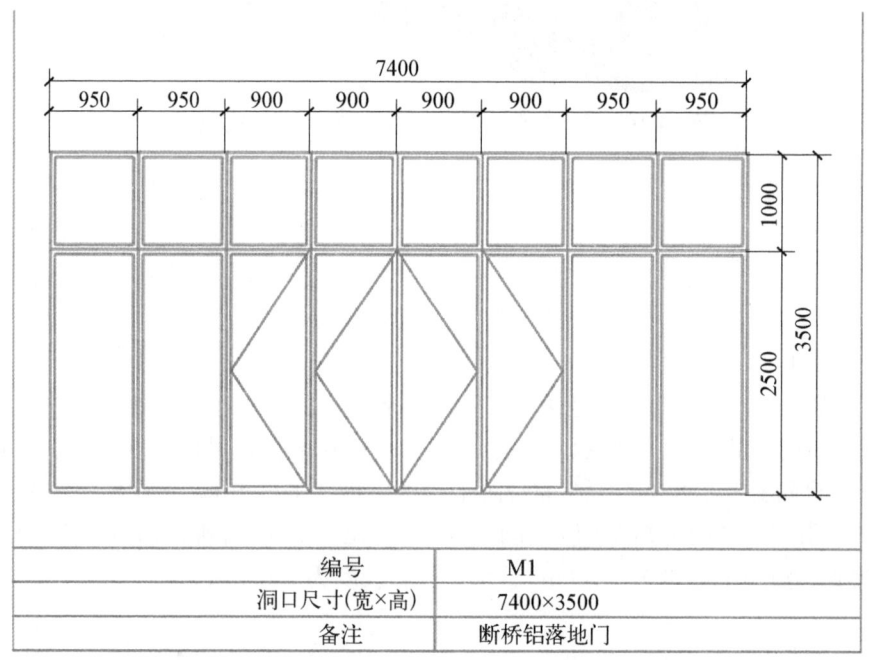

编号	M1
洞口尺寸(宽×高)	7400×3500
备注	断桥铝落地门

图4.4.12　服务配套用房项目 JS—16 M1 大样图

(7) 读符号

该一层平面图中有两个剖切符号,其编号为 1-1 及 2-2,对应着 JS—09 图纸中的 1-1 剖面图和 2-2 剖面图,表明了两个剖面图的剖切位置和剖视方向,比如 2-2 剖面剖到了 M1、门厅、休息厅及 MQ1,为全剖面图,向左投影。识读剖面图时,剖切符号非常重要。M1 的旁边有一个索引符号,如图 4.4.11 所示,表明在 JS14 图纸上有一个编号为 3 的详图与 M1 左侧的剖面墙体相对应。

2. 二层平面图

二层平面图在 JS—04 图纸上,其识读方法跟一层平面图相同,因为二层平面图的图示内容跟一层大致相同,此处仅介绍两层的不同之处。

(1) 由于图示分工的不同,二层及以上平面图不再绘制一层平面图中的散水、台阶、坡道、指北针和剖切符号等。

（2）该层平面图绘制出了钢结构雨篷的投影，位置在该建筑主入口和次入口上方，如图 4.4.13 所示，尺寸分别为 9 200 mm×3 000 mm 和 3 600 mm×2 000 mm，而三层及以上建筑平面图中不在绘制雨篷的投影线。

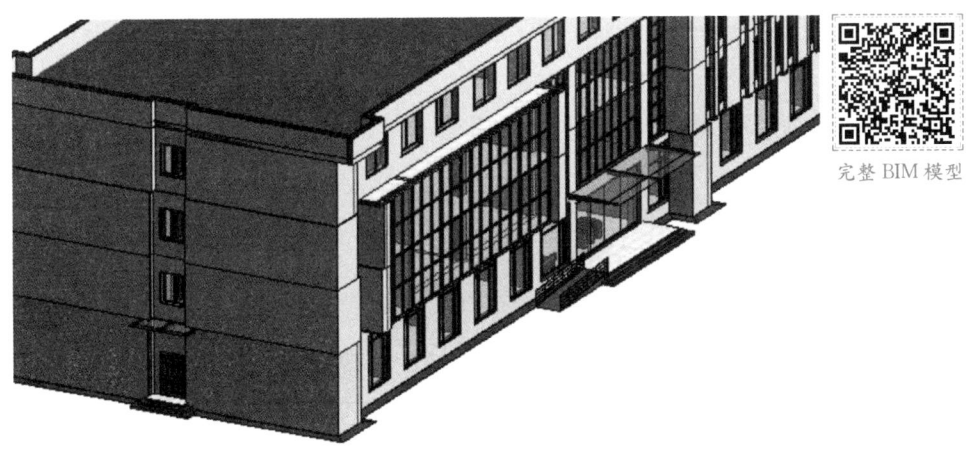

完整 BIM 模型

图 4.4.13　服务配套用房项目 BIM 模型截图

（3）该层的两部楼梯不仅看到了上行梯段的部分踏步，还看到了下行梯段，说明两部楼梯均服务于二层，可通往三层或一层，梯段的具体信息将在楼梯建筑详图中说明。

（4）该层的楼面标高为 4.200 m，同理，厕所的地面比相邻房间低 20 mm，标高为 4.180 m。结合一层的室内地面标高±0.000 m，可判断出一层的层高为 4.2 m。当然各层的层高信息在建筑立面图中更容易找到。

（5）该层外墙上的窗发生较大变化，大多为 900 m 宽的 C2，共设有 4 种规格的幕墙（MQ1～MQ4），通过对照三层和四层平面图可知，幕墙是贯通二层和三层的，如图 4.4.13 所示。当然立面图也可以说明这个问题。

（6）该层门厅上方的位置注明门厅上空，而且绘制了洞口的图例，说明此处没有楼板，从一层门厅抬头向上看有两层的中空，直接看到三层楼板的底部。

（7）该层的南侧和北侧外墙均未沿着 A 轴线或 D 轴线放置，而是往外扩了 1 600 mm，这会在外立面上出现凸凹的造型，如图 4.4.13 所示。

因为本工程每一层平面图的图示内容都有所不同，所以绘出了每一层的平面图，三层平面图和四层平面图的图示内容基本和二层平面图类似，在此不再赘述。若其他工程的中间层平面图示内容基本相同，可采用一个标准层平面图表示。

3. 屋顶平面图

JS—07 图纸为屋顶平面图。从屋顶平面图可知，该楼的屋顶类型为平屋顶，对照四层平面图可知采用两种排水方式，分别是女儿墙外排水和女儿墙檐沟外排水，在屋面中间绘出了屋面的分水线，标出了屋面排水的方向及坡度，屋面排水坡度的大小为 2%，女儿墙内檐沟的纵向排水坡度为 1%。共有 8 根雨水管，根据其三层平面图的图示内容，这 8 根雨水管将雨水排到地面上。屋面平面图图示了屋面上人孔、排烟井和空调水井出屋面的位置、尺寸及做法图集。图中标注了屋面板的结构标高 14.950 m。

在线题库

扫码自测

自测题

一、识图题

根据某学院共享型生产实训基地服务配套用房项目图纸,完成以下信息查找任务:

(1) 本套图纸共有几张平面图?_____。平面图的绘图比例是?_____。

(2) 翻开一层平面图,可以看到几个剖切符号?_____。将会对应几个剖面图?_____。请指出剖面图所在图纸的图号是?_____。剖面图的图名分别是?_____。

(3) 翻开一层平面图,室内标高是?_____。室内外高差是_____。卫生间的具体位置在?_____(可用纵横轴轴号描述)。卫生间的标高是?_____。外围的尺寸线有几道?_____。该工程的总长和总宽分别为?_____。5 轴到 6 轴的轴距是_____。

(4) 该楼的主入口在哪个方向?_____(填东南西北)。主入口门的代号_____,主入口门的宽度和高度分别是?_____。该楼主入口处台阶有几个踏步?_____,其踏面的宽度和踢面的高度分别是?_____。该楼的西边入口门的代号是?_____,该门的宽度和高度分别是?_____。M2 的宽度和高度分别是?_____。

(5) 该楼有几部楼梯?_____。楼梯间的入口门代号是_____。该门的宽度和高度分别是?_____。楼梯间 2 的开间和进深分别是_____。

(6) 主入口处坡道的宽度和水平投影长度分别是?_____。坡道的具体做法参见哪个图集?_____。试试查阅该图集中坡道的具体做法。散水的宽度是_____。

(7) 一层平面图中 LDC1 的宽度和高度分别是?_____。LDC3 的宽度和高度分别是?_____。LDC4 的宽度和高度分别是?_____。二层平面图中 C1 的宽度和高度分别是?_____。C2 的宽度和高度分别是?_____。

(8) 一层平面图中 A 轴线上,3 轴线的右侧有一个索引符号,请解释该索引符号的意思?_____。能否在对应的图纸中找到相应的墙身大样图?

(9) 雨棚的水平投影图在哪个平面图中?_____。主入口处的雨棚挑出长度和宽度分别为_____。

(10) 该工程屋顶是平屋顶还是坡屋顶?_____。屋面的排水坡度为_____。檐沟内的排水坡度为_____。

立面图图示内容

任务 4.5　掌握建筑立面图的识图方法

一、建筑立面图的形成及作用

1. 建筑立面图的形成

建筑立面图是在与房屋立面相平行的投影面上所作的正投影，如图 4.5.1 所示。在建筑施工图中需要绘制出东、西、南、北四个立面，若其中两个立面完全一致时，可合用一个立面图。较简单的对称的房屋，在不影响构造处理和施工的情况下，立面图可绘制一半，并在对称轴线处画对称符号。

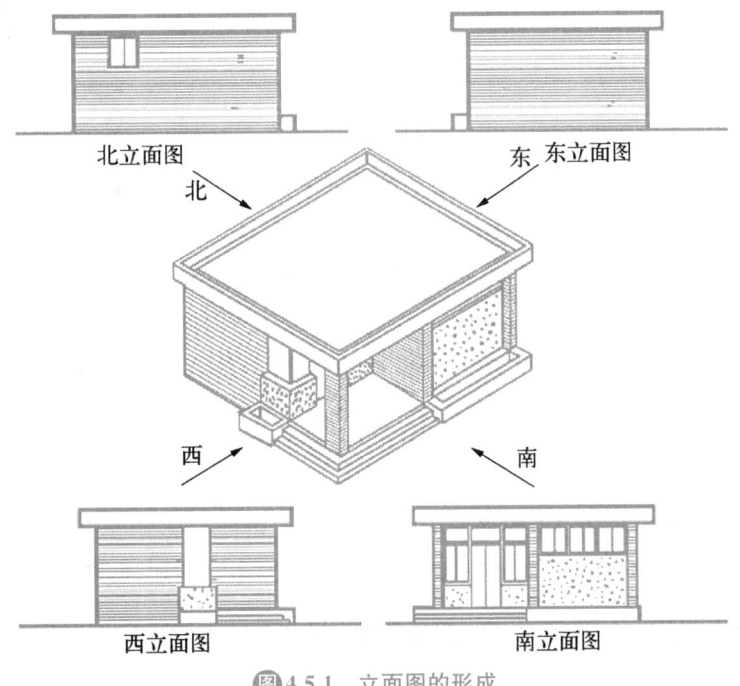

图4.5.1　立面图的形成

2. 建筑立面图的作用

建筑立面图是对建筑四个外立面的反映，可以用来表示房屋的体型和外貌、外墙装修、门窗的位置与形式，以及遮阳板、窗台、窗套、屋顶水箱、檐口、阳台、雨篷、雨水管、水斗、引条线、勒脚、平台、台阶、花坛等构造和配件各部位的标高和必要的尺寸。建筑立面图在施工过程中，主要用于室外装修。

3. 建筑立面图的命名

最常用的建筑立面图的命名方式有两种：用朝向命名和用首尾定位轴线编号命名，如图 4.5.2 所示。

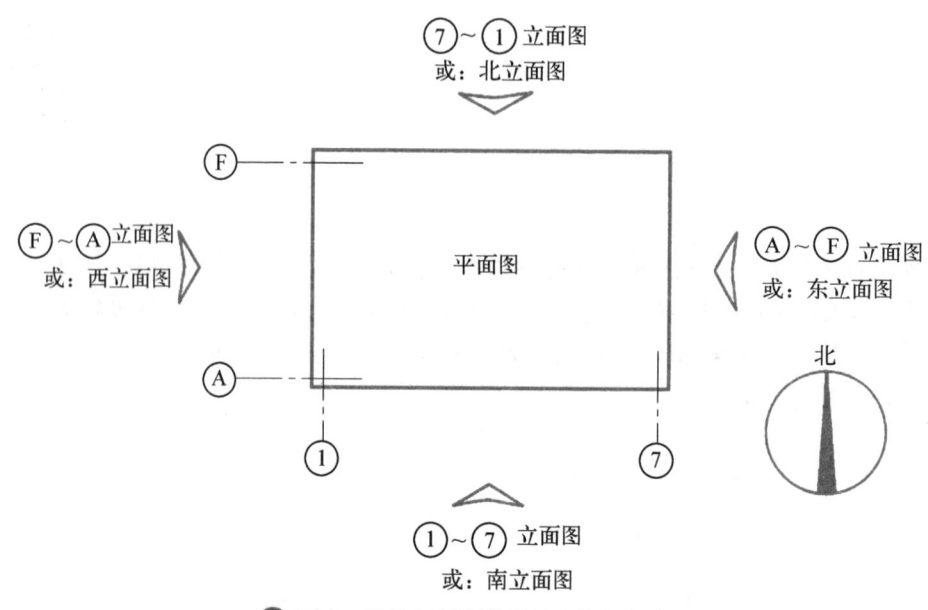

图4.5.2　建筑立面图的投射方向与名称

　　用朝向命名：建筑物某个立面面向哪个方向，就称为哪个方向的立面图。如图4.5.2所示，由指北针即可判定四个立面所面向的方向，例如，面向南的那个立面，其正投影便可称为南立面图。

　　用首尾定位轴线编号命名：按照观察者面向建筑物从左（首）到右（尾）的方向，用首尾两端的轴线编号命名，如图4.5.2所示，面向南立面，左侧端编号为①，右侧端编号为⑦，所以南立面图也可命名为①～⑦立面图。

　　立面图的两种命名方式均能精确定位建筑物的每个立面，但是每套建筑施工图中只能采用其中一种方式命名。对于平面形状曲折的建筑物，可绘制展开立面图，圆形或多边形平面的建筑物，可分段展开绘制立面图，但均应在图名后加注"展开"二字。

二、建筑立面图的图示内容与图示方法

1. 图名和比例

　　立面图的命名如前面所述，标注在图样的下方。建筑立面图的比例，宜采用1：50、1：100或1：200，视房屋的大小和复杂程度选定，通常采用与建筑平面图相同的比例。

2. 房屋在室外地面线以上的全貌

　　立面图要表达出建筑在室外地面线以上外立面的情况，包括：用标准规定的图例绘制出门窗在外立面上的分布、外形、开启方向等；屋顶、阳台、台阶、雨篷、窗台、勒脚、雨水管、引条线及其他构配件的形式和位置；外墙面的装修材料及颜色，甚至详细的外墙面装修做法等等。

　　对所用图线的相关规定：立面图的外形轮廓用粗实线表示；室外地坪线用1.4倍的加粗实线表示；门窗洞口、檐口、阳台、雨篷、台阶等用中实线表示；墙面分割线、门窗格子、雨水管以及引出线等均用细实线表示。

3. 定位轴线

为方便对照识图,立面图的轴线编号应与平面图保持一致。对于较简单的建筑,在不影响识图的前提下,其立面图中也可以只绘制出首尾两端的轴线及编号。

4. 尺寸和标高

立面图上用标高及竖向尺寸表示建筑物总高度及各部位的高度。建筑立面图宜标注室内外地面、楼面、阳台、平台、檐口、门、窗等处的标高,也可标注相应的高度尺寸;如有需要,还可标注一些局部尺寸,如补充建筑构造、设施或构配件的定位尺寸和定形尺寸。

5. 索引符号

对于较为复杂的立面图有表示不详尽的部位,应在该部位标注出详图索引(索引方法同前)或必要的文字说明。

三、案例分析

现以某学院共享型生产实训基地服务配套用房项目 JS—08 图纸中的①～⑩立面图为例,阐述建筑立面图的读图的方法和步骤。

1. 读图名和比例

通过分析立面图的图名和比例,可以了解是建筑哪一立面的投影,绘图比例是多少,以便与平面图对照读图。如图 4.5.3 所示,该立面图的图名为①～⑩立面图,是采用首尾定位轴线编号的命名方式,根据本建筑的平面图及指北针所指的方位,可以判定出该立面图所表达的是朝南的立面,也可称为南立面图,就是将这幢楼由南向北投射所得的正投影。该立面图的比例采用 1∶100,与建筑平面图保持一致。

2. 读标高

从该立面图可以看出,为了标注得清晰、整齐和便于看图起见,将各层相同构造的标高注写在了一起,排列在同一铅垂线上,如图 4.5.3 所示。

本建筑共四层,室外地坪标高为−0.450 m,室外地平线用 1.4 倍的加粗实线绘制,一层至四层的楼面标高分别为:±0.000 m、4.200 m、7.800 m、11.400 m,屋顶标高为 15.000,由这些标高便可方便推算出每一层的层高,例如,二层层高为:7.800−4.200=3.6 m。根据建筑总高度的算法,由室外地坪算至檐口高度,可知,本建筑总高度为:15.000+0.450=15.450 m。可见,如果想了解建筑的层数、层高、各层楼面标高、建筑总高度等信息,立面图是最佳的选择。

3. 读房屋在室外地面线以上的建筑构配件的轮廓

立面图的识图应该与平面图相联系和对照。如图 4.5.3 所示,该立面图的定位轴线及编号是与建筑平面图一致的,这就方便了该立面图与一层平面图～四层平面图的对照。

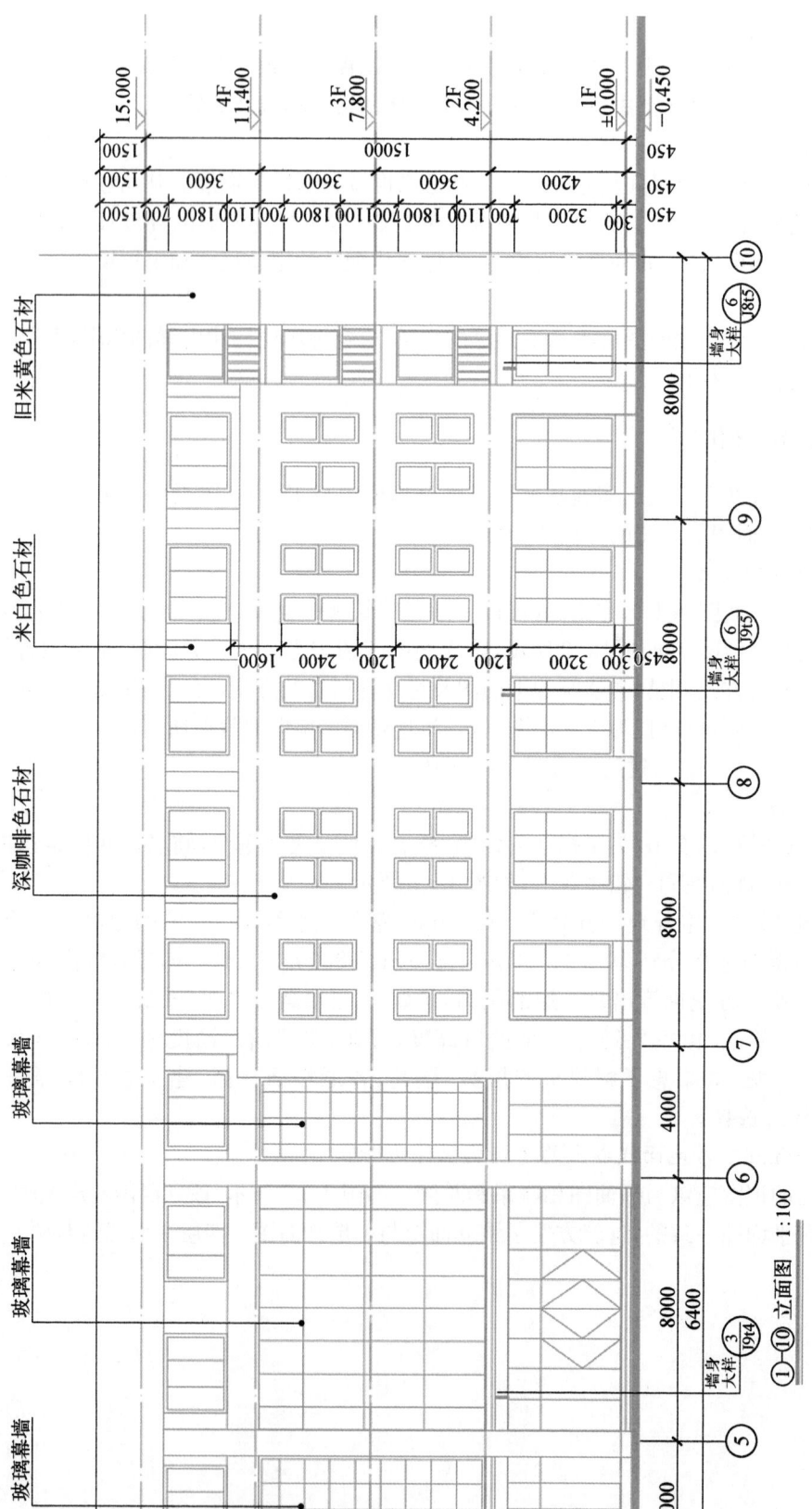

图 4.5.3　服务配套用房项目 ①～⑩ 立面图截图

从该立面图可以看出：

（1）本建筑屋顶是平屋顶的形式，而且屋顶上设置了女儿墙，女儿墙的高度为1 500 mm。

（2）本立面图中按实际情况绘制出了每层门窗及幕墙的可见轮廓和形式：

一层外墙上窗户多为落地窗，需注意这些窗不是绝对的落地，每个窗下面均有 300 mm高的窗台，如图 4.5.3 所示。一层的⑤～⑥之间是该楼的主出入口门（M1），绘出了 M1 的轮廓为门连窗的形式；门洞口下绘出了三级台阶；门上绘出了雨篷的轮廓。

二层与三层也绘出了外墙上所设置的窗户的轮廓，这两层基本相同。二层和三层外墙②～⑦轴线之间设有四种规格的幕墙（形状均不同），⑦轴线向东外墙上设有窗户。

四层绘出了该层每个房间窗户的轮廓及窗洞上下的窗套，二层和三层的幕墙的位置，四层变为窗户。

立面图中关于门窗表达的总结：立面图中虽绘制出了每层门窗的可见轮廓和形式，也给出了门窗高度方向的信息，但并未标注出门窗的代号、宽度等详细的信息，门窗的代号和宽度需从建筑平面图或者门窗大样图中相应位置获取。例如：通过识读二层平面图可知，二层⑦轴线向东外墙上设置的高度为 2 400 mm 的窗户是 C2，其宽度为 900 mm，如图4.5.4 和 4.5.5 所示。同理，立面图上幕墙的代号及详细尺寸需对照平面图及门窗大样图进行识读。

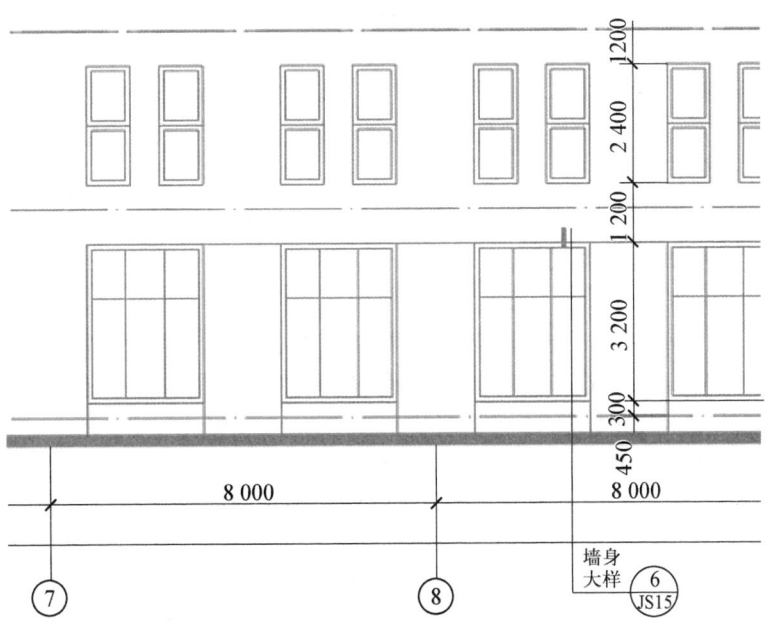

图4.5.4　服务配套用房项目①～⑩立面图截图

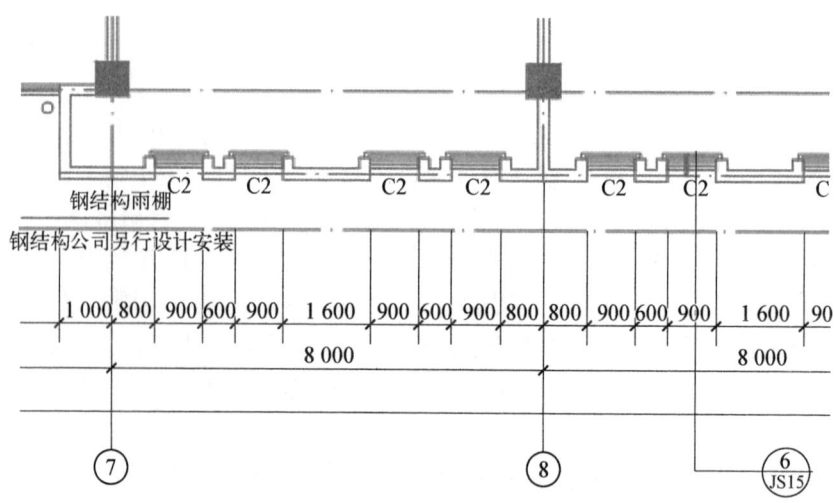

钢结构雨棚 C2 C2 C2 C2 C2 C2 C

钢结构公司另行设计安装

1 000 800 900 600 900 1 600 900 600 900 800 800 900 600 900 1 600 90

8 000 8 000

⑦ ⑧ ⑥ JS15

图4.5.5 服务配套用房项目二层平面图截图

4. 读外墙面装修的构造做法和分格形式

外墙面的装修做法,通常在建筑立面图中用引线引出标注文字说明。用文字说明了窗间墙、窗下墙、阳台凸出线条的墙面装修的做法。如:①轴线位置处的墙体外装饰为旧米黄色石材。

5. 读竖向尺寸

在①～⑩立面图中除了标注了室外标高及每一层的楼面标高,还注写了每一层外墙窗户的窗台高、窗高、女儿墙等的高度。例如,一层所有的落地窗高是 3 200 mm,窗台高是 300 mm,如图 4.5.3 所示;二层、三层的 C1 高 1 800 mm,窗台高 1100 mm,C2 高是 2 400 mm,窗台高 500 mm;四层 C3 高 2 000 mm,窗台高 900 mm。二层窗底离一层窗顶的高度为 1 200 mm,如图 4.5.3 所示。

可见,与平面图表达构配件的平面尺寸信息不同,立面图通过标高及竖向尺寸标注,主要表达了构配件的高度方向信息。

6. 详图索引符号

在①～⑩立面图中,标注了五个详图索引符号,索引出相应部位的墙身详图图样,并标明了详图所在的位置,如图 4.5.3 和 4.5.4 所示,平面图和立面图⑧轴线右侧同样的位置绘制了同样的索引符号表示索引出 6 号墙身详图在 JS—15 图纸中。

除了①～⑩立面图(南立面图)之外,还有⑩～①立面图、Ⓐ～Ⓓ立面图以及Ⓓ～Ⓐ立面图也就是北立面图、东立面图和西立面图。可按照上面相同的步骤识读其他立面图,此处不再赘述。

自测题

自测题答案

根据某学院共享型生产实训基地服务配套用房项目图纸,完成以下信息查找任务:

(1)该套图纸立面图有几个＿＿＿＿＿＿。图名分别是＿＿＿＿＿＿＿＿＿＿＿。

如果采用方向命名立面图,分别是_____。

（2）从立面图可知,该工程的楼层标高层高分别是:二层_____,三层_____,四层_____,屋面标高_____,这些标高是建筑标高还是结构标高_____。该工程各层的层高分别是:一层_____,二层_____,三层_____,四层_____。

（3）西立面外墙墙体的外装饰材料是_____。

（4）东立面外墙上 C1 的窗台高度是_____。

剖面图的
图示方法

任务 4.6　掌握建筑剖面图的识读方法

一、建筑剖面图的形成及作用

1. 建筑剖面图的形成

建筑剖面图是房屋的垂直剖视图,也就是用一个假想的平行于正立投影面或侧立投影面的竖直剖切面剖开房屋,移去剖切平面与观察者之间的房屋,将留下的部分按剖视方向向投影面作正投影所得到的图样,如图 4.6.1 所示。

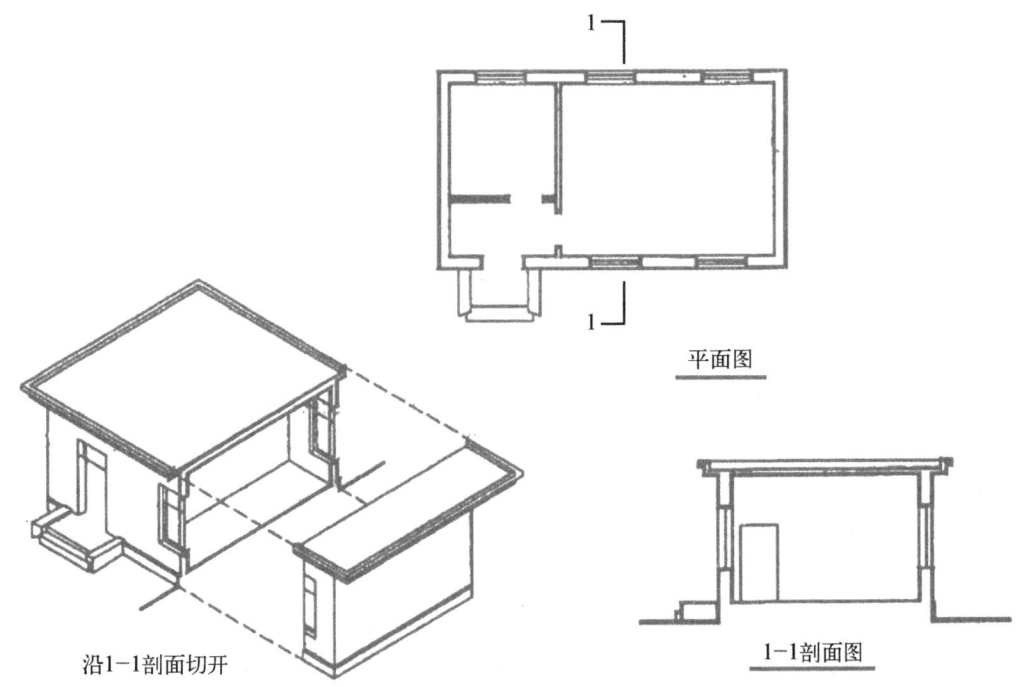

平面图

沿1—1剖面切开

1—1剖面图

图 4.6.1　建筑剖面图的形成

绘制建筑剖面图时,一般用一个假想剖切平面剖切整栋建筑,需要时也可将剖切面转折一次,相当于用两个相互平行的剖切平面剖切建筑。剖切部位应选在能反映房屋全貌、构造特征,以及有代表性的地方,例如在层高不同、层数不同、内外空间分隔或构造比较复杂处,而且一般会通过门窗洞和楼梯剖切。剖面图的剖切位置及剖视方向取决于剖切符号,剖切符号应按项目1建筑制图基本知识的相关规定,标注在一层平面图中,它是联系平面图和剖面图的"桥梁"。

一套建筑施工图中建筑剖面图的个数,应按建筑的复杂程度和施工中的实际需要而定。

2. 建筑剖面图的作用

建筑剖面图主要用来表达房屋内部的楼层分层、结构形式、构造和材料、垂直方向的高度等内容。在施工过程中,建筑剖面图是进行分层、砌筑内墙、铺设楼板、屋面板和楼梯、内部装修等工作的依据。

建筑剖面图与建筑平面图、建筑立面图互相配合,才能反映建筑的全局,它们都是建筑施工图中最基本的图样,而且彼此之间信息互补,所以在识读建筑施工图时,一定要将平、立、剖面图联系起来,不能将某个图孤立出来单独识读。

二、建筑剖面图的图示内容和图示方法

建筑剖面图应包括被剖切到的建筑构配件的断面(用构配件的图例表达)和按投射方向可见的构配件的轮廓,以及必要的尺寸、标高等。它主要用来表示房屋内部的分层、结构形式、构造方式、材料、做法、各部位间的联系及其高度等情况。

1. 图名、比例和定位轴线

建筑剖面图的图名应与建筑一层平面图中标注的剖切符号编号一致。例如,编号为1的剖切符号对应的剖面图可以命名为"1-1剖面图",如图4.6.2所示。

建筑剖面图的比例宜采用1∶50、1∶100或1∶200,视建筑的大小和复杂程度选定,一般选用与建筑平面图相同的或较大一些的比例,如图4.6.2所示,1-1剖面图与一层平面图选用相同的比例1∶100。

在建筑剖面图中,通常宜绘出被剖切到的墙或柱的定位轴线及其间距尺寸,以方便构件定位。建筑剖面图中定位轴线的左右相对位置,应与按平面图中剖视方向投射后所得的投影相一致。如图4.6.2所示,按照剖切符号给出的剖视方向,左边应该是C轴,右边应该是A轴,所以1-1剖面图中的轴线相对位置一致。绘制定位轴线,方便建筑平、立、剖面图的对照识读。

2. 被剖切到的建筑构配件的断面

在建筑剖面图中,应用相应图例绘制出建筑室内外地面以上各部位被剖切到的建筑构配件的断面,如室内外地面、楼面、屋顶、内外墙及其门窗、梁、楼梯与楼梯平台、雨篷、阳台等。如图4.6.2所示,1-1剖面图中绘制出的被剖切到的构配件如下:

(1) A轴线墙及C轴线墙,包括女儿墙及其压顶;

(2) 墙上门窗的图例,该剖面图中门和窗的剖面图例相同,只是门贴地面,而窗下有900 mm高的窗台。当然,贴地面的也可能属于落地窗,需要结合平面图进一步确认。

(3) 楼板、梁及雨篷,均用涂黑的图例绘制。

3. 按剖视方向画出未剖切到的可见构配件的轮廓

在剖面图中,除了绘出被剖切到的建筑构配件外,对于没有被剖切到但投影时可见的构配件,应用细实线绘制出其轮廓,如图4.6.2所示,1-1剖面图中还绘制出了未被剖到但被投影到的柱、墙,包括女儿墙的投影。

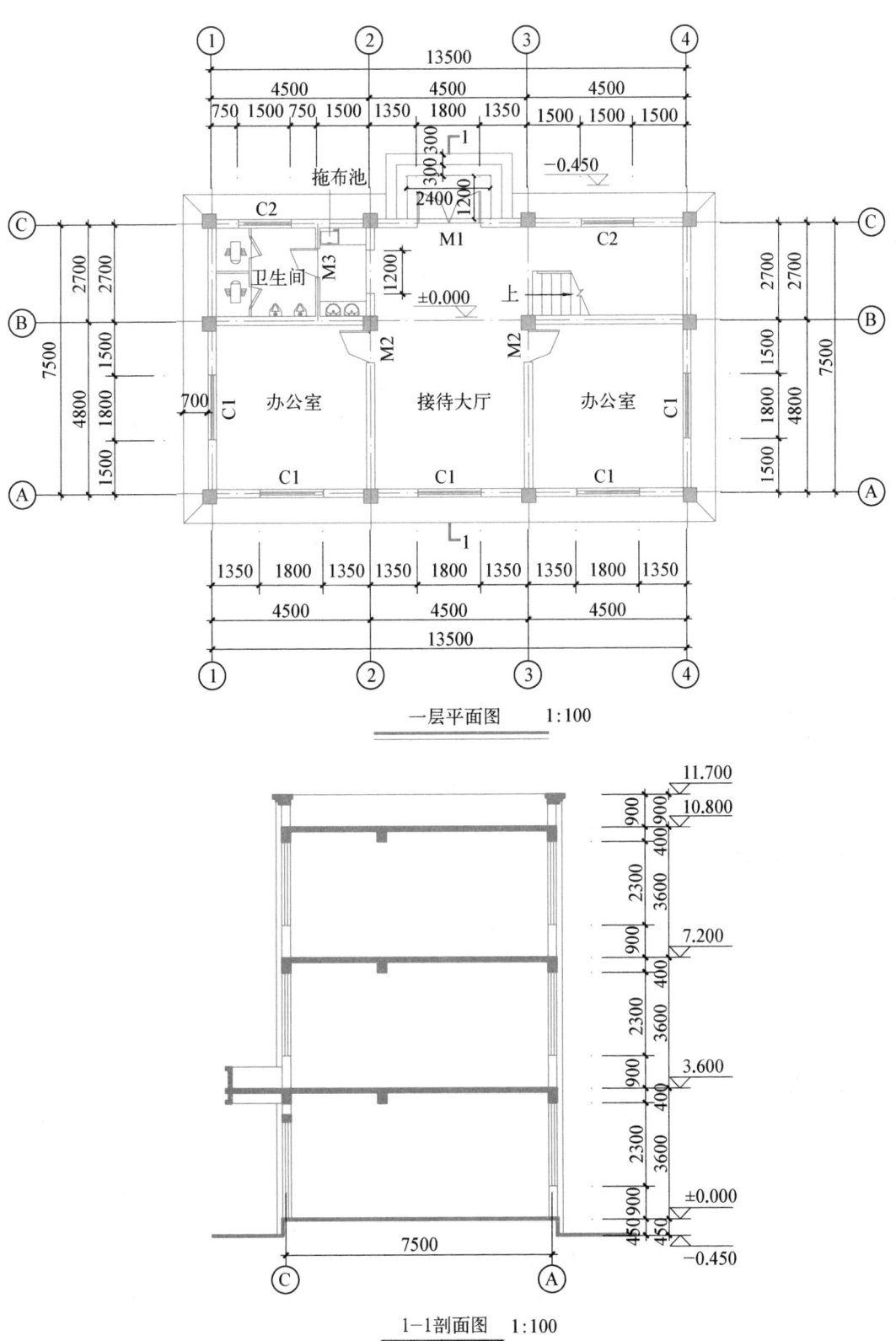

一层平面图　1:100

1—1剖面图　1:100

图4.6.2　建筑剖面图与平面图的联系

4. 标高和竖直方向的尺寸

在建筑剖面图中,应标注出建筑外部、内部一些必要的竖向尺寸和标高。同时,也可适当标注需要的横向尺寸。

(1) 标高

一般在室内外地坪、楼地面、阳台、平台、檐口、女儿墙顶、高出屋面的水箱、楼梯间顶部等处标注出完成面的标高(包括粉刷层的建筑标高);其余部位注写毛面的标高(不包括粉刷层的结构标高),如梁底、雨篷底标高等。如图 4.6.2 所示,1-1 剖面图中标注了室外地坪标高为 -0.450 m,一层地面标高为 ±0.000 m,二层、三层楼面标高分别为:3.600 m、7.200 m,屋顶标高为 10.800 m,女儿墙顶标高为 11.700 m,这些标高均为建筑标高。

(2) 竖向尺寸

建筑剖面图中标注的竖向尺寸包括外部尺寸和内部尺寸。至少在剖面图一侧标注从里到外三道外部尺寸,靠近里侧的一道标注门窗洞及洞间墙的高度尺寸,如图 4.6.2 所示,1-1 剖面图中 A 轴线上 C1 的高度为 2 300 mm,窗台高为 900 mm;中间一道标注层高(楼地面到上一层楼地面的高度)尺寸,如图 4.6.2 所示,1-1 剖面图中一层至三层的层高均为 3 600 mm;最外侧一道标注总高尺寸,图 4.6.2 所示,1-1 剖面图中虽未标注总尺寸,但能够从层高尺寸及细部尺寸推算出总尺寸。内部尺寸标注内墙上的门、窗洞等部位的尺寸。其他尺寸则视需要注写。

建筑剖面图中所注的尺寸与标高,应与建筑平面图和立面图中相应位置的标注相吻合,不能产生矛盾。

5. 索引符号

在剖面图中表达不清楚的部位需绘制详图索引符号,说明详图所在的位置。地面、楼面、屋顶的构造做法,可在建筑剖面图中用多层构造引出线引出,按其多层构造的层次顺序,逐层用文字说明,也可在建筑施工设计说明中用文字说明其构造做法,或在墙身节点详图中说明。

三、案例分析

某学院共享型生产实训基地服务配套用房 JS—09 图纸中有两个剖面图,下面以 2-2 剖面图为例,阐述建筑剖面图的读图方法,如图 4.6.3 所示。

提示:应该将 2-2 剖面图与一层~四层平面图相互对照来识读,才能读懂剖面图,注意一层平面图中标注的剖切符号含义,比如剖切位置及剖视方向。

1. 读图名、轴线编号和绘图比例。

该剖面图的图名为 2-2 剖面图,绘图比例为 1∶100。图名是根据一层平面图中的剖切符号的编号来确定的,比例与建筑平面图及建筑立面图一致。

2-2 剖面图与一层平面图的编号为 2 的剖切符号相对应,该剖切符号不但确定了 2-2 剖面图的图名,同时确定了 2-2 剖面图的剖切位置及剖视方向,方便识图时判断所绘制的剖面图是建筑的哪部分以及哪些构件的投影。

需要注意的是,虽然只是在一层平面图上绘制了编号为 2 的剖切符号,但剖面图是一个竖向剖切面对整个建筑所有层的剖切,所以,为了方便识读 2-2 剖面图中的所有层次的图示内容,更好地将 2-2 剖面图与各层平面图对照识图,可以将编号为 2 的剖切符号绘制在二层至屋顶层所有层平面图上的相同位置。

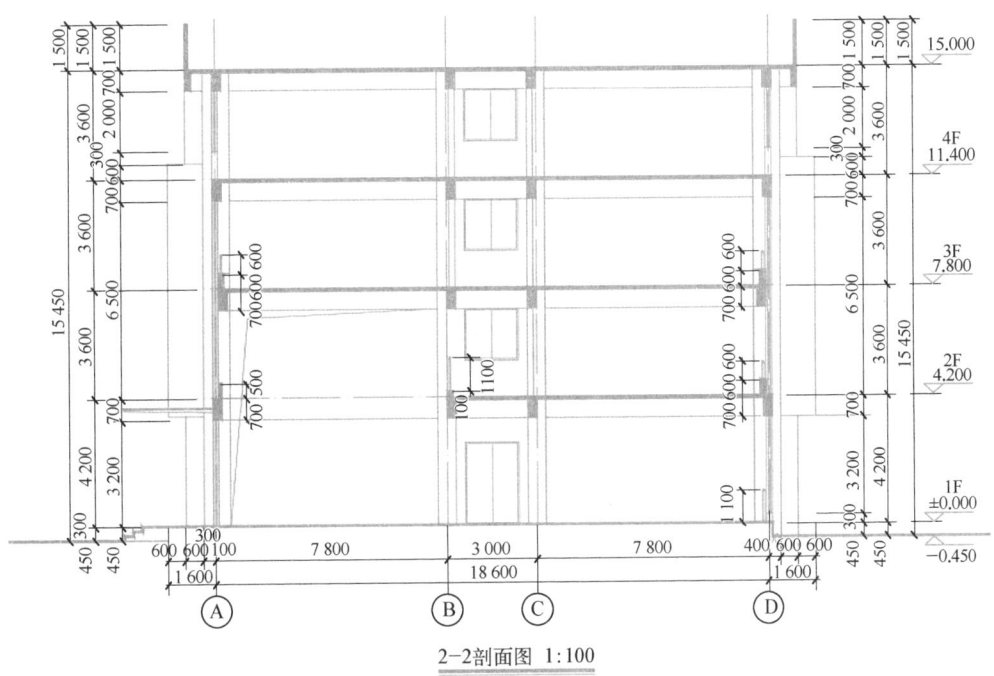

2-2剖面图 1:100

图4.6.3 服务楼项目图纸 JS—09 截图(2-2 剖面图)

由图纸 JS—03 一层平面图可知,编号为 2 的剖切符号的剖切位置在⑤~⑥轴线之间,可见剖切到了Ⓐ轴线的主出入口和Ⓓ轴线上的 MQ1,移去房屋右边的部分,将左边的剩余部分(如图 4.6.4 所示)向西侧立投影面所作的投影图即为 2-2 剖面图。按照剖视方向,最左端是Ⓐ轴线,最右端是Ⓓ轴线。

2. 读被剖切到的建筑构配件

通过识读剖面图中被剖切到的建筑构配件投影线可以看出各层梁、板、柱、屋面、楼梯的结构形式、位置及与其他墙柱的位置关系;同时能看到门窗、窗台、檐口的形式及相互关系。

识读 2-2 剖面图时可结合图 4.6.4 所示的三维视图及图 4.6.5 所示的左视图,更加直观,便于理解。

图4.6.4 被投影部分的三维视图

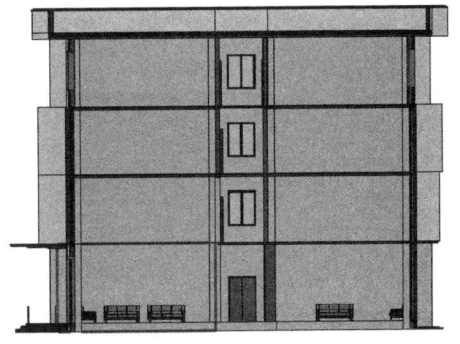

图4.6.5 被投影部分的左视图

由一层平面图中的编号为 2 的剖切符号可知,竖向剖切面沿着⑤~⑥轴线之间的位置剖切了该建筑的四层房屋,一层剖切到了Ⓐ轴线的主出入口 M1、M1 外侧的平台及台阶以及 M1 上部的雨篷,剖切到了Ⓓ轴线的 MQ1。二层剖切到了Ⓐ轴线的 MQ1、Ⓑ轴线的防火卷帘、Ⓒ轴线的墙体以及Ⓓ轴线的 MQ1。三层剖切到的构配件与二层基本相同,除了Ⓑ轴线处不再是防火卷帘,而是走廊墙体。四层剖切到了Ⓐ轴线的 C3、Ⓑ轴线与Ⓒ轴线的墙体以及Ⓓ轴线的 C3。

另外,从 2-2 剖面图还可以看到被剖切到的屋面板、楼板及框架梁,其断面均采用涂黑的简化材料图例方法表达。从屋顶剖面来看,该建筑为平屋顶,屋顶上设置了女儿墙,女儿墙高度 1 500 mm,屋面坡度采用材料找坡。

3. 读未被剖切到但被投影到的建筑构配件

在一层没有被剖切到但投影到的建筑构配件有⑤轴线上的框架柱、④轴线上的墙体和④轴线上的走廊门,用细实线绘出了各构配件的轮廓。在二层没有被剖切到但投影到的建筑构配件主要是⑤轴线上的框架柱、④轴线上的墙体(注意该轴墙体突出了Ⓓ轴和Ⓐ轴之外)以及①轴线上,Ⓑ轴和Ⓒ轴之间的墙体及墙上的 C1。三层未被剖切到但投影到的建筑构配件与二层完全一样。四层未被剖切到但投影到的建筑构配件与二层不同的是④轴线上,15.000 m 标高的位置,Ⓓ轴和Ⓐ轴之外有挑檐板。另外,还可以看出Ⓐ轴至Ⓑ轴之间 4.200 m 标高处并没有楼板,所以一楼至二楼是中空的。

4. 读尺寸和标高

由 2-2 剖面图可以看出该建筑的室外地坪的标高是 -0.450 m,首层室内地面标高为 ±0.000 m,二层~四层的室内楼面标高分别是 4.200 m、7.800 m、11.400 m,屋面板的标高为 15.000 m。

2-2 剖面图的尺寸包括外部尺寸和内部尺寸,外部尺寸中最外侧标注了总尺寸,可知建筑总高度为 15 450 mm 以及女儿墙高度为 1 500 mm;中间一道尺寸标注了各层的层高,一层层高 4 200 mm,二层至四层层高均为 3 600 mm;最里侧分尺寸标注了被剖到的门、窗的高度以及窗台的高度,例如,Ⓐ轴线处一层主出入口的 M1 的门高为 3 500 mm,四层 C3 的高度为 2 000 mm,窗台高为 900 mm。Ⓓ轴线处一层 MQ 底距室内地坪标高 300 mm。

从内部尺寸可以看出,二层Ⓐ轴线 MQ1 内侧仅有 500 mm 高的混凝土挡墙,无栏杆,其余的 MQ1 内侧均设置 500 mm 高的混凝土挡墙及 600 mm 高的栏杆;Ⓑ轴线处二层防火卷帘处设有 100 mm 高的混凝土墙及 1 100 mm 高的栏杆。所有被剖到的梁高度为 700 mm。

自测题

自测题答案

根据某学院共享型生产实训基地服务配套用房项目图纸,完成以下信息查找任务:

1. 2-2 剖面图中二层 B 轴到 C 轴之间的窗的代号是? _____。

2. 二层门厅上空的 MQ1 和走廊里防火卷帘处是否设有安全栏杆?如果有栏杆的高度分别为? _____。

3. 1-1 剖面图中 D 轴线右侧的画法有没有什么问题?

任务 4.7 掌握建筑详图的识读方法

一、建筑详图的形成与作用

1. 建筑详图的形成

在建筑施工图中,由于建筑平面、立面、剖面图通常采用 1:100、1:200 等较小的比例绘制,对房屋的一些细部(也称为节点)的详细构造,如形状、层次、尺寸、材料和做法等,无法完全表达清楚。因此,在施工图设计过程中,常常按实际需要,在建筑平面、立面、剖面图中需要另绘图样来表达清楚建筑构造和构配件的部位,引出索引符号,选用适当的比例(1:20、1:10 或 1:5、1:2、1:1 等),在索引符号所指出的图纸上,画出建筑详图。建筑详图简称详图,也可称为大样图或节点图。

2. 建筑详图的作用

为了能详细、完整地表达建筑细部,详图的主要特点是:用能清晰表达所绘节点或构配件的较大比例绘制,尺寸标注齐全,文字说明详尽。因此所绘制出的图样能更加清楚地表达出构件或者构件节点的形状、尺寸、做法等,常作为建筑施工及工程预算的重要依据。常见的详图包括:楼梯详图、门窗详图、台阶详图、坡道详图、栏杆详图、墙身详图等。如图 4.7.1 所示,该室外台阶节点剖面详图的绘图比例为 1:30,图样上在引线旁用文字的方式标注出了台阶的构造层次及详细做法,而且各部位的尺寸标注特别的详细,可为台阶施工提供依据。

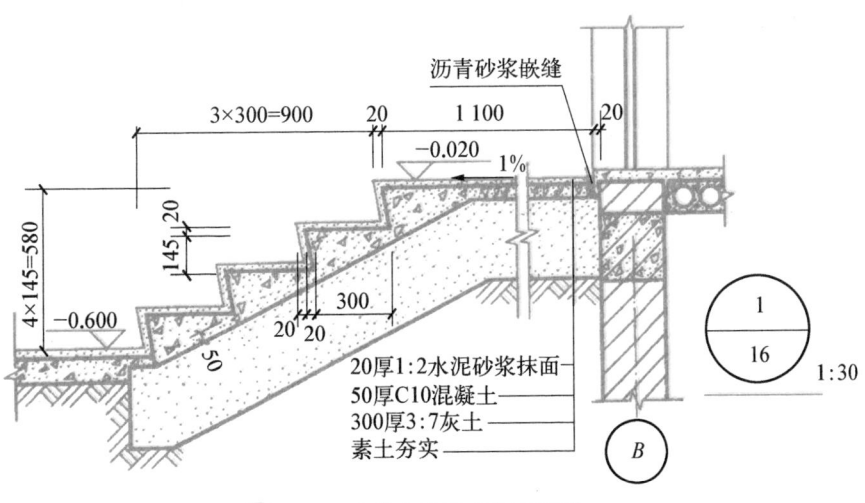

图4.7.1 室外台阶节点剖面详图

二、建筑详图的图示内容和图示方法

1. 建筑详图的图示内容

建筑详图一般应表达出构配件的详细构造,比如,所用的各种材料及其规格,各部分的连接方法和相对位置关系，各细部的详细尺寸，包括需要标注的标高，有关施工要求和做法的说明等。

建筑详图必须画出详图符号，应与被索引的图样上的索引符号相对应，在详图符号的右下侧注写比例，如图 4.7.1 所示，该室外台阶节点剖面详图的编号为 1，被索引的图纸编号为 16，绘图比例为 1∶30。在详图中如再需另画详图时，则在其相应部位画上索引符号；如需表明定位轴线或补充剖面图、断面图，则也应画上它们的有关符号和编号，在剖面图或断面图的下方注写图名和比例。对于套用标准图或通用详图的建筑构配件和建筑节点，只要注明所套用图集的名称、编号或页次，就不必再画详图。

详图的平面图、剖面图，一般都应画出抹灰层与楼面层的面层线，并画出材料图例，如图 4.7.1 所示。在详图中，对楼地面、楼梯、阳台、平台、台阶等处注写高度尺寸及标高的规定，也都与建筑平面、立面、剖面的规定相同：平面图注写完成面的标高，立面、剖面图注写完成面的标高及高度方向尺寸。在详图中，如需画出定位轴线，应按照前面已讲述的规定标注。

2. 建筑详图的图示方法

建筑详图的表示方法，应视所绘的建筑细部构造和构配件的复杂程度，按清晰表达的要求来确定，例如墙身节点图通常用一个剖面详图表达，楼梯间宜用几个平面详图和一个剖面详图、几个节点详图表达，门窗则常用立面详图和若干个剖面或断面详图表达。建筑详图如有若干个图样组成时，还可以按照需要，采用不同的比例。若需要表达构配件外形或局部构造的立体图时，宜按《房屋建筑制图统一标准》（GB/T 50001—2017）中所规定的轴测图绘制。

门窗、墙身详图

（1）墙身详图

墙身详图一般用一个剖面详图表达，是为了详尽地表明墙身从散水到屋顶的各主要节点的构造做法，而绘制的墙身的局部放大图。墙身详图的图示重点是各节点的构造做法，一般是将墙身中间用折断线断开，将各节点剖面图连在一起。也可只绘制墙身中某个节点的构造详图，比如檐口、窗台等，并分别注明各个节点详图的详图符号和比例。墙身剖面详图与平面图、剖面图配合读图，是砌墙、室内外装修、门窗洞口预留的重要依据。

如图 4.7.2 所示，该窗台节点详图中注明了 4.200 m 标高处的窗台节点的构造做法，同时注明了内外墙面及楼面的构造做法。该窗台节点画在两条折断线之

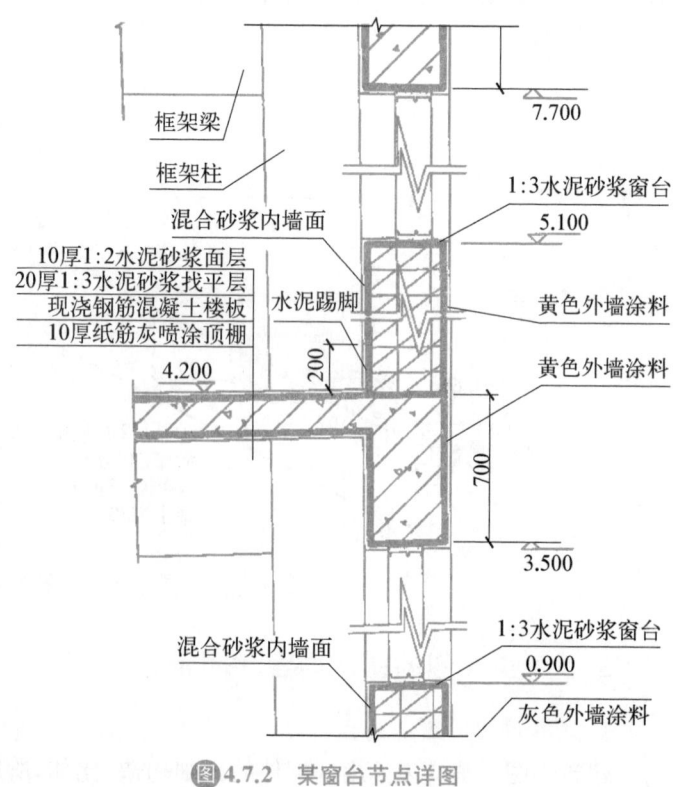

图 4.7.2　某窗台节点详图

间,从该节点详图可知,该窗台为非悬挑窗台,窗底标高为 5.100 m,窗顶标高为 7.700 m,可知该窗的高度为 2 600 mm,窗台高为 900 mm,窗台的面层做法是外窗台向外用 1∶3 水泥砂浆粉刷成一定的排水坡度,以便排除雨水;内窗台面层做法同内墙面的装修(为了避免业主二次装修,在施工时,建筑的内墙面、窗台等的装修构造相对简单)。内墙面做 200 mm 高的水泥砂浆踢脚线,混合砂浆内墙面、黄(灰)色涂料外墙面。折断线以下,画出了窗的底部图例,同时还画出并注明了内外墙面的粉刷情况。

(2)楼梯详图

楼梯一般由楼梯段、平台及栏杆(或栏板)扶手三部分组成,由于楼梯的构造比较复杂,一般在建筑施工图中需要绘制出楼梯的建筑详图(结构施工图中绘制楼梯的结构详图)。楼梯详图主要表达楼梯的类型、结构形式、各部位的尺寸和装修做法等。楼梯详图包括楼梯平面图,楼梯剖面图,以及踏步、栏杆、扶手等节点详图,一般绘制在同一张图纸上。

楼梯详图

通过楼梯的建筑详图,可以识读得到楼梯的类型、楼梯踏步的高度和宽度、每一梯段的踏步数量和水平投影的长度、楼梯平台的宽度和竖向上的位置、楼梯节点的构造措施等信息。

① 楼梯平面图

一般来说,每一层楼梯均应绘制出一个楼梯平面图。但是三层以上的房屋,若中间各层的楼梯位置及其梯段数,踏步数和大小都相同时,通常只绘制出底层,中间层和顶层三个平面图即可。楼梯平面图的命名一般以楼层来命名,比如一层(底层)楼梯平面图、二层楼梯平面图、顶层楼梯平面图等。

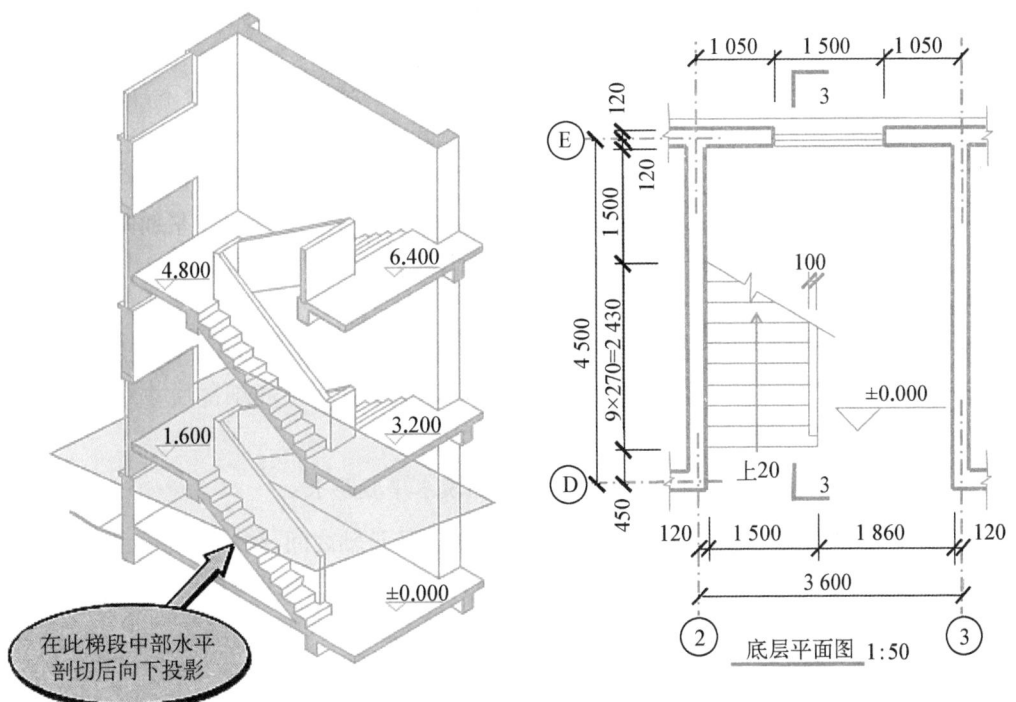

(a)水平剖切位置及楼梯底层平面图

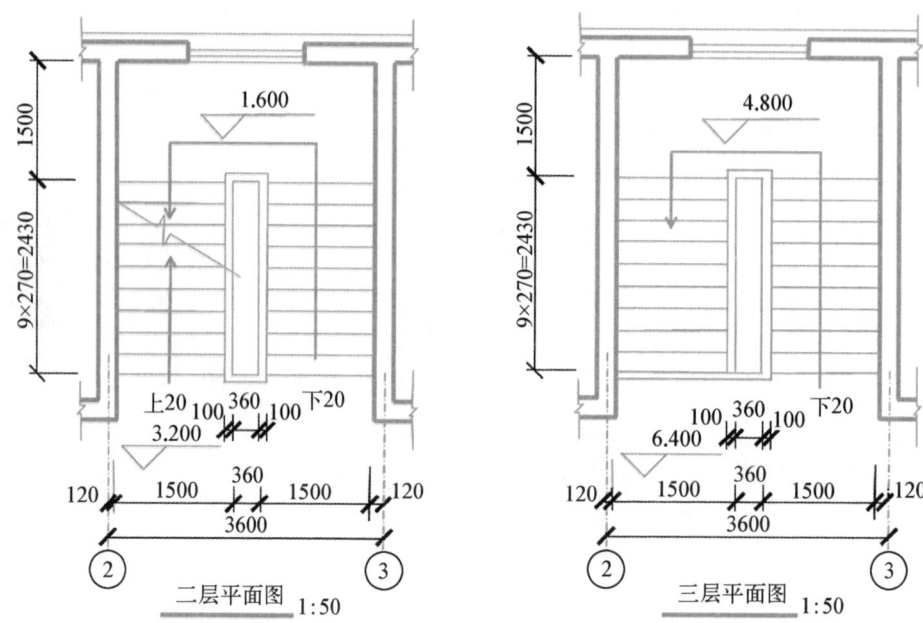

（b）楼梯二、三层平面图

图 4.7.3　某楼梯的平面图示例

楼梯平面图的形成方式与建筑平面图相似，假想用一个水平剖切面剖切该层楼梯，移去剖切面及以上的部分，将剩下的部分向水平投影面作正投影，所得到的图样即为楼梯平面图。

水平剖切位置的规定为：除顶层外，均从该层上行第一梯段（休息平台下）的任一位置处水平剖切，如图 4.7.3（a）所示，凡是被折断的梯段用 30 度的折断线断开，并用长箭头加注"上X 级"或"下 X 级"，级数为两层间的总步级数，例如图 4.7.3（a）中底层平面图中"上 20"表示一楼和二楼间的总步级数为 20，也就是说每个梯段 10 级踏步。顶层楼梯平面图的形成较特殊，不水平剖切顶层楼梯，而是对整个顶层楼梯的俯视投影，所以图 4.7.3（b）中三层平面图梯段投影上不再绘制折断线。

楼梯平面图中应标注楼梯间的定位轴线，用于给楼梯定位，还应该标注该层楼地面、平台面的标高及有关的尺寸（如楼梯间的开间和进深尺寸，平台尺寸和细部尺寸），注意梯段长度尺寸应注为：

$$踏面宽 \times 踏面数 = 梯段水平投影长$$

由图 4.7.3（a）可知，该楼梯位于②轴至③轴、D 轴至 E 轴之间，楼梯间开间为 3 600 mm，进深为 4 500 mm。三个楼梯平面图按照层数进行了命名，绘图比例为 1：50。该楼梯为平行双跑楼梯，每个梯段的水平投影长度为 2 430 mm，踏面数为 9 个，踏步数为 10 个（踏步数＝踏面数＋1），踏面宽为 270 mm，梯段宽度为 1 500 mm，休息平台的宽度为 1 500 mm，楼梯井的宽度为 360 mm，栏杆宽度为 100 mm，一层和二层休息平台的标高分别为 1.600 m 和4.800 m。一层地面及二层、三层楼面标高分别为±0.000 m、3.200 m、6.400 m。

② 楼梯剖面图

假想用一铅垂剖切平面通过各层的一个梯段和门窗洞,将楼梯剖开,向另一未剖到的梯段方向投影,所作的剖视图,即为楼梯剖面图,如图 4.7.4 所示。在底层平面图中应注明楼梯剖面图的剖切位置,如图 4.7.3(a)所示,底层楼梯平面图中绘制了 3－3 剖切符号。楼梯剖面图能表达出层数、楼梯梯段数、步级数以及楼梯的类型及其结构形式。

楼梯剖面图中也标注有定位轴线和楼梯间进深,以及高度方向的尺寸,如梯段高、门窗洞高和其定位尺寸及有关部位的标高。注意梯段高度尺寸应标注为:

$$踏步级数 \times 踢步高 = 梯段高度$$

由图 4.7.4 可知,该楼梯剖面图命名为 3－3 剖面图,与图 4.7.3(a)中的底层平面图上的 3－3 剖切符号对应,绘图比例也为 1:50。绘制了定位轴线(D 轴和 E 轴),并标注了楼梯间的进深 4 500 mm。该剖面图的两侧标注了细部竖向尺寸及标高。例如,右侧标注了每个梯段的高度信息:每个梯段 10 个踏步,每个踏步高度 160,梯段的高度为 1 600 mm(10×160＝1 600),楼面标高信息:一层地面及二层、三层楼面标高分别为±0.000 m、3.200 m、6.400 m。左侧标注了楼梯间窗户的高度为 1 800 mm,还标注了每个窗顶和窗底的标高,可推断窗台高度为 900 mm。内部尺寸标注了一层和二层休息平台的标高分别为 1.600 m 和 4.800 m,还标注了栏板的高度为 900 mm。

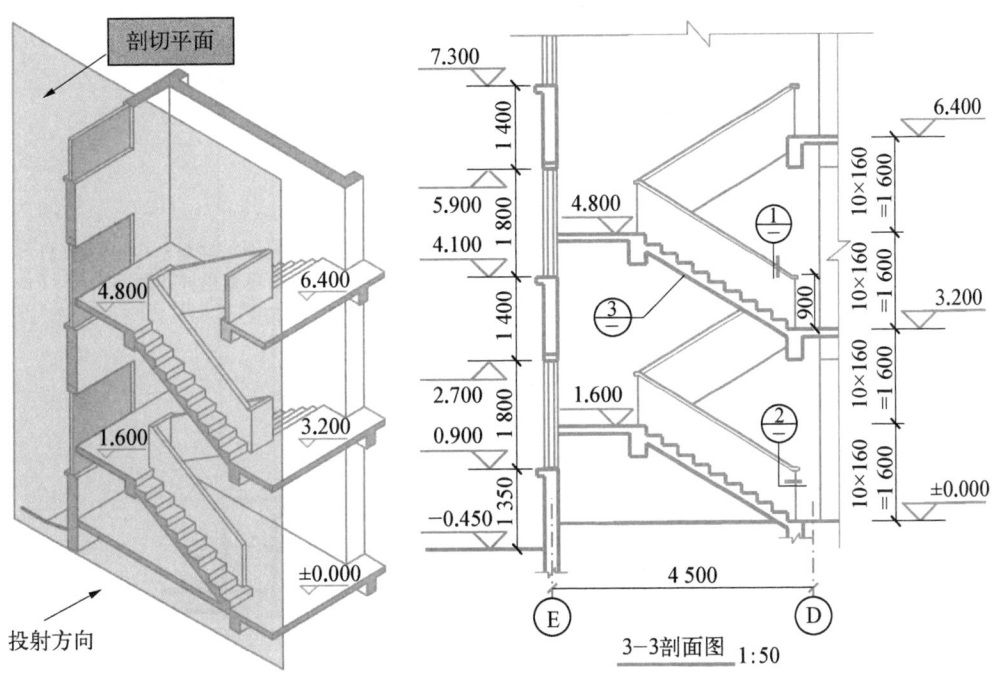

图 4.7.4　某楼梯的剖面图示例

③ 楼梯节点详图

楼梯节点详图主要作用是表达踏步、栏杆、扶手等节点的构造做法,例如楼梯踏步面层、防滑措施(如图 4.7.5 所示)、栏杆与梯段的连接、栏杆与扶手的连接、扶手与墙体的连接等。

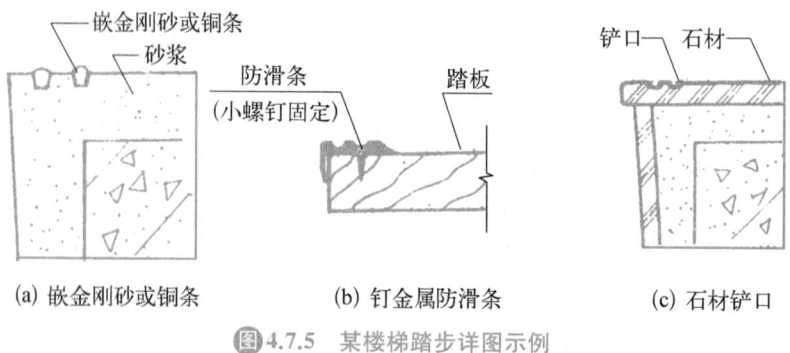

(a) 嵌金刚砂或铜条　　(b) 钉金属防滑条　　(c) 石材铲口

图 4.7.5　某楼梯踏步详图示例

（3）门窗详图

门窗详图一般包括门窗立面、门窗水平剖面图与垂直剖面图，如图 4.7.6 所示，由 C1 立面可知，C1 的高度为 2 050 mm，其中 450 mm 高为固定扇，1 600 mm 高为可推拉扇，窗底和窗顶挑板厚为 80 mm，挑板宽为窗宽＋200 mm；由 C1 平面可知，该窗为飘窗，凸出外墙 400 mm，由 C1 的 C-C 剖面图可知，窗户内侧设置护窗栏杆高 1 050 mm，垂直栏杆间距不大于 0.1 m，构造做法参见苏 J9505—2/21。通过 C1 的立面、平面及剖面三个视图的结合识图，为 C1 的制作和施工提供依据。

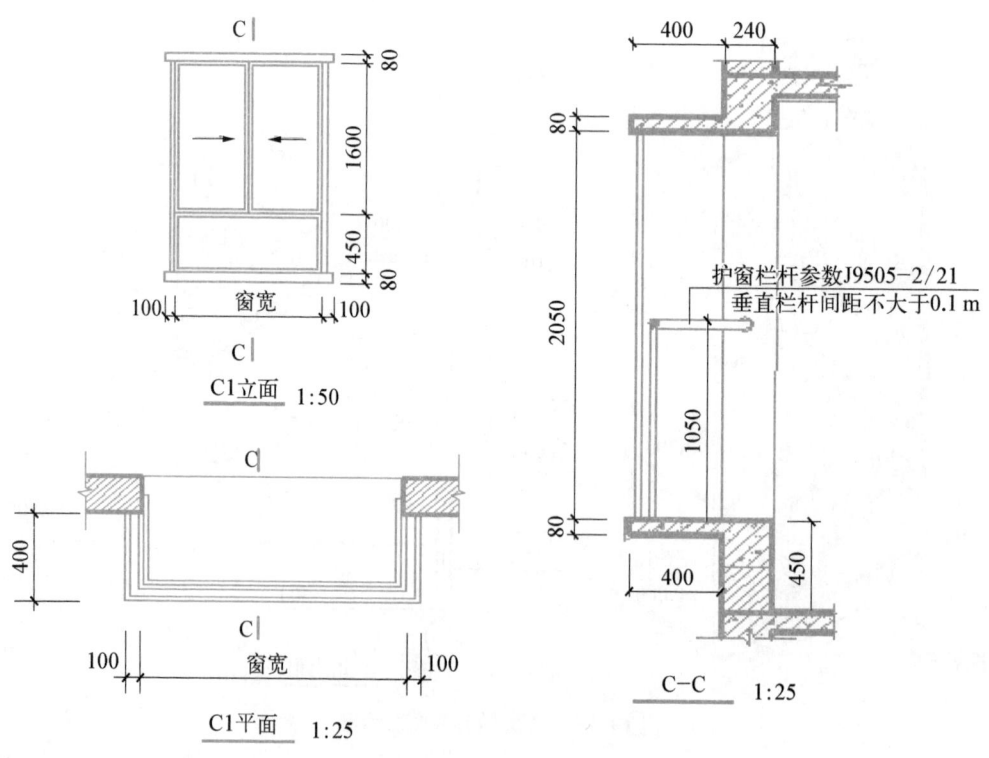

图 4.7.6　窗详图示例

三、案例分析

现以某学院共享型生产实训基地服务配套用房为例，阐述建筑详图的读图方法，该项目

JS—10 和 JS—11 分别为楼梯一和楼梯二的大样图,JS—12 为卫生间及各节点大样图,JS—13 至 JS—15 为六个墙身大样图,JS—16 为门窗大样图,这些都属于该项目的详图,需结合平、立、剖面图进行识图。

1. 楼梯详图

现以 JS—10 图纸中楼梯一的大样图为例,阐述楼梯详图的图示内容和读图方法。楼梯一的大样图包括四个楼梯平面图(1-1 大样图至 4-4 大样图)和一个楼梯剖面图(a-a 大样图),可见该楼梯是服务于建筑一层～四层的楼梯,属于平行双跑楼梯。

(1) 楼梯平面图

JS—10 图纸中的四个楼梯平面图,图示方法与建筑平面图相同。定位轴线编号标明了该楼梯在建筑平面图中的位置(⑥轴至⑦轴、ⓒ轴至ⓓ轴)。楼梯间的开间为 4 000 mm,进深为 7 800 mm。楼梯平面图的命名一般以楼层来命名,但本案例中楼梯平面图的命名与剖面图中的剖切符号相对应,其中,1-1 大样图即为一层楼梯平面图,其绘图比例为 1∶100。

楼梯一的四个平面图在表现形式上略有不同,例如,在楼梯—1-1 大样图中,只绘制了箭头向上的部分梯段,2-2 大样图中既有箭头向上的梯段,也有箭头向下的梯段,而 4-4 大样图中只有向下箭头的梯段,而且没有折断线,实际上这与楼梯平面图的形成方式有关,1-1 大样图至 3-3 大样图的水平剖切位置均为当前楼梯的第一个上行段,而 4-4 大样图不存在剖切,是对整个顶层楼梯的投影,所以没有折断线。

1-1 大样图为一层楼梯平面图,该楼梯间门为宽度为 1 500 mm 的 FM 乙 1,楼梯间地面标高为 ±0.000 m,踏步起步到门口的距离是 2 160 mm,踏步起步之前设置了提示盲道,梯段的水平投影长度为 3 640 mm,13 个踏面,每个踏面的宽度为 280 mm,楼梯段的宽度是 1 650 mm,被折断的第一个上行段绘制了 30 度的折断线,并绘制出了向上的箭头,箭头尾部"上 28"是说一层至二层(两个梯段)总步级数为 28 个,休息平台的宽度 1 900 mm。在 1-1 大样图中标注了 a-a 剖切符号,对应于 a-a 大样图,这与建筑平面图中的规定是一致的。

2-2 大样图为二层楼梯平面图,剖切位置在二层楼梯的第一个上行段,所以向下投影时,既可以看到了到折断线为止的二层(4.200 m)至三层(7.800 m)楼梯的第一上行梯段的部分梯段,还看到从 4.200 m 下行到 2.100 m 休息平台的整个梯段以及从 2.100 m 下行到 ±0.000 m 的部分梯段,剖切到的梯段,依然绘制出 30 度的折断线,以 4.200 m 为基准点,凡上行的梯段投影用向上的箭头覆盖,箭头尾部标注"24",表示从 4.200 m 上至 7.800 m(两个梯段)总步级数为 24 个,凡下行的梯段投影用向下的箭头覆盖,箭头尾部标注"下 28",表示从 4.200 m 下至 ±0.000 m(两个梯段)总步级数为 28 个。另外还标注了楼梯井的宽度为 100 mm。

3-3 大样图为三层楼梯平面图,梯段的水平投影长度变为 3 080 mm,11 个踏面,每个踏面的宽度为 280 mm,踏步起步到门口的距离变为 2 720 mm,其他的读图跟 2-2 大样图相同。

4-4 大样图为该楼梯的顶层平面图,它的特点是不存在尾部标注"上"的箭头和折断线,因为它是对整个顶层楼梯(从四层下行至三层的两个完整的梯段)的俯视投影,用箭头覆盖两个完整梯段的投影,箭头尾部标注"下 24",表示从 11.400 mm 下至 7.800 mm(两个梯段)总步级数为 24 个。在 11.400 mm 的位置设置一水平栏杆,起围护作用。

除此之外,在各层楼梯平面图中还标出了楼梯平台的标高,以及各梯段栏杆与扶手、楼梯间进门处的门洞、平台上方窗的位置等。

（2）楼梯剖面图

a-a 大样图是楼梯一的剖面图,绘图比例为 1∶100,它是按楼梯 1-1 大样图的剖切符号(剖切位置及剖视方向)绘制的。图中绘制出了定位轴线ⓒ和ⓓ,可知楼梯间的进深为 7 800 mm,还绘制了编号为 1 至 4 的四个剖切符号,与楼梯的 1-1 大样图、2-2 大样图、3-3 大样图及 4-4 大样图相对应。

楼梯剖面图中除了绘制出楼梯间各层被剖切到的墙身、楼梯梁、梯段、门窗、平台板等的图例,还绘制了虽未剖切到但投影时可见的梯段、栏杆与扶手等。例如:竖向剖切面沿着各层的楼梯的第一个上行梯段(如±0.000 m 至 2.100 m)一侧剖切,而各层的第二个上行梯段(如 2.100 m 至 4.200 m)未被剖切到,但投影时可见,所以仍绘制出了未被剖切到的梯段投影。

从尺寸标注看,a-a 大样图中注出了每一个梯段的高度,比如一层楼梯的每个梯段高度标注为:14×150＝2 100 mm,表示一层楼梯每个梯段包含 14 个踏步,每个踏步的高度为 150 mm,每个梯段的高度为 2 100 mm;二层楼梯每个梯段的高度为 1 800 mm,12×150＝1 800 mm,包括 12 个踏步,每个踏步高也是 150 mm,这是因为二层至四层楼梯的层高为 3 600 mm,而一层的层高为 4 200 mm。

a-a 大样图中还标注了被剖到的门窗的高度,比如楼梯间门的高度为 2 400 mm;各层楼(地)面、楼梯休息平台面的标高,比如三个休息平台的标高分别为 2.100 m、6.000 m 及 9.600 m;各处栏杆扶手高度,比如±0.000 m 标高处扶手高度为 1 146 mm。

楼梯剖面图中的尺寸标注以竖向尺寸为主,但也标注了一些必要的平面尺寸,例如休息平台的宽度(1 900 mm)、梯段的水平投影长度(一层 3 640 mm,二层 3 080 mm)以及楼层平台的尺寸等。可见,楼梯平面图及楼梯剖面图中的信息是互补的,所以在识读楼梯详图时,必须将两者联系对照识读。

2. 卫生间和节点详图

JS—12 图纸内容为服务配套用房项目卫生间及各节点大样图。

（1）卫生间大样图

JS—12 中绘制出了三个卫生间大样图,其中卫生间一大样图是关于一层卫生间的,卫生间二大样图是关于二、三层卫生间的,卫生间三大样图是关于四层卫生间的(建筑平面图中有相应标注)。卫生间大样图的绘图比例均为 1∶50,并标注了定位轴线给卫生间定位。建筑施工图中的卫生间大样图的尺寸标注非常细致,用详细的尺寸确定了卫生间墙体、门窗,内部隔墙、卫生器具等布置的具体位置。为卫生间的土建及装饰施工提供重要依据,但是卫生间的给排水管道并未在此处大样图中注明,所以管道的安装需结合安装专业施工图中的给排水相关图纸。

（2）节点详图

JS—12 中绘制出了六个节点详图,包括残疾人坡道、护窗栏杆及幕墙防火封堵、女儿墙、通风井出屋面等。绘制比例均为 1∶25,用较大比例详细表达了各节点的构造做法。下面以残疾人坡道详图为例进行阐述。

如图 4.7.7 所示,残疾人坡道详图包括纵剖面图及 1-1 剖面,从纵剖面图中可以得到栏杆材质、规格及详细的构造尺寸,为坡道栏杆的制作和施工提供依据;在 1-1 剖面图中绘制出了坡道的构造层次及细部尺寸,并用引线标注了各层次的做法。该残疾人坡道详图可以作为坡道施工的重要依据。

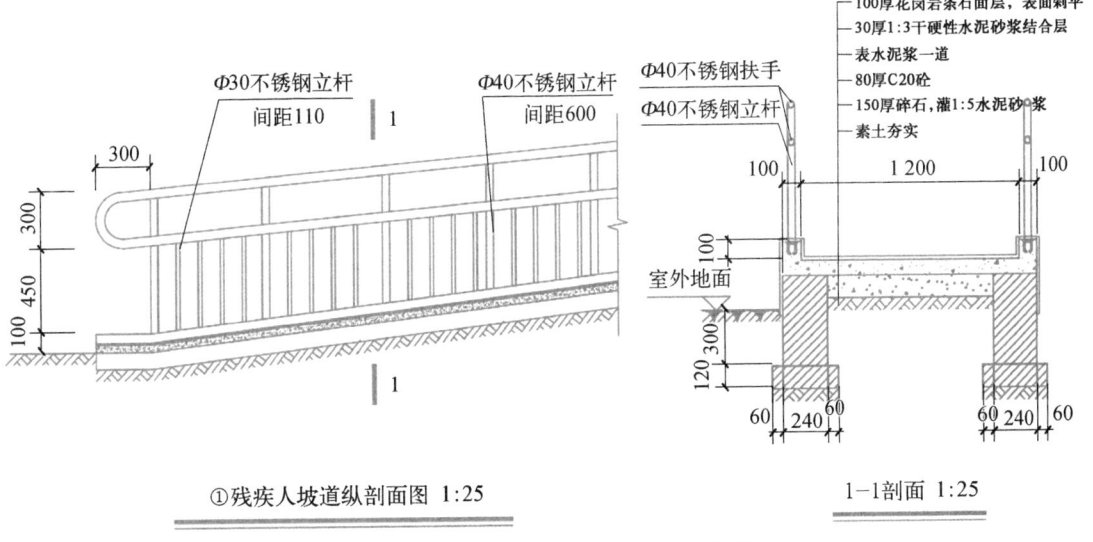

①残疾人坡道纵剖面图 1:25

1—1剖面 1:25

图4.7.7　服务配套用房项目残疾人坡道详图

3. 墙身详图

JS—13、JS—14 及 JS—15 中共绘制了六个墙身大样图。下面以①墙身大样图为例进行阐述。图 4.7.8 所示为服务配套用房项目①墙身大样图的局部截图,可见,①墙身大样图的绘图比例为 1:25,而且标注了定位轴线为 A 轴,为该墙身进行了初步定位,其精确位置需要找到与该墙身大样图对应的索引符号,图 4.7.9 中的索引符号含义为:引线尾部剖切位置处的墙身大样图位于 JS—13 图纸中的 1 号墙身大样图,这就确定了①墙身大样图的剖切位置。

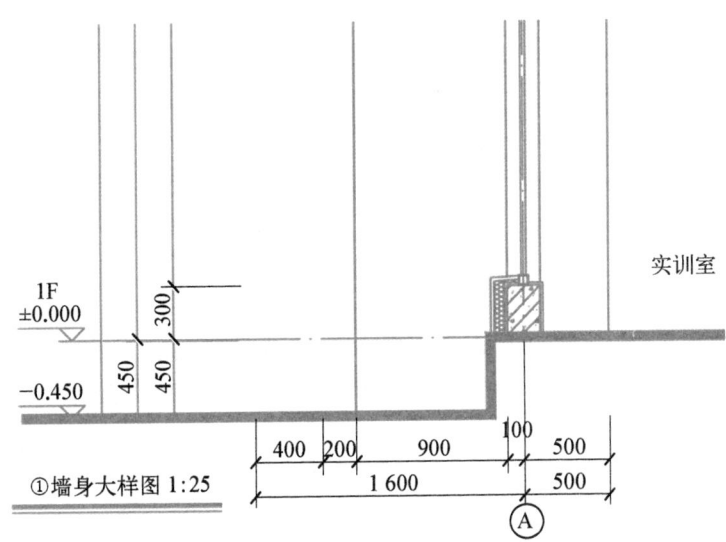

①墙身大样图 1:25

图4.7.8　服务配套用房项目①墙身大样图截图

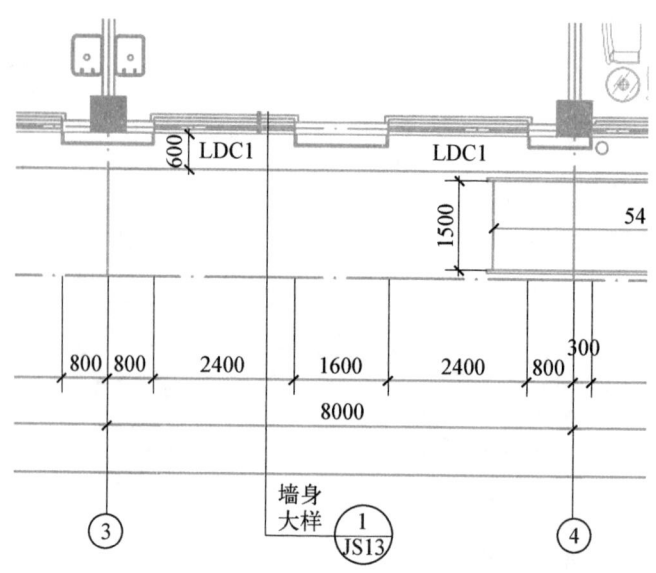

图 4.7.9 服务配套用房项目一层平面图截图

① 墙身大样图属于剖面图,竖向剖切面沿着图 4.7.9 所示的位置剖切整个墙体,用相应图例绘制出一至四层被剖切到的墙体、外侧保温板、门窗、梁板等构件,以及未被剖切到但可见的构件(如柱)的轮廓线。图中标注了室外地坪标高和其他各层楼面标高和层高,由于此处标注的是建筑标高,所以标高线并未在各层楼板顶面。

一层绘制了被剖到的 LDC1 的图例以及 M1 上方的雨篷的轮廓线。二层、三层绘制出了被剖到的 MQ4 的图例以及 MQ4 边上的护窗栏杆的详细构造做法,500 mm 高的混凝土坎台+600 mm 高的栏杆,栏杆与混凝土坎台通过预埋件焊接,并给出了焊接做法参见的图集号,此处需注意二、三层的墙体不再像一层和四层一样沿着 A 轴线,而是外扩了 1 500 mm(一层平面图中有尺寸标注),所以 11.400 mm 标高处看到了一个挑檐,并做了 500 mm 高的女儿墙,在 JS—12 图纸中有该处女儿墙的详图。四层绘制出了被剖切到的 C3 的图例。屋顶有 1 500 mm 高的女儿墙,也未在 A 轴线上,而是外扩了 1 000 mm,并给出了女儿墙压顶及防水收头做法所参照的图集号。

可见,用较大比例绘制的墙身大样图尺寸标注非常详细,构造层次和做法描述也很细致,在施工过程中可将墙身大样图结合平面图、立面图及剖面图进行识读,用于指导墙体施工。

4. 门窗详图

JS—16 中绘制了服务配套用房项目中所有的门、窗及幕墙的大样图。从门窗大样图中可以看出每一种门窗的洞口尺寸、材质、开启方式(推拉或平开)以及详细的门窗扇尺寸标注,如图 4.7.10 所示,M1 的宽为 7 400 mm,高为 3 500 mm,属于断桥铝落地门,由 M1 的立面视图可知,该门中间有四个可开的门扇,每扇宽 900 mm,高 2 500 mm。可开启门扇两侧是固定的玻璃扇,每扇宽 950 mm,M1 顶部有 1 000 mm 高的固定玻璃扇。若不结合门窗大样图识读,很可能会误认为 M1 的宽度为 3 600 mm,如图 4.7.11 所示。门窗大样图可为项目的墙体施工、门窗制作和安装提供重要依据。

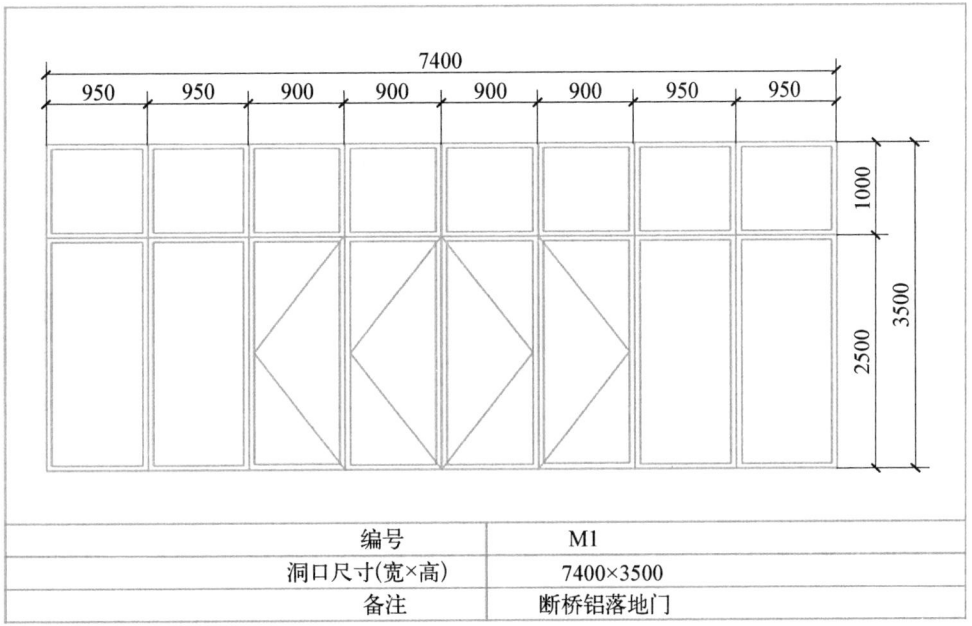

编号	M1
洞口尺寸(宽×高)	7400×3500
备注	断桥铝落地门

图 4.7.10　服务配套用房项目 M1 详图

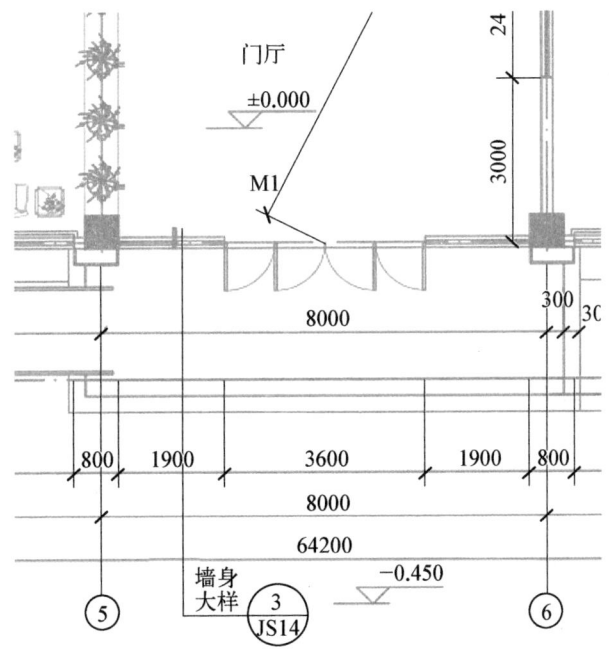

图 4.7.11　服务配套用房项目一层平面图截图

小　结

熟练识读建筑施工图是建筑施工技术、工程造价、工程监理及工程管理等岗位工作的基础。本项目讲述了建筑施工图概述、首页图、总平面图、建筑平面图、立面图、剖面图及详图的图示内容及图示方法，并以某学院服务配套用房项目为案例阐述了建筑施工图各组成部分的识读方法，本项目的学习有助于提高自身的识图能力。

自测题

自测题答案

1. 根据某学院共享型生产实训基地服务配套用房项目图纸，完成以下信息查找任务：

（1）根据 JS—10 页楼梯—a-a 大样图，回答下面问题：

① 共有几层楼梯＿＿＿＿＿＿＿＿＿。可以判定该楼共有几层＿＿＿＿＿＿＿＿＿。

② 一层楼梯的休息平台的标高是＿＿＿＿＿＿＿＿＿。二层楼梯的休息平台的标高是＿＿＿＿＿＿＿＿＿。

③ 一层楼梯的每个梯段的水平投影长度是＿＿＿＿＿＿＿＿＿，每个梯段的高度是＿＿＿＿＿＿＿＿＿，每个梯段有几个踏步＿＿＿＿＿＿＿＿＿，几个踏面＿＿＿＿＿＿＿＿＿，踏面的宽度 $b=$＿＿＿＿＿＿＿＿＿，踢面的高度 $h=$＿＿＿＿＿＿＿＿＿。

④ 二层楼梯的每个梯段的水平投影长度是＿＿＿＿＿＿＿＿＿，每个梯段的高度是＿＿＿＿＿＿＿＿＿，每个梯段有几个踏步＿＿＿＿＿＿＿＿＿，几个踏面＿＿＿＿＿＿＿＿＿，踏面的宽度 $b=$＿＿＿＿＿＿＿＿＿，踢面的高度 $h=$＿＿＿＿＿＿＿＿＿＿＿＿＿。

⑤ 该大样图中有几个断面符号＿＿＿＿＿＿＿＿＿。对应左侧的四个大样图。

（2）根据 JS—10 页楼梯—1-1 至 4-4 四个大样图，回答下面问题：

① 从这四个大样图可知，一层楼梯的休息平台处有 LDC3，二层至三层楼梯休息平台处有 MQ3，这两个地方是否设有水平栏杆？如果有，栏杆的净高是＿＿＿＿＿＿＿＿＿。

② 从这四个大样图可知，该楼梯的梯段宽度是＿＿＿＿＿＿＿＿＿，楼梯井宽度是＿＿＿＿＿＿＿＿＿，休息平台的宽度是＿＿＿＿＿＿＿＿＿。

③ 该楼梯每一个梯段有几道扶手＿＿＿＿＿＿＿＿＿。

④ 楼梯—2-2 大样图中左侧梯段起止标高分别为＿＿＿＿＿＿＿＿＿。右侧梯段存在折断线，能否指出均是哪些踏步的投影组合？

⑤ 楼梯—4-4 大样图中左侧梯段起止标高分别为＿＿＿＿＿＿＿＿＿。右侧梯段起止标高分别为＿＿＿＿＿＿＿＿＿。为何不存在折断线了？

＿＿＿。

（3）根据 JS—13 页①号墙身大样图，回答下面问题：

① 请指出与之相对应的索引符号是＿＿＿＿＿＿＿＿＿。

② 一楼剖到的窗的代号是＿＿＿＿＿＿＿＿＿，二楼至三楼剖到的幕墙代号是＿＿＿＿＿＿＿＿＿

____，四楼剖到的窗的代号是_____。

③ 二楼至三楼剖到的幕墙楼层的地方有什么安全措施_____

_____。

④ 外墙以及外墙外的构件所做的保温措施_____。

⑤ 女儿墙有几种高度_____，其高度分别是_____。分别在哪个标高处_____。女儿墙压顶及防水层收头的详细做法在哪页图纸中可以找到_____，对应的详图是_____，请查阅相关图集，将具体做法写在下面：

2. 下图是某三层建筑的楼梯平面图，根据下图回答下列问题。

(1) 该楼梯平面图的比例是_____。

(2) A、B. C 三个楼梯平面图中，_____是底层平面图，_____是二层平面图，_____是顶层平面图。

(3) 从上图可知，该楼梯类型为_____，每个梯段的踏步的个数为_____个，楼梯踏步宽度是_____，休息平台宽度为_____，楼梯间层高为_____，楼梯井宽度为_____，底层到二层的休息平台处标高为_____。

(4) 楼梯间进深为_____，开间为_____。每跑楼梯的梯段宽为_____。

(5) 楼梯间窗户宽_____。

参考文献

[1] 中华人民共和国住房和城乡建设部.房屋建筑制图统一标准:GB 50001—2017[S].北京:中国建筑工业出版社,2018.

[2] 中华人民共和国住房和城乡建设部.民用建筑设计统一标准 GB50352—2019 [S].北京:中国建筑工业出版社,2019.

[3] 中华人民共和国住房和城乡建设部.住宅建筑规范:GB 50368—2005[S].北京:中国建筑工业出版社,2020.

[4] 中华人民共和国住房和城乡建设部.建筑设计防火规范:GB50016—2014(2018 版)[S].北京:中国标准出版社,2018.

[5] 中华人民共和国住房和城乡建设部.建筑模数协调标准:GB50002—2013 [S].北京:中国建筑工业出版社,2014.

[6] 中华人民共和国住房和城乡建设部.建筑地基基础设计规范:GB50007—2011 [S].北京:中国建筑工业出版社,2012.

[7] 中华人民共和国住房和城乡建设部.混凝土结构设计规范:GB 50010—2010（2015 版)[S].中国建筑工业出版社,2016.

[8] 中华人民共和国住房和城乡建设部.屋面工程技术规范:GB 50345—2012 [S].中国建筑工业出版社,2012.

[9] 刘军旭,雷海涛.建筑工程制图与识图[M].北京:高等教育出版社,2018.

[10] 卓维松.房屋建筑构造[M].2 版.南京:南京大学出版社,2019.

[11] 彭国.房屋建筑构造[M]北京:北京邮电大学出版,2014.

[12] 孙秋荣.建筑识图与绘图[M].北京:中国建筑工业出版社,2017.

[13] 许光.建筑识图与房屋构造[M].重庆:重庆大学出版社,2014.